Selbstorganisation verstehen lernen
Komplexität im Umfeld von Wirtschaft und Pädagogik

BILDUNG UND ORGANISATION
Herausgegeben von Harald Geißler

Band 1

PETER LANG
Frankfurt am Main · Berlin · Bern · New York · Paris · Wien

Walter Dürr
(Hrsg.)

Selbstorganisation
verstehen lernen

Komplexität im Umfeld
von Wirtschaft und Pädagogik

PETER LANG
Europäischer Verlag der Wissenschaften

Die Deutsche Bibliothek - CIP-Einheitsaufnahme

Selbstorganisation verstehen lernen : Komplexität im Umfeld
von Wirtschaft und Pädagogik / Walter Dürr (Hrsg.). -
Frankfurt am Main ; Berlin ; Bern ; New York ; Paris ; Wien :
Lang, 1995
  (Bildung und Organisation ; Bd. 1)
  ISBN 3-631-47505-5

NE: Dürr, Walter [Hrsg.]; GT

ISSN 0945-9596
ISBN 3-631-47505-5
© Peter Lang GmbH
Europäischer Verlag der Wissenschaften
Frankfurt am Main 1995
Alle Rechte vorbehalten.

Das Werk einschließlich aller seiner Teile ist urheberrechtlich
geschützt. Jede Verwertung außerhalb der engen Grenzen des
Urheberrechtsgesetzes ist ohne Zustimmung des Verlages
unzulässig und strafbar. Das gilt insbesondere für
Vervielfältigungen, Übersetzungen, Mikroverfilmungen und die
Einspeicherung und Verarbeitung in elektronischen Systemen.

Inhaltsverzeichnis

Vorwort des Herausgebers 7

Karl-Heinz Strech:
Bewußtseinswandel in der Wissenschaft 21

Rolf Arnold:
Bildung und Betrieb - Anmerkungen zu einem betriebspädagogischen Paradigmenwechsel 27

Harald Geißler:
Organisationslernen und Autopoiese 43

Walter Dürr:
Unternehmenskultur und Selbstorganisation 69

Hans Merkens:
Wandlungen in der Wahrnehmung der betrieblichen Wirklichkeit durch Controlling 77

Werner Kirsch:
Fortschrittsfähige Unternehmung, rationale Praxis und Selbstorganisation 91

Dieter Lenzen:
Reflexive Erziehungswissenschaft am Ausgang des postmodernen Jahrzehnts 151

Alfred K. Treml / Gabi Strobel-Eisele:
Erziehung und Selbstorganisation - Zur evolutionären Logik und historischen
Entfaltung eines Paradigmas 177

Walter Dürr:

Zur Einführung

Die Autoren dieses Sammelbandes beschäftigen sich mit unterschiedlichen Phänomenen, von denen auf den ersten Blick nicht gesagt werden kann, ob sie sich einer einheitlichen Begründung bzw. Deutung zuführen lassen, gäbe es nicht inzwischen die Welle der "Selbstorganisations-Literatur". In der Tat kommt dem Begriff, der Theorie, dem "Paradigma" der Selbstorganisation bzw. Autopoiesis in allen Beiträgen eine besondere Bedeutung zu. Man könnte daher meinen, daß nach der "Emanzipations-Welle" in den Sozialwissenschaften nun die "Selbstorganisations-Welle" über uns gekommen ist.

Daß es sich nicht so verhält, soll anhand der hier versammelten Beiträge exemplarisch verdeutlicht werden.

Zwar läßt sich nicht von der Hand weisen, daß Begriffe wie "Attraktoren" wirken können. Dann gelingt es ihnen, in nahezu allen Wissenschaften Phänomene an sich zu ziehen, wenn nicht gar zu "versklaven". So beherrscht, um nur ein Beispiel zu nennen, der Begriff "Schlüsselqualifikation" zur Zeit nahezu die gesamte Berufsbildungsforschung. Dadurch wird der normale Wissenschaftsbetrieb zwar um jeweils neue Themen bereichert, selten jedoch um neue Fragestellungen, geschweige denn veränderte Wahrnehmungsweisen.

Alle hier vorgelegten Beiträge zur Erforschung von Phänomenen der Selbstorganisation zeigen dagegen auf die eine oder andere Weise einen Wandel in der Wahrnehmung von Wirklichkeit, wie er von der Evolutionstheorie und der Quantentheorie nahegelegt wird. Die folgenden Überlegungen sollen diese Behauptung erläutern:

In enger Beziehung zum Begriff der Selbstorganisation steht ein weiterer Begriff, der ebenfalls wie ein Attraktor wirkt, der Chaos-Begriff. Er ist gewissermaßen der Komplementärbegriff zum Begriff Selbstorganisation, darauf hat uns insbesondere Carl Friedrich von Weizsäcker aufmerksam gemacht. Der Übergang von einer Ebene stabiler bzw. sich selbst stabilisierender Gestalten zu einer höheren bzw. differenzierteren Ebene ist nach seiner Ansicht ein allgemeines Merkmal, eine Grundstruktur allen Geschehens in der Zeit. Es "fordert zu einer sehr allgemeinen, also abstrakten Erklärung heraus, die nicht aus den speziellen Eigenschaften von Sternen, Organismen, Kulturen hervorgeht, sondern sich in diesen nur jeweils spezifisch verschieden auswirkt. Letztlich wird man dabei auf die Grundstruktur der Zeit, auf das Verhältnis von Faktizität und Möglichkeit, auch Vergangenheit und Zukunft genannt, zurückkommen auf die Bedingtheit der jeweiligen Möglichkeiten in den jeweiligen Fakten." (Weizsäcker 1988, 49)

Von der Theorie der Selbstorganisation mit ihrem Kern, der mathematischen Theorie der Gestaltbildung, werden diese Phänomene erforscht. (vgl. ebenda). Der Übergang von einer Ebene stabiler Gestalt zur nächsten erfolgt dabei nicht kontinuierlich, sondern als Krise. Die Abfolge von Ebenen und Krisen ist demnach ein besonderer Zug allen Geschehens in der unbelebten und belebten Natur und in den vielfältigen Gestaltbildungen menschlicher Kultur, verstanden als "Speicherung entstandener Gestalt nicht in Molekülstrukturen, sondern in lehrbaren Verhaltensmustern, in der Sprache, kurz gesagt, im Bewußtsein". (ebenda,34)

Was wir bisher noch nicht gut genug verstanden haben, ist dieses allgemeine Phänomen des ständigen Wechsels von Ebenen und Krisen in der Zeit. Das meint Weizsäcker, wenn er es als "einen besonderen Zug alles Geschehens" (ebenda,37) bezeichnet.

"Geschehen in der Zeit" ist also ein so allgemeiner Begriff, daß alle Strukturen, die in der Zeit erscheinen, nicht unterschiedlichen Gegenstandsklassen zugeordnet werden müssen, um sie zu beschreiben, sofern es eine universale Theorie für alle Gegenstandsklassen gibt. Eine solche Theorie ist die Quantentheorie (vgl. Weizsäcker 1991,128). Als "Theorie menschlichen Wissens über Gegenstände in der Zeit"(a.a.O.,133) ist die Quantentheorie eine universale Theorie der Gestalten, die in der Zeit erscheinen, auch der von Menschen geschaffenen.

Mit der Quantentheorie unvereinbar ist die Annahme der klassischen Ontologie, daß Gegenstände objektiv existieren und einem objektiven Geschehensverlauf unterliegen, einerlei ob sie gewußt werden oder nicht. Die Quantentheorie besagt, daß wir Menschen als endliche Wesen nur über endliches Wissen verfügen können. Damit wir von Ereignissen wissen können, müssen sie in hinreichender Näherung objektiv und irreversibel geworden sein. (vgl. Weizsäcker 1992, S. 909) Von Ereignissen künftigen Geschehens können wir nur wissen, daß sie möglich sind. Welches konkrete Ereignis künftig eintreten wird, können wir nicht wissen, es ist durch die Quantentheorie nicht bestimmt. Ihr realistischer Indeterminismus (vgl. Weizsäcker 1992, S. 341) zwingt zu der Einsicht, "daß Ereignisse real kausal unbestimmt und daher nur mit Wahrscheinlichkeit vorhersagbar sind". (ebenda, S. 346 f.)

"Die strenge Konsequenz wäre der Holismus: Alles hängt mit allem zusammen. Kein einzelnes Ereignis kann fraglos als real angesprochen werden. Dies aber wäre, streng vollzogen, das Ende der Wissenschaft." (ebenda, S. 556) Sofern nun wissenschaftliche Erkenntnis davon abhängt, daß willentlich Fakten geschaffen werden, indem irreversible Vorgänge ausgelöst werden, bleibt trotzdem zu bedenken:

"Der Zustand dieses Ganzen ist oft quantentheoretisch nur möglich, weil er nicht als direktes Produkt von Zuständen der Teile beschrieben werden kann, in die das Ganze nur zerlegt werden kann, indem man es zerstört." (ebenda, S. 556 f.)

Das heißt, normale, an Fakten orientierte und auf Gesetzmäßigkeiten für Ereignisse orientierte Wissenschaft läßt unerklärt, wie es möglich ist, daß komplexe Gegenstände, schon ein physischer Gegenstand, dann aber auch Lebewesen, Organisationen, Kulturen sich durch die Zeit hindurch selbst stabil zu erhalten vermögen.

Die Bedingungen der Selbststabilisierung in der Zeit erforscht die Theorie der Selbstorganisation. In gewisser Weise ist diese Theorie für die Quantentheorie eine "Selbstkorrektur der Fiktion der Trennbarkeit durch umfassenderes endliches Wissen". (ebenda, S. 882) Die Theorie der Selbstorganisation bedient sich dort, wo sie in der Lage ist, Phänomene der Selbststabilisierung exakt zu beschreiben, mathematischer Strukturen - nichtlinearer Differentialgleichungen. (vgl. Haken/Wunderlin 1986) Es ist insbesondere Hermann Haken, der immer wieder zeigt, daß diese mathematischen Strukturen uns überhaupt erst haben erklären können, was möglich und was notwendig ist, wenn derartige Phänomene auftreten. Sofern die Darstellung als mathematische Strukturen wegen der Komplexität der Phänomene nicht gelingt, heißt das nicht, daß keine Prozesse der Selbstorganisation vorliegen. Es bedeutet lediglich: In derartigen Fällen "ist man darauf angewiesen, diese Dynamik phänomenologisch abzuleiten". (ebenda, 56) Prinzipiell gilt jedoch: "Mathematik als Theorie der Strukturen ist die Kunst, spezielle Strukturen herzustellen, welche Beispiele sind, an denen man die jeweilige allgemeine Struktur erkennen kann." (Weizsäcker 1992, 550) Die Erforschung sozialer und kultureller Phänomene mit der Theorie der Selbstorganisation kann daher auch nur dann als "Biologismus" oder "Physikalismus" kritisiert werden, wenn <u>Erklärungen</u> für physikalische und biologische Selbstorganisationsphänomene umstandslos auch zur Erklärung etwa sozialer, kultureller oder psychischer Phänomene verwendet werden. Berechtigt und erforderlich ist jeweils die Frage nach den jeweils spezifischen Bedingungen für die Möglichkeit stabiler Gestalt in der Evolution, unabhängig davon, ob es sich um Phänomene hoher oder geringer Komplexität handelt.

Ebenen sind jeweils das Ergebnis einer "Fulguration" (vgl. K. Lorenz 1985, 47 ff), entstanden "durch gleichsam blitzartiges Zusammenschließen vorher unverbundener Strukturen" (Weizsäcker 1992,494) Und: "Jedes stabile Ergebnis einer Fulguration muß eine ihm eigene Kraft der Selbststabilisierung haben, eine Korrespondenz seiner inneren Struktur zu den äußeren Bedingungen seiner Existenz" (Weizsäcker 1981,35) Eine "Ebene" ist im Sinne dieser Definition eine sich selbst stabilisierende Gestalt der Evolution.

Während nun die Theorie der Selbstorganisation eher nach den Bedingungen für die Möglichkeit der Selbststabilisierung von Gestalten in der Zeit fragt, untersucht die Chaos-Forschung eher das Phänomen der Krisen. So bildet die sogenannte Feigenbaum-Zahl eine universelle Konstante, der sämtliche beobachtbaren und quantifizierbaren Übergänge aus einem stabilen Zustand in denjenigen Zustand gehorchen, der als Chaos bezeichnet wird. Chaos ist in dieser Wahrnehmung eben nicht einfach "Unordnung", sondern aufgrund der Universalität der Geltung dieser Konstante, wie Cramer meint, "muß man schließen, daß Chaos eine regelhafte...Zustandsform ist, daß also die Welt in ihrer Grundstruktur nichtlinear ist, daß sie aber aus dem deterministischen Chaos immer wieder Inseln der Ordnung hervorbringt, auf denen unsere einfachen linearen Gesetze angewendet werden können." (Cramer 1988,191)

Hier liegt ein Problem: Es gibt neben den Phänomenen, die sich näherungsweise mit linearen Gesetzen als Inseln der Ordnung erklären lassen, diejenigen Phänomene, die nach ihren Bedingungen für die Möglichkeit der Selbststabilisierung ihrer inneren Struktur im Verhältnis zu den äußeren Bedingungen ihrer Existenz befragt werden müssen. "Deren Ordnung läßt sich wiederum nur mit einer Theorie erklären, welche das Phänomen des Wechsels zwischen Ebenen und Krisen erklären könnte. Soweit unsere Mathematik bisher reicht, liefert die Theorie nichtlinearer Differentialgleichungen einen Beitrag" (v. Weizsäcker, 1991,38)

Beispiele hierfür sind das Laserlicht und die in Biomolekülen verschlüsselte Information. Hermann Haken hat gezeigt, daß das Verhalten des Lasers durch sogenannte Ordnungsparameter beschrieben werden kann, die durch nichtlineare Differentialgleichungen präzise hergeleitet werden können. Manfred Eigen ist in der Mikrobiologie auf dasselbe Phänomen gestoßen und hat hier dieselben mathematischen Strukturen entdeckt, wie Haken in der Laserforschung (vgl. z.B.Eigen 1988,145f.) Haken meint, es könne kaum ein Zufall sein, daß beide Autoren unabhängig voneinander dieselben Gleichungen zur Erklärung von Selbstorganisationsphänomenen aufgestellt hatten. Vielmehr deute dies auf die Existenz allgemeiner Prinzipien hin. (vgl. Haken 1983,85). Dabei zeigt sich, "daß gewisse Gleichungen für die Ordner gerade auch chaotische Vorgänge beinhalten können". (ebenda,126) Nichtlinearität erklärt also sowohl das Phänomen der Selbststabilisierung als auch den Übergang sich selbst stabilisierender Gestalten in chaotisches Verhalten.

Es ist gegenüber Cramer festzuhalten: Wohl lassen sich auch die Phänomene der Selbststabilisierung von Ebenen kausal erklären. (vgl. Weizsäcker 1991,143) Doch handelt es sich hierbei in der Mehrzahl um Phänomene, die nicht auf Struktureigenschaften reduziert werden können, die sich mit Hilfe von linearen Gesetzen erklären lassen. Denn dann müßte es möglich sein, den Zustand und das Verhalten des Ganzen in der Zeit aus dem Zustand und dem Verhalten der analysierten Teile zu rekonstruieren. Doch ist dies, wie angedeutet, nur möglich, wenn man das Ganze zerstört. "Die Stabilität der Atome, die Elektrizitätsleitung der Metalle, extrem die Supraleitung, sind anorganische Beispiele. Lebensvorgänge, Bewußtseinsvorgänge, Vorgänge im Weltganzen könnten dieselbe Eigenschaft haben." (Weizsäcker 1992, 556f)

Bernd-Olaf Küppers hat die Reichweite der kausalen Erklärungsmöglichkeiten am Beispiel des Phänomens der Lebensentstehung in der biologischen Information in Makromolekülen als "Gegenstand einer mechanistisch orientierten Naturwissenschaft" untersucht (Küppers 1986,62). Das heißt, er hat gefragt, wie weit die Möglichkeiten der Erklärung reichen, wenn ausschließlich lineare Beziehungen berücksichtigt werden.

Er kommt zu dem Schluß, daß die Erklärung evolutionärer Phänomene, das heißt der Phänomene der Selbstorganisation durch Rückführung auf ihre physikalischchemischen Prinzipien situationsunabhängig nur insoweit möglich ist, als nachgewiesen werden kann, daß die hierbei auftretenden Selektionsprozesse sich als direkte Konsequenz physikalischer Gesetzmäßigkeiten ergeben. (vgl. ebenda 218) Erklärt werden kann auf diese Weise nur die Planmäßigkeit eines Selbstorganisationsvorgangs an sich, nicht aber die Entstehung eines Plans in seiner Detailstruktur. Entsprechend der angenommenen strukturellen Identität der logischen Struktur wissenschaftlicher Erklärungen und wissenschaftlicher Prognosen, lassen sich Vorgänge der Selbstorganisation bzw. der Selbststabilisierung auf diese Weise weder voraussagen noch im Detail planen. (vgl. ebenda, 243f)

Hermann Haken versucht demgegenüber die Wahrnehmungs- und Erklärungspotentiale nichtlinearer Differentialgleichungen für das Denken in Strukturen unter dem Begriff der Selbstorganisation zu nutzen.

Die Denkmöglichkeit von Ordnungsparametern gibt einem Beobachter nicht nur Aufschluß darüber, <u>daß</u>, sondern <u>wie</u> ein System eine Vielfalt einzelner Vorgänge koordiniert und zugleich vermittelt er einen Eindruck über den Gesamtzustand des Systems. (vgl.Haken 1987,151f)

Haken erweitert unsere wissenschaftlichen Wahrnehmungsmöglichkeiten insofern, als er uns zeigt, daß Wahrnehmungs-, Verhaltens- und Steuerungsvorgänge "keineswegs durch Motorprogramme von spezifischen Steuerungszentren oder gar Steuerungsneuronen hervorgerufen werden, sondern Manifestationen des Zusammenspiels von sehr vielen Komponenten in selbstorganisierter Weise sind. Wir befinden uns so mitten auf dem Schauplatz des Ringens zwischen zwei Paradigmen, dem des Steuerungszentrums und dem der mehr oder minder delokalisierten Informationsverteilung." (ebenda 155)

Wir fragen, welches Interesse denn ein Pädagoge oder die Erziehungswissenschaft an diesem "Ringen zwischen zwei Paradigmen" haben kann.

Eine Annäherung an diese Frage ermöglicht die These, es gelte, "Denken zu lernen, wie das Leben lebt."(Kiehn 1986, 52) Diese These steht in nächster Nähe zu einer weiteren: "Um Lebendes zu erforschen, muß man sich am Leben beteiligen" (Weizsäcker 1991, 152) Die erste These drückt vielleicht aus, daß wir lernen sollen in unserem Denken den Erfolgsgeheimnissen der Evolution nachzuspüren und unser Denken so zu trainieren, daß wir nicht nur begreifen, was es heißt über die Möglichkeiten der Selbststabilisierung in der Zeit zu verfügen, sondern daß wir auch lernen, entsprechend bewußt handeln zu können. Die zweite These schließt das wissenschaftliche Leben nicht aus, sondern ein. Sie meint dann etwa, daß Lebensphänomene durch die Wissenschaften im Reichtum ihrer Gestalten wahrnehmbar werden, daß wir aber insbesondere von der Quantentheorie lernen können, was der Physikalismus in der Biologie bedeutet, nämlich die Überwindung des veralteten klassischen Weltbildes und des in seinem Rahmen erzeugten unlösbaren Leib-Seele-Problems (vgl. Weizsäcker 1992,404) einerseits, und die Wahrnehmung der Phänomene der Selbststabilisierung andererseits. Zu fragen ist, was wir lernen müssen, wenn die heutige Grunddisziplin der Physik, die Quantentheorie uns lehrt, daß alles, was wir wissen können, ein "endliches Wissen von der Ganzheit" ist." (a.a.O.,363)

Damit ist etwas Anderes gemeint als das Versprechen, man sei in der Lage, zum "ganzheitlichen Denken" anzuleiten. Diese Anleitungen denken noch voll im Rahmen der Ontologie der klassischen Physik. Sie beschreiben ein Ganzes so, als ob es aus wechselwirkenden Teilen besteht und machen auf die wechselwirkenden Beziehungen aufmerksam. Das "endliche Wissen von der Ganzheit" dagegen gebraucht zwar "noch dasselbe Vokabular, aber mit wesentlich veränderter Bedeutung. Das Ganze besteht nicht aus seinen Teilen; es kann nur so zerstört werden, daß die Teile ... übrigbleiben." (ebenda 353)

Aus der Theorie der Selbstorganisation können wir lernen, daß die Stabilität eines "Ganzen" nicht das Ergebnis zweckrationaler, etwa industrieller, ökonomischer oder pädagogischer Planung ist, darauf gerichtet, ein Ganzes aus Teilen zu errichten, sondern daß sie auf den Möglichkeiten der Selbststabilisierung in der Zeit im Hinblick auf gegebene oder gestaltete Umweltbedingungen beruht.

Sofern solche Strukturen sich als stabil erweisen, ist dies das Ergebnis stabiler und stabilisierender Ordnungsparameter. Das Problem sind die Krisen, die Phasen der Instabilität. Endliches Wissen von der Ganzheit umfaßt wesentlich den Zweifel an einem Denken, das davon überzeugt ist, es könne gelingen, durch gedankliche Analyse und experimentelle Erprobung die Dinge willentlich in vorhergedachte Zustände zu bringen und diese durch Kontrolle stabil zu halten (vgl. Weizsäcker 1977,100) Auch die Theorie der Selbstorganisation stößt an diese Grenze. Absolut wirklichkeitsgetreue Simulation von Selbstorganisationsprozessen scheint unmöglich (vgl. Küppers 1986, 35). Die Theorie der Selbstorganisation ist offensichtlich nicht in der Lage, den Menschen das Denken zu lehren, "wie das Leben lebt".

Aber sie lenkt die Aufmerksamkeit menschlicher Wahrnehmung auf die Beachtung von Phänomenen, die in der klassischen Weltsicht ausgeblendet bleiben. Die Beachtung der Bedingungen für die Möglichkeit von Ereignissen der Selbststabilisierung, die Wahrnehmung von Krisen, die Beachtung der Korrespondenz der inneren Struktur eines Systems zu den äußeren Bedingungen seiner Existenz, die Frage nach Ordnungsparametern und ihre Bedeutung für Informationen sind solche Phänomene. Aber über die Reichweite und die Bedeutung solcher Wahrnehmungen bestehen weiter Zweifel.

Die Beiträge zu diesem Band drücken auf sehr unterschiedliche Weise diese Zweifel aus.

Karl-Heinz Strech macht in seinem Beitrag darauf aufmerksam, daß die wissenschaftlichen Normen, denen die Forschung gehorcht, am Ende dieses Jahrhunderts deutlich als Regeln und Einstellungen der systemspezifischen Kooperation einer "scientific community" wahrnehmbar werden. Die mit diesen Regeln und Einstellungen fixierten wissenschaftlichen Tatsachen werden allgemein nicht länger als objektiv gegebene Wirklichkeit akzeptiert. In anderen Kulturbereichen, etwa Recht, Moral, Kunst, Arbeit, Betrieb werden jeweils aufgrund der dort geltenden Regeln und Einstellungen eigene Weltsichten entwickelt. Für die Wissenschaft zunächst beunruhigend ist die Einsicht, daß die Ordnungsparameter ihrer Forschung als kontingente historische Tatsachen wahrnehmbar werden. Ein endliches Wissen von der Ganzheit wird jeweils erworben in den gestaltgebenden Verflechtungen wissenschaftlicher und außerwissenschaftlicher Tätigkeitsfelder und Handlungsarten, jedoch nur, wenn es den an diesen Prozessen Beteiligten gelingt, sich der Bedeutung ihres Tuns zu vergewissern.

Dieter Lenzen weist auf die Konsequenzen hin, die sich daraus für die Erziehungswissenschaft ergeben, nämlich die Abkehr vom Glauben, planbare Effekte zeitigen zu können. Denn das Phänomen der Selbstorganisation macht deutlich, daß Wirklichkeit, wie sie theoretisch beschrieben wird, nicht objektiv gegeben ist. Die Produktion der Zeichen unserer Rede und unseres Schreibens folgt ebenfalls eigenen Regeln, steht also nicht in einer ungebrochenen Referenz zu einer als objektiv angenommenen Wirklichkeit. Daher gelte es, kognitive Konstrukte prinzipiell nicht auf Theorien zu beziehen und hinsichtlich ihres empirischen Gehalts zu beurteilen, sondern auf die Fülle der Wirklichkeit, an der die Individuen als selbstorganisierende Systeme teilhaben und die Konstrukte hinsichtlich ihrer Orientierungsleistungen für diese Wirklichkeit zu beurteilen. Entscheidend für den individuellen Entwicklungsprozeß der Wahrnehmung von Wirklichkeit sei die inhärente Kraft der jeweiligen Person, die autopoietisch tätig wird, wenn auch in weitgehend kulturgebundener Stilisierung. Hier denkt Lenzen weniger an wissenschaftliche bzw. theoretische Stilisierung, eher an Selbstgestaltung durch Teilhabe an Wahrnehmung und Schaffung poetischer Gestalten: Methexis.

Alfred K. Treml und Gabi Strobel-Eisele zeigen, daß in der uns bekannten Geschichte das Phänomen der Selbstorganisation des Educandus wie auch des Erziehers immer schon nachweisbar ist, im vorherrschenden Gefüge der Zweckrationalität jedoch nicht erklärt werden konnte. Der Eigenwille und die spezifischen Interessen des Educandus können nur als Widerstand gegen die pädagogischen Intentionen verstanden werden. Die situativen, zeitlichen und sozialen Umstände, das heißt die Rahmenbedingungen für den Prozeß der Selbstorganisation bleiben außerhalb der pädagogischen Wahrnehmung. Erst über die Erklärung des Phänomens der Selbstorganisation in naturwissenschaftlicher Forschung wird es möglich, den Erziehungsvorgang nicht länger paradox als einen ausgeübten Zwang zu sehen, der Freiheit bewirken soll. Das Phänomen der Erziehung kann unter der Theorie der Selbstorganisation wahrgenommen werden als Gestaltung einer Lernumwelt, als Arrangement von Lernmöglichkeiten, die von den Schülern selbständig genutzt werden. Die Stilisierung von Geist und Natur zu unterschiedlichen Substanzen, Geist - selbstorganisiert, Natur - fremdorganisiert, bleibt hierbei noch ein sowohl erkenntnistheoretisch wie erziehungswissenschaftlich ungeklärtes Problem.(vgl.z.B. Weizsäcker 1991,45)

Rolf Arnold demonstriert am Beispiel der Betriebspädagogik, daß Paradigmenwechsel in der Wissenschaft, wie Thomas Kuhn zuerst gesehen hat, sich wie alle Phänomene der Gestaltbildung in einer Abfolge von Ebenen und Krisen vollziehen. (siehe oben) Normale Wissenschaft betreibt die Lösung von Einzelproblemen unter einem anerkannten, nicht in Frage gezogenen Paradigma. Häufig werden in der Geschichte neu auftauchende Phänomene von den unter einem etablierten Paradigma anerkannten Theorien gar nicht wahrgenommen, geschweige denn verstanden und erklärt. Wer jedoch solche Phänomene bemerkt, hat schon ein gewisses Vorverständnis, ohne bereits über erklärungskräftige Theorien zu verfügen. In diesem Sinne sucht Arnold nach einem neuen berufs- und betriebspädagogischen Denkansatz zur Erklärung neu wahrgenommener betrieblicher Phänomene:

Wahrnehmung und Beeinflussung des Verhaltens betrieblicher Systeme als ganze (Unternehmenskultur); "Koinzidenz" von pädagogischem und ökonomischem Prinzip; betriebliche Selbstorganisation; betriebliche Bildungsarbeit. Hier geht es ihm vordringlich um die Wahrnehmung derjenigen Gestalten, in denen die einzelnen Phänomene erst ihren Sinn und ihre Bedeutung erlangen. Während im etablierten betriebspädagogischen Paradigma die ideologiekritische Frage nach der jeweiligen Interessengebundenheit betrieblicher Strategien und betrieblichen Handelns die Forschung beherrscht, will Arnold zeigen, daß Ideologiekritik und Mitwahrnehmung eines Ganzen sich nicht ausschließen, sondern geradezu aufeinander angewiesen sind.

Hans Merkens demonstriert am Beispiel des Controlling, welche Konsequenzen der Erwerb eines "endlichen Wissens von der Ganzheit" für die Wahrnehmung hat, die ein Unternehmen von sich selbst und seiner Umwelt durch den Aufbau eines einheitlichen Informationssystems zu gewinnen vermag. Dieses einheitliche Informationssystem wird zur Bedingung für die Möglichkeit der Selbststabilisierung eines Unternehmens. Es erzwingt im Sinne eines Ordnungsparameters eine spezifische Grundfigur der Wahrnehmung unternehmerischer Wirklichkeit, der Systemstrukturen und Systemfunktionen sowie der Umweltbedingungen: Das Zusammenwirken von Ingenieurs- und Ökonomendenken zur Optimierung der Vorgänge im Inneren führt einerseits zu einem rigiden Kostenregime, ist aber andererseits angewiesen auf die Freisetzung des kreativen Potentials der Beschäftigten. Die Wahrnehmung der Umweltbedingungen erzwingt ein konsequentes Denken vom Markt und Wettbewerb her. Die Orientierung an einzelnen Produkten und Produktionsformen trete hiermit endgültig in den Hintergrund.

Die Konsequenzen für eine zeitgemäße Betriebspädagogik werden im Rahmen dieser Überlegungen besser verständlich als wenn man sie mit dem Schlagwort "Schlüsselqualifikationen" zu etikettieren versucht. Im Mittelpunkt der Aufmerksamkeit stehen die neuen Organisationsformen der Arbeit und das Zusammenwirken von Personal- und Organisationsentwicklung.

Thematischer Kern der Überlegungen von Harald Geißler ist das Organisationslernen als Theorie selbstorganisierten Lernens. Er fragt nach den Bedingungen für die Möglichkeit einer sich selbst regulierenden Entwicklung von Deutungsmustern und Willensbildung von Organisationen, ihres Wissenserwerbs und ihres handlungspraktischen Lernens. Geißler richtet unsere Aufmerksamkeit auf ein Phänomen, das wir bei der Reflexion auf unsere Wahrnehmung von Wirklichkeit weitgehend vernachlässigen: Wissen, Wollen, praktisches Können und zugrundeliegende Deutungsmuster sind das Ergebnis erfolgreichen Handelns in der Vergangenheit. Wir nehmen unsere Wirklichkeit wahr, indem wir sie gestalten in Begriffen, Sätzen, Schlüssen bzw. in der Befolgung von Regeln des Handelns, also durch unser Verhalten in der Zeit. An den Erfahrungen mit diesem Gestaltungsprozeß orientieren wir uns, wenn wir Aufgaben anpacken, die auf uns zukommen, das heißt zum Zeitpunkt der Gegenwart gesehen noch zukünftig sind. Wir versuchen, aus der Vergangenheit für die Zukunft zu lernen. (vgl. Weizsäcker 1977, 99) Sofern uns dies gelingt, gelingt uns unsere Selbststabilisierung in der Zeit. Wenn nun eine Organisation, eine Unternehmung, die Rahmenbedingungen für das Verhalten der Individuen in der Zeit bestimmt, ist zu fragen, wie es gelingen kann, das individuelle Verhalten der Mitglieder in der Zeit so zu ordnen, daß sowohl ihre individuelle Selbststabilisierung als auch diejenige der Organisationen als Ganze in der Kette der Ereignisse gelingt. Geißler unterscheidet organisationelles Anpassungslernen von unternehmensstrategischem Erschließungslernen und von unternehmenskulturellem Identitätslernen. Dabei stimmt er mit Werner Kirsch darin überein, daß ausschließlich Lernprozesse im Hinblick auf Unternehmenskulturentwicklung einer fortschrittsfähigen Organisation angemessen sind.

Mit eben diesem Phänomen der Fortschrittsfähigkeit beschäftigt sich Werner Kirsch in seinem Beitrag.

Kriterium für Fortschrittsfähigkeit ist die Art der Handhabung komplexer Probleme. Unterstellt wird eine dreistufige Entwicklungslogik des Rationalitätsniveaus bezogen auf Modelle der Sinnorientierung der Organisation vom Ziel-Instrumentalmodell über das Überlebens- bzw. Bestandsmodell zum (kontrafaktischen) kritischen Fortschrittsmodell. In diesen Modellen kommen mögliche Sinnorientierungen von Organisationen zum Ausdruck. Kirsch nimmt im Gegensatz zu Habermas an, daß die Handlungskoordination in formal organisierten Handlungsbereichen, beispielsweise Organisationen, nicht ausschließlich über nichtsprachliche Medien, wie Geld und Macht erfolgt, sondern daß sich organisationsbezogene, sogenannte derivative Lebens- und Sprachformen entwickeln. Sie konstituieren die Praxis einer Organisation. Die Entfaltung der Rationalität einer Organisation äußert sich in der Entfaltung der Rationalität dieser Praxis, das heißt der organisationsbezogenen Lebens- und Sprachformen.

Organisatorisches Wissen bildet die Grundlage für die Analyse des Lernens einer Organisation. Es umfaßt neben dem kognitiv-instrumentellen auch moralisch-praktisches und ästhetisch-expressives Wissen und bildet die organisatorische Wissensbasis.

Die Lernfähigkeit einer Organisation ist die selbstreferentielle Konsequenz der Dynamik anderer Basisfähigkeiten der Organisation: Fähigkeit zur Strukturveränderung; Steigerung der Handlungsfähigkeit durch systemische Veränderungen; Steigerung der Responsiveness durch Veränderung der Interaktionsbedingungen in der Organisation; Ausbau der aktiven Lernhandlungsfähigkeit bezogen auf kognitiv-instrumentelle, moralisch-praktische und ästhetisch-expressive Lernprozesse. Die Lernprozesse bewirken in allen drei Dimensionen eine Rationalisierung der organisatorischen Lebenswelt, entsprechend den in Anlehnung an Habermas skizzierten Entwicklungsstufen der Rationalität: hypothesengesteuerte, argumentativ gefilterte Lernprozesse als Instrumente der Zielerreichung (1), Ausdifferenzierung kultureller Subsysteme zur Sicherung des Bestandes der Organisation (2), Reflexion auf den sich vollziehenden Rationalisierungsprozeß, Problematisierung aller drei Dimensionen der Rationalität (3).

Zu erörtern sind die Konsequenzen dieser handlungstheoretischen Reflexionen für die Wahrnehmung und Handhabung komplexer Probleme in systemtheoretischer Sicht unter dem Begriff der Selbstorganisation. Denn es geht nicht um die Rationalität des Handelns von Individuen, sondern um die Rationalität der Organisation als Ganzes. Es geht also wiederum um die Frage nach den Bedingungen für die Möglichkeit eines endlichen Wissens vom Ganzen.

Die heillose Begriffsverwirrung in der Selbstorganisations-Diskussion löst Kirsch für sich in dem Sinne, daß er bestimmte Interpretationen der Begriffe Selbstreferenz, Autopoiese, Autonomie heuristisch für seine Organisationstheorie nutzt. Dabei nimmt er mit Teubner an, daß "vollständige" Autopoiese bedeutet, daß eine derivate Lebenswelt gegenüber originären Lebens- und Sprachformen abgeschottet bleibt und sich durch kontextspezifische Kommunikationen ausschließlich selbst reproduziert (totalitäre Lebenswelt). Diese Erörterungen zeigen exemplarisch die großen Schwierigkeiten, die sich einstellen, wenn Phänomene der Selbstorganisation im komplexen Feld des Sozialen und Ökonomischen identifiziert und begrifflich gefaßt werden sollen. Die für sich selbst stabilisierende Systeme fern vom thermischen Gleichgewicht geltende materielle und energetische Offenheit bei operationaler Geschlossenheit bedeutet ja gerade, daß die Strukturpotentiale eines Systems stets das Ergebnis des Prozesses der Selbststabilisierung des Systems im Verhältnis zu den äußeren Bedingungen seiner Existenz sind. Insofern ist operationale Geschlossenheit geradezu auf stabile Beziehungen zur Umwelt angewiesen, muß sie gegebenenfalls sogar zu bewirken trachten (siehe oben). Ob also eine operative Verwendung von Selbstbeschreibungen die "Totalisierung" der derivativen Lebenswelt fördert, ist sicher eine diskussionsbedürftige These.

Für Kirsch, der eine solche Tendenz für theoretisch und empirisch möglich hält, ergibt sich als Konsequenz, sie systematisch in seinen organisationstheoretischen Ansatz einzubeziehen. Er hält daher für eine fortschrittsfähige Unternehmung lediglich selbstorganisierende Episoden für sinnvoll, völlige Autonomie gelte es zu verhindern. Solche Episoden sind gegeben, wenn sich eine Organisation mit schlecht strukturierten, bösartigen Problemen komplexitätsbejahend auseinanderzusetzen hat.

Auch Walter Dürr bezieht die Wahrnehmungs- und Denkmöglichkeiten der Theorie der Selbstorganisation auf ein komplexes Phänomen: auf ein berufspädagogisch orientiertes Kommunikations- und Organisationssystem. Er skizziert einen neuartigen Versuch, arbeitslose Akademiker einerseits und Jugendliche ohne Berufsausbildung und mit weiteren Beeinträchtigungen andererseits auf Dauer in Arbeit und Beruf zu integrieren. Zu diesem Zweck wurde der Fachdienst Integrationsberatung Berlin (FIBB) gegründet. Es wird versucht, das FIBB-Geschehen als Prozeß der Ausdifferenzierung und Selbststabilisierung eines Subsystems gesellschaftlichen und kulturellen Handelns mit den Möglichkeiten der Theorie der Selbstorganisation zu erklären. FIBB wird dann wahrnehmbar als Versuch der Selbststabilisierung einer neuen, intermediären Ebene der Kultur mit operationaler Geschlossenheit und kommunikativer Offenheit. Kultur meint hier sowohl Gestaltung von Wissen als auch alltägliches systemspezifisches Verhalten auf der Grundlage dieses Wissens. Die mit einer solchen Ausdifferenzierung verbundenen Risiken und Chancen (Ambivalenzen) müssen inhaltlich, d.h. speziell durchdacht werden, sollten also nicht, wie vielfach in der sozialwissenschaftlichen Diskussion, pauschal kritisiert werden. Zu untersuchen ist, welche handlungsfeld(subsystem)spezifischen Praktiken zur Selbststabilisierung mit Hilfe der insgesamt verfügbaren Medien der Vergesellschaftung erforderlich sind und wie sie pädagogisch entwickelt werden können.

Literatur

Cramer, F.: Chaos und Ordnung, Stuttgart 1988, 1989^3

Eigen, M.: Biologische Selbstorganisation: Eine Abfolge in Phasensprüngen. In: Hierholzer, K./ Wittmann, H.-G. (Hrsg.): Phasensprünge und Stetigkeit in der natürlichen kulturellen Welt. Stuttgart 1988, S. 113 - 147

Haken, H.: Erfolgsgeheimnisse der Natur. Stuttgart 1981, 1983^3

Haken, H./Wunderlich, A.: Synergetik: Prozesse der Selbstorganisation in der belebten und unbelebten Natur. In: Dress, A./Hendrichs, H./Küppers, G.: Selbstorganisation. Die Entstehung von Ordnung in Natur und Gesellschaft. München/Zürich 1986, S. 35-60

Haken, H.: Die Selbstorganisation der Information in biologischen Systemen aus der Sicht der Synergetik. In: Küppers, B.-O. (Hrsg.): Ordnung aus dem Chaos. München/Zürich 1987, S.127-156

Kiehn, L.: Berufs- und Wirtschaftspädagogik auf anthropologischer Grundlage. Baltmannsweiler 1986

Küppers, B.-O.: Der Ursprung biologischer Information. München 1986

Lorenz, K.: Die Rückseite des Spiegels. München 1973, 1985^8

v. Weizsäcker, C.F.: Der Garten des Menschlichen. München/Wien 1977

v. Weizsäcker, C.F.: Zeit und Wissen. In: Maurin, K./Michalski, K./Rudolph, E. (Hrsg.): Offene Systeme II, S. 17-38

v. Weizsäcker, C.F.: Bewußtseinswandel. München/Wien 1988

v. Weizsäcker, C.F.: Der Mensch in seiner Geschichte. München/Wien 1991

v. Weizsäcker, C.F.: Zeit und Wissen. München/Wien 1992

Karl-Heinz Strech:

Bewußtseinswandel in der Wissenschaft

Bevor ich mich dem Thema meines Vortrages zuwende, will ich mich bei den Veranstaltern für die Einladung bedanken, in dieser Arbeitsgruppe - noch dazu so gut placiert - mitzuwirken. Ich verdanke diese Möglichkeit meinem Freunde Walter Dürr. Eine wie in unserem Fall "junge" Freundschaft unter Wissenschaftlern, sie wird von uns als ein persönliches Erlebnis und Ergebnis der deutschen Einheit erfahren, ist allemal ein Grund, sich bei wissenschaftlichen Vorhaben wechselseitig teilnehmend zu begleiten. Freilich rechtfertigt sie gegenüber der scientific community noch nicht die aktive Mitwirkung in internen Arbeitsgruppen.

Es besteht mithin Erklärungsbedarf, dem ich kurz nachkomme. Mein wissenschaftliches Werden begann neulich vor 30 Jahren an der Fakultät für Berufspädagogik und Kulturwissenschaften der sich gerade zur Universität mausernden Technischen Hochschule in Dresden. Dort zum Diplom-Gewerbelehrer mit der selbst für DDR-Verhältnisse exotischen Fächerkombination Mathematik und Physik gekürt, war dem dann folgenden in einem "auslaufenden Modell" angesiedelten Lehrerdasein Anfang der Siebziger eine Alternative entgegenzusetzen. Über eine philosophische Zusatzausbildung an der Humboldt Universität mit dem Schwerpunkt "Philosophische Probleme der Mathematik und Naturwissenschaften" vermittelt, landete ich 1975 auf dem gerade wieder einmal entstehenden grundlagenorientierten Arbeitsgebiet "Theorie der Berufsbildung" am Zentralinstitut für Berufsbildung der DDR. Die ernüchtenden Erfahrungen politiknaher Forschung unseres angesichts übergroßer Theoriedefizite und eines eklatanten Mangels an Geschichtsbewußtsein unterkritisch besetzten kleinen Teams führten bald wieder zur selbstorganisierten Auflösung unter dem Slogan: "Für die Berufsbildung kann man nur forschen, wenn man nicht in ihrem Einflußbereich arbeitet." Dieser Standpunkt war gegenüber den alternativlosen Zunftkollegen sicher arrogant und elitär, er bewahrte zumindest uns vor der vollständigen politischen Vereinnahmung als Legitimationswissenschaftler. Diese meine kritische Haltung zur Berufsbildungsforschung in der DDR resultierte übrigens nicht aus einer grundsätzlichen Regimegegnerschaft; das merke ich ausdrücklich an: Das Kind der DDR - und meine Biographie steht mit deren Werden und Vergehen in engem Zusammenhang - blieb dies bis zum Schluß. - Anfang der Achtziger wechselte ich dann ins Wissenschafts- und Forschungsmanagement des Ost-Berliner Akademie-Instituts für Theorie, Geschichte und Organisation der Wissenschaft, an dem ich - so es das Tagesgeschäft zuließ und (wie ich auch dort sehr schnell erfahren durfte) in erheblicher Abhängigkeit von der politischen Nachfrage - u.a. auch über Wissenschaftsentwicklung und Bildung grundlagentheoretisch zu arbeiten versuchte. Seit der im Einigungsvertrag fixierten Auflösung der Akademieinstitute, die für unser Institut zum Jahresende vollzogen worden ist, arbeite ich nun als Projektleiter für "Wissenschaftssoziologie und -statistik e.V." in einem ABM-Projekt zum Transformationsprozeß des Wissenschaftssystems.

Warum dieser Ausflug ins Biographische? Ich wollte zum einen deutlich werden lassen, daß ich durch meine Arbeitskontakte zu Walter Dürr gerade wieder einmal dabei bin, wissenschaftlich "heimzukehren", zurückzugehen zu den Wurzeln. Zum anderen wollte ich den individuellen wissenschaftsdisziplinären Rahmen umreißen, in den ich meine folgenden Überlegungen - und für heute zunächst thesenhaft - stelle.

Mit "Wissenschaft" sei hier jenes systemisch-multidisziplinäre Unternehmen mit seiner Geschichte und seinen tradierten Geschichten, mit seinen Idealen und Utopie, Realien und Realisationen, mit seinen Rationalitäten und Versprechungen, mit den Gewinnern und - nicht zu vergessen - den Verlierern bezeichnet, wie es in der von uns oft gewünschten definitorischen Eindeutigkeit offenbar gar nicht wahrnehmbar ist. Bewußtseinswandel findet somit scheinbar disziplinär statt und dann bestenfalls multiplikativ in kommunikativen, kooperativen, koordinierenden Eliten und ihren Organisationen. Disziplinübergreifende Veränderungen perpetuierlicher Wahrnehmungsmuster werden in dieser Sicht leicht mit "inter" oder auch "trans" präfigiert. Die communities versammeln sich um beide - um die von und mit ihren Repräsentanten konstituierten und organisierten Disziplinen und um die als lösungswert erkannten Probleme theoretischer oder praktischer Art. Die Arbeit an Erkenntnis- und Problemlösungsmustern (in ihren Gemeinsamkeiten und Unterschieden) bringt in der scientific community kognitive Kompetenzen durch arttypisches Produktions- und Reproduktionsverhalten laufend hervor - unter der Voraussetzung und mit dem Ergebnis wachsender interner wie externer sozialer Kompetenzen durch systemspezifische Kooperation und durch das in der Koordination der Tätigkeiten der Handelnden immer wieder neu entstehende Sozialverhalten.

Für den Gebrauch pragmatisch gewendete Wissenschaftslehren kennzeichnen "Wissenschaft" durch die Anwesenheit von Systematik und Methodik. "Die Wissenschaft sammelt Tatsachen und organisiert sie zu Systemen. Dabei folgt sie anerkannten methodischen Regeln." (W. Theimer, 1985, S. 9)

Diese Charakterisierung - es ließen sich weitere anführen - macht mindestens deutlich, daß sich in unserer Kultur bestimmte wissenschaftliche Normen historisch durchsetzten und nun nachhaltig wirken. Im Zeitalter der Rationalität, das etwa Mitte des 18. Jahrhunderts einsetzte, werden der Begriff der Wissenschaft und mit ihm unser Begriff der Welt mit wachsendem Erfolg durch die Differenzierung, ja Demarkation von Sein und Sollen, von deskriptiven und präskriptiven Sätzen, von Tatsachen sowie

Normen und Werten bestimmt. Die stille Protestation der Wissenschaftstheorie, ihr trotziges Festhalten an der Einheit von Sein und Sollen, hat daran nichts geändert. Die im Wissenschaftsbetrieb zunehmende Konzentration auf Tatsachen bei wachsendem Verlust normativer Verbindlichkeit bezeichnen wir inzwischen als "Verwissenschaftlichung". Aus der Perspektive der historischen Wissenschaftsphilosophie entstand in diesem Prozeß der Verwissenschaftlichung eine neue Situation mit mindestens zwei Aspekten: "Was die außerwissenschaftlichen Bereiche an Aufwertung erfahren, das kommt der Wissenschaft an fragloser Gültigkeit abhanden." (G. Scholtz, 1991, S. 186)

Als geltend wahrgenommen wird - nicht nur von der historischen Wissenschaftsphilosophie - daß wissenschaftliche Tatsachen ja nur vor dem Hintergrund wirksamer Normensysteme der scientific community entstehen. Damit erscheint der Gegensatz von Tatsachen und Normen in den wissenschaftlichen Disziplinen selbst. Und zudem wird die Differenzierung von Tatsachen und Normen und Werten zu einer Unterscheidung von ausdifferenzierten Normensystemen: hier die Regeln und Einstellungen, mit denen es uns gelingt, wissenschaftliche Tatsachen zu fixieren, da das Leben in anderen Normenzusammenhängen und mit anderen Einstellungen, mit denen wir in den Lebensbereichen Recht, Moral, Kunst, Arbeit, Betrieb und Unternehmen usw. tätig werden. Festgestellt wird, daß zwischen den beiden kulturellen Systemgruppen (den wissenschaftlichen und den außerwissenschaftlichen) hinsichtlich der geltenden Werte nur quantitative Unterschiede bestehen. "Während es die Naturwissenschaften zu relativ stabilen, anerkannten und langlebigen Paradigmen (Regelsystemen) bringen, gibt es in den übrigen Sphären z.T. eine größere Paradigmenpluralität und - wie besonders in der Kunst - einem rascheren Wechsel. Aber überall sind die Regelsysteme und Einstellungen historisch bedingt, es sind Konventionen." (G. Scholtz, 1991, S. 186)

Der tendenzielle Wegfall des Widerspruchs von Tatsachen und Werten (oder Normen) in Prozessen der Wissensproduktion - insofern wir gewillt sind, dieser Vorstellung der historischen Wissenschaftsphilosophie zu folgen - eröffnet eine Chance für die wünschenswerte Annäherung der Wissenschaft an die anderen Kulturbereiche. Beunruhigend bleibt bei dieser Annäherung freilich, daß die wissenschaftlichen Normen, denen zumindest die Forschung gehorcht, selbst auch zu kontingenten historischen Tatsachen werden, deren Gültigkeit durch Wissenschaftstheorie rational nicht zu rekonstruieren ist.

Die Orte der Wirklichkeitserfahrung verändern und vervielfältigen sich aus dieser Perspektive. Neben der auf technischen Erfolgen basierenden Legende von den "exakten" Naturwissenschaften rechnen sich im kulturellen Konzert die Geistes- und Sozialwissenschaften mit deren Kalkülen ihre neuen Placierungen aus. Diese "Befreiung vom verschwiegenen Dogmatismus der modernen naturwissenschaftlichen Vernunft" (G. Scholtz, 1991, S. 200) schien bereits vollzogen oder scheint doch zu gelingen- gäbe es nicht gerade in den Naturwissenschaften in jüngerer Zeit so vieles Bemerkenswerte.

Moderne Wissenschaft erhebt Ansprüche: Sie will objektiv wahre und allgemein gültige Erkenntnis produzieren. Und sie realisiert praktische Wirksamkeit ihrer Erkenntnisresultate im Gesamtprozeß gesellschaftlicher Produktion und Reproduktion. "Die wissenschaftliche Aneignung des zu erkennenden Gegenstandes erfolgt dadurch, daß dieser in ein Objekt - zumeist ein Artefakt - des kooperativen ... Handelns der Wissenschaftler verwandelt wird. Die Rückschlüsse der Wissenschaftler, der Subjekte wissenschaftlicher Erkenntnis, aus dem Verhalten des kooperativ produzierten Objekts ... auf den realen Gegenstand erfordern eine Selbstthematisierung der wissenschaftlichen Handlungen ... Die Beantwortung der Frage, inwiefern die durch Objekte vermittelte Erkenntnis der Gegenstände objektiv wahr und allgemein gültig ist, kann nicht unabhängig von einer anderen Erkenntnis erfolgen: der selbstkritischen Erkenntnis des auch subjektiven und intersubjektiven, des auch einmaligen, besonderen und zufälligen Charakters der kooperativen Handlungen ... Die wissenschaftliche Erkenntnis von Gegenständen ist durch Objekterkenntnis und dieser wiederum durch Selbsterkenntnis vermittelt. Sie ist ein kooperativ kommunikativer Prozeß der Objektivierung und Universalisierung. Dieses Problem verschärft sich, wenn man nicht nur Wissenschaften von der äußeren Natur vor Augen hat, sondern auch solche der eigenen Natur, der Technik, der Gesellschaft, Geschichte und Kultur, schließlich der Wissenschaft selbst." (H.-P. Krüger, 1991, S. 7)

Der zweite große Anspruch, der auf praktische Wirksamkeit moderner Wissenschaft, kennzeichnet eine gegen Ende unseres Jahrhunderts sozial relevante Problemstellung. Denn hier entstehen die gestaltgebenden Verflechtungen wissenschaftlicher und außerwissenschaftlicher Tätigkeitsfelder und Handlungsarten. "Wissenschaftliche und andere gesellschaftliche Kooperationsbeziehungen werden füreinander zur wechselseitigen Voraussetzung, Bedingung und Folge." (H.-P. Krüger, 1991, S. 8) Solche komplexen Vermittlungen machen es den um objektiv wahre und allgemein gültige Erkenntnis ringenden Wissenschaftlern schwer, zwischen Objekt- und Selbsterkenntnis zu unterscheiden. "Man kann nicht beides zugleich haben wollen: einerseits einen Wissenschaftsbetrieb, in dem die Objektivierung und Universalisierung gegenstandsbezogener Erkenntnisse abgebrochen werden, da in ihm keine Selbsterkenntnis der Wissenschaften in ihrem globalen soziokulturellen Kontext gelingen kann; und andererseits die klassischen philosophischen Begründungen für die doppelte Auszeichnung moderner

Wissenschaften durch ihre Objektivität/Universalität und ihre praktische Wirksamkeit, da doch diese philosophischen Begründungen beide Auszeichnungen vom Maß der verwirklichten Selbst-Erkenntnis der modernen Wissenschaften abhängig hielten. Statt solche philosophischen Begründungen interdisziplinär einzuholen und öffentlich zur Wirkung kommen zu lassen, werden sie häufig als Legitimation für einen Wissenschaftsbetrieb mißbraucht, der das moderne Wissenschaftsideal gerade verfehlt." (ebenda)

In diesem Zusammenhang entstand international im letzten Dezennium ein verändertes Problembewußtsein über die Voraussetzungen, Bedingungen und Folgen der praktischen Gestaltung des Zusammenhangs zwischen der Objekt- und der Selbsterkenntnis moderner Wissenschaften. Und alle Wissenschaftsdisziplinen müssen sich inzwischen fragen, ob sie sich diesem Problembewußtsein wenigstens nähern. Ich kann mir angesichts der Vortragsthemen vorstellen, daß wir für die hier und heute zu diskutierenden Fragen der Betriebspädagogik in Antwortnähe gelangen.

Spätestens an dieser Stelle muß ich bekennen, daß ich weit entfernt bin von der Absicht, quasi als outsider interne Forschungssitutationen oder -strategien der Betriebspädagogik extern zu beobachten. Ich suche nach Anschlüssen und Schnittstellen und bin gespannt auf den weiteren Verlauf.

Literatur

Krüger, Hans-Peter (Hg.): Objekt- und Selbsterkenntnis. Zum Wandel im Verständnis moderner Wissenschaften

Scholtz, Gunter: Zwischen Wissenschaftsanspruch und Orientierungsbedürfnis. Zu Grundlage und Wandel der Geisteswissenschaften. Frankfurt am Main 1991

Theimer, Walter: Was ist Wissenschaft? Praktische Wissenschaftslehre. Tübingen 1985

Rolf Arnold:

Bildung und Betrieb
Anmerkungen zu einem betriebspädagogischen Paradigmenwechsel

Vortrag, gehalten am 19.3.1992 auf dem Kongreß der Deutschen Gesellschaft für Erziehungswissenschaft in Berlin

Die betriebspädagogische Debatte ist seit einiger Zeit in Bewegung geraten. Die Richtung dieser Bewegung ist schwer "auszumachen". Es ist - so scheint es - eine Bewegung "auf die Pädagogik zu", aber auch "von der Pädagogik weg", bzw. genauer: weg von den derzeit vorherrschenden Blickrichtungen, Perspektiven und Paradigmen, mit denen sich Pädagogik herkömmlicherweise ihrem Gegenstand nähert.

Die Bewegung, in die die betriebspädagogische Debatte geraten ist, kann deshalb nur richtig eingeschätzt werden, wenn man sie nicht oder nicht nur von den überlieferten "standards" des pädagogischen Nachdenkens her beurteilt, sondern diese standards vielmehr auch selbst zum Thema macht. Es geht beim Versuch einer angemessenen Einschätzung der neueren betriebspädagogischen Ansätze, Konzeptionen und Theorieentwürfe deshalb auch um die Impulse, die die betriebspädagogische Debatte in ihre Mutterdisziplin, die Pädagogik, hineinzutragen vermag. In diesem Sinne werde ich mich im folgenden mit dem betriebspädagogischen Paradigmenwechsel (vgl. Dürr/ Strech 1991, 158) befassen.

Dabei werde ich in zwei Schritten vorgehen:

- Zunächst werde ich ausführen, worin ich glaube, einen Perspektiv- bzw. Paradigmenwechsel der Betriebspädagogik erkennen zu können. Dabei werde ich mich auch bemühen, den herkömmlichen "pädagogischen Blick" zu rekonstruieren und in Beziehung zu setzen zu den sich m.E. vollziehenden Wandlungen.

- In einem zweiten Schritt schließlich werde ich einige professionstheoretische und professionalisierungspraktische Konsequenzen skizzieren, die sich m.E. aus dem betriebspädagogischen Paradigmenwechsel ziehen lassen, die gleichwohl nicht nur für die Betriebspädagogik von Belang sind (vgl. Arnold 1991a).

1. Paradigmenwechsel in der Betriebspädagogik

In seinem Buch "The structure of scientific Revolution" hat Thomas S. Kuhn den wissenschaftshistorischen "Befund" herausgearbeitet, daß eine neue Theorie immer erst dann zutage tritt, nachdem die Erklärungskraft und die Problemlösungsfähigkeit der bislang etablierten Theorien versagt hat (Kuhn 1979, 87). Und er weiß auch zu berichten, was die Vertreter etablierter Paradigmen niemals tun, wenn sie mit dem Auftauchen neuer Paradigmen konfrontiert werden und die Krise ihrer bisherigen Erklärungsweisen erleben: "Wenn sie auch beginnen mögen, den Glauben zu verlieren und an Alternativen zu denken, so verwerfen sie doch nicht das Paradigma, das sie in die Krise hineingeführt hat. (...) Sie werden sich zahlreiche Artikulierungen und ad-hoc-Modifizierungen ihrer Theorie ausdenken, um jeden scheinbaren Konflikt zu eliminieren" (ebd., 90 f).

Wir erleben in der Betriebspädagogik derzeit beides: die schwindende Erklärungskraft und Problemlösungsfähigkeit etablierter betriebspädagogischer Theorien einerseits und den Beharrungskampf der Vertreter dieser etablierten Ansätze andererseits.

Inwieweit "versagen" die etablierten pädagogischen "Zugriffe" derzeit gegenüber dem Gegenstandsbereich bzw. genauer: gegenüber den Wandlungen im Gegenstandsbereich der Betriebspädagogik?

Es sind m.E. vier grundlegende Wandlungen in den Betrieben und in den betrieblichen Bildungsarbeit selbst, die von der Betriebspädagogik eine Erweiterung, einen Wandel oder gar einen Wechsel ihres Paradigmas verlangen, wenn sie dem Anspruch weiterhin gerecht werden will, die Tendenzen, Strukturen und Potentiale der betrieblichen Realität angemessen theoretisch zu erklären[1]:

---

[1] Ingrid Lisop wies in der Diskussion m.E. zu Recht darauf hin, daß es sich bei dem hier konstatierten Paradigmenwechsel um einen Wandel handelt, der die gesamte Berufs- und Wirtschaftspädagogik "betrifft".

Paradigmenwechsel in der Betriebspädagogik

	eher früher	eher heute
1. Fokus	Berufskultur	Unternehmenskultur
	Lernen des Individuums	Lernen der Organisation
2. Ziele	pädagogisches Prinzip versus ökonomisches Prinzip	"Koinzidenz" von pädagogischem und ökonomischem Prinzip
3. Gestaltung	Fremdorganisation	Selbstorganisation
	Erzeugen (von Qualifikation)	Ermöglichen (von Qualifizierung)
4. Zielgruppe	(vornehmlich) Jugend(aus)bildung	(vornehmlich) Erwachsenenbildung

Abb. 1: Paradigmenwechsel in der Betriebspädagogik

(1) Vom Lernen des Individuums zum Lernen der Gruppe oder der Organisation

Der individualisierende Bezugsrahmen betrieblicher Bildung weicht auf: An die Stelle der Berufskultur als der biographischen Schablone für Entwicklung des einzelnen tritt mehr und mehr die Unternehmenskultur. Die berufliche Aus- und Weiterbildung des einzelnen erhält eine neue Gewichtung im Kontext des "Organisationslernens" (Geißler 1991; Sattelberger 1991), d.h. der ganzheitlichen Bestimmung des Lern- und Entwicklungsbedarfs von betrieblichen Gruppen, teams, Abteilungen und Bereichen.

"Belegen" läßt sich dieses "Abrücken" vom individualisierenden, auf den Beruf und die Qualifizierung des einzelnen fokussierenden Bezugsrahmens u.a. im Wandel der Ansätze zur Erfolgskontrolle betrieblicher Weiterbildung. Die Kontrolle des individuellen Lernerfolgs ist für viele Betriebe heute kein Thema (mehr). Während Pädagogik und Erziehungswissenschaft weiterhin an den Konzepten der Teilnehmer- oder der Kursevaluierung im Lernfeld festhalten (vgl. Dahms/ Gerl 1991; Münch/ Müller 1988), spielen diese Ansätze in vielen Betrieben de facto kaum (noch) eine Rolle. Dort, wo eine beratungsorientierte betriebliche Weiterbildung realisiert wird, strebt man vielmehr an, daß das Funktionsfeld selbst die Bedarfs- und Erfolgsbeurteilung "regelt", ohne daß einer zentralen, am individuellen Lernerfolg oder der Zufriedenheit "ansetzenden" Evaluisierung irgendeine Relevanz zugemessen wird. In zahlreichen Betrieben ist man sich bewußt, daß man bei der Erfolgskontrolle neue Wege gehen muß, auch wenn man selbst dazu noch nicht in der Lage ist: "Wir müssen vielfach noch mit dem Alten arbeiten, haben das Neue aber noch nicht" - so wurde uns im Rahmen einer Untersuchung mitgeteilt (vgl. Arnold/ Krämer-Stürzl 1992).

Die betriebliche Praxis entwickelt somit selbst ein ganzheitliches Verständnis "ihrer" Bildungsarbeit. Man möchte das betriebliche Lernen nicht mehr überall (nur) von den Anforderungen des Lernfeldes her definieren, organisieren, strukturieren und professionalisieren, sondern von den Anforderungen des Funktionsfeldes her. Man konzipiert betriebliche Bildungsarbeit immer weniger als das Lernen des einzelnen, sondern als das Lernen von Gruppen (Beutel-Wedewardt 1991), kurz: "Die Wahrnehmung und Beeinflussung des Verhaltens ganzer Systeme steht (...) im Zentrum ganzheitlichen Denkens und Handelns" - wie man in der "Anleitung zum ganzheitlichen Denken und Handeln der St. Gallener Wirtschaftswissenschaftler Hans Ulrich und Gilbert J.B. Probst nachlesen kann (Ulrich/ Probst 1988, 96).

Diese Ganzheitlichkeitsthese der neueren betriebswirtschaftlichen Führungslehre löst(e) bei vielen Pädagogen jedoch eher eine ablehnende Haltung aus. So wurde gemutmaßt, daß "(...) mit dem Begriff der Ganzheitlichkeit ein aufklärungsfeindlicher Tenor mit Hilfe des humanistisch gefärbten sounds einer Modernisierungskritik überspielt werden soll" (Fauser 1991, 3). Ein berufspädagogischer Kollege erinnerte kürzlich an die Ideengeschichte des Ganzheitlichkeits-Konzeptes als einer Metapher, deren sich auch der Nationalsozialismus bediente (Slogan: "Deutschland braucht ganze Kerle") (Kipp 1991) und die - wie wir wissen - auch der autoritären Betriebsgemeinschaftsideologie eines Friedrich Feld (1936) zugrunde lag (vgl. Arnold 1990a, 35). Gleichwohl darf man fragen, ob durch den historischen Mißbrauch einer

Kategorie ihre analytische und konzeptionelle Brauchbarkeit wirklich überzeugend ausgeschlossen werden kann; es wären viele Begriffe, die die Pädagogik dann "aufgeben müßte", darunter auch der der Bildung[2] sowie der Begriff der Mündigkeit und viele andere mehr. Man kann in solchen ideengeschichtlichen Diskreditierungsversuchen jedoch auch das erkennen, was Kuhn als Beharrungskampf der Vertreter eines etablierten Paradigmas beschreibt. Dieser beharrenden Skepsis "entgeht" jedoch, daß "Ganzheitlichkeit" sich auch als Element eines Bewußtseinswandels definieren läßt, ein Bewußtseinswandel, der nicht nur für die Betriebspädagogik, sondern für unser Überleben überhaupt zur unerläßlichen Notwendigkeit geworden ist (Weizsäcker 1991). "Wir glaubten bisher" - so stellt Frederic Vester in seinem Buch "Neuland des Denkens" fest - "wenn wir eine gute Straße bauen, eine funktionsfähige Fabrik errichten, ein juristisch einwandfreies Gesetz erlassen oder erstklassige Chemiker ausbilden, daß dann auch das Zusammenspiel all dieser Faktoren funktionieren müsse. Und dann waren wir überrascht, daß sich Dinge plötzlich aufschaukelten, ganz woanders Spätfolgen zeigten oder miteinander unvereinbar waren. Für sich perfekt geplant, kann eben ihr Zusammenspiel dennoch in ein Chaos führen" (Vester 1988, 77). Es ist - wenn ich es richtig beurteile - diese Sensibilität für das "Zusammenspiel", worum es den Ansätzen eines ganzheitlichen Managements und einer ganzheitlichen betrieblichen Bildungsarbeit geht.

(2) Zum Verhältnis von ökonomischer und pädagogischer Vernunft

Eine weitere Veränderung im Rahmen der betrieblichen Bildungsarbeit und ihrer konzeptionellen Begründung durch die Praxis selbst stellt für die Pädagogik eine grundlegende Herausforderung dar. ›Bildung‹ i.S. von Selbstbestimmung, Selbsttätigkeit und ganzheitlicher Subjektwerdung ist heute ganz offensichtlich nicht mehr nur eine Zielsetzung, die in einem spannungsreichen Bezug zu den betrieblichen Zielen und Zwecken steht. Es gibt vielmehr auch Anzeichen dafür, daß in vielen Bereichen die Bildungsintention "(...) gerade durch die technische Entwicklung und die mit dieser notwendig gewordenen ›erweiterten Qualifizierung‹ erstmals wirklich die Chance erhält, die Arbeitswelt zu gestalten" (Arnold 1991 b, 12).

---

[2] Der Bildungsbegriff ist nach Tenorth als analytische Kategorie in vielfacher Hinsicht ungeeignet: "Unverkennbar ist zunächst, daß der Bildungsbegriff die Bedeutung nicht bewahren kann, die er in der Ursprungsphase um 1800 hatte oder die ihm in spezifischen theoretischen Erneuerungen heute wieder gegeben wird. Er wurde vielmehr politisch funktionalisiert, von den pädagogischen Professoren zur Legitimation ausgebeutet und auch seine Ideologieanfälligkeit ist unübersehbar" (Tenorth 1992, 20).

Die konzeptionellen, inhaltlichen und didaktischen Wandlungsprozesse in der betrieblichen Bildungsarbeit sind zwar immer noch Ausdruck des technisch Notwendigen, doch wird durch das, was technisch notwendig ist, heute nicht mehr zwangsläufig das "aus der Welt geschafft, was mit Bildung intendiert war" (Tietgens 1988, 10). Die Berufs- und Betriebspädagogik reagiert bislang - wenn überhaupt - eher irritiert auf die - für viele "überraschende" Tatsache, daß das ›Humanum‹ des Bildungsbegriffs heute auch über die technische Entwicklung Einzug in die Betriebe zu halten scheint, so daß wir vielleicht wirklich - wie es im Vorwort der DGfE-Denkschrift zur Berufsbildungsforschung heißt - von einer (zumindest tendenziellen) "Koinzidenz ökonomischer und pädagogischer Vernunft" (Achtenhagen 1990, VII) ausgehen können? Um solchen Konvergenzen Rechnung tragen zu können, ist m.E. ein berufs- und betriebspädagogischer Denkansatz erforderlich, der sich von falschen - weil von der gesellschaftlichen Entwicklung ›überholten‹ Dichotomien löst. Neu diskutiert werden muß in diesem Zusammenhang allerdings die Frage, wie eine Theorie betrieblicher Bildungsarbeit entwickelt werden kann, die zwar die konvergenten Tendenzen aufgreift (und nicht in Beharrungskämpfen immer wieder aufs neue versucht, deren Existenz einfach zu leugnen), aber gleichwohl nicht den aufklärerischen Anspruch einer ideologiekritischen Wachsamkeit "über Bord" wirft, indem sie den Anspruch, die Mündigkeit des Subjekts zu fördern, der Illusion einer familiären Betriebs- und Interessengemeinschaft aufopfert? Auf diese Schlüsselfrage des in sich vollziehenden betriebspädagogischen Paradigmenwechsels werde ich noch zurückkommen.

(3) Von der Fremdorganisation zur Selbstorganisation

Eine weitere - dritte - Veränderung im Gegenstandsbereich der Betriebspädagogik illustriert das bislang Gesagte nochmals vom Gesichtspunkt der Gestaltung betrieblicher Abläufe und betrieblichen Lernens. Die Denkweisen der Betriebswirtschaftslehre sowie die Praxis der betrieblichen Effizienzsteigerung nähern sich - wenn ich es richtig beurteile - dem Entwicklungsbegriff reformpädagogischer Ansätze an: Bürokratische Fremdorganisation (als Modelle betriebswirtschaftlich ›effektiven‹ Wirtschaftens) wird zunehmend abgelöst durch Selbstorganisation. An die Stelle der Vorstellung einer Entwicklung bzw. eines Lernens durch Fremdimpulse (Erzeugungsdidaktik) treten in der betrieblichen Aus- und Weiterbildungspraxis mehr als nur vereinzelt (vgl. Friede 1988; Herzer u.a. 1990) Ansätze einer selbstgesteuerten Entwicklung von betrieblichem Lernen und betrieblicher Kooperation. Oder - in den Termini der pädagogischen Tradition: In der Spannungslage "Führen oder Wachsenlassen" (Litt 1949) scheint "Führen" als hierarchische Aktivität sein Gewicht zugunsten evolutionärer betrieblicher Entwicklungs- und Lernkonzepte einzubüßen.

Diese Wandlung von der Fremdorganisation zur Selbstorganisation, von hierarchischen zu evolutionären Betriebsmodellen vollzieht sich derzeit sehr deutlich in der wirtschaftswissenschaftlichen Literatur (vgl. u.a. Kirsch 1990; Probst 1987); in der betrieblichen Realität lassen sich entsprechende Tendenzen demgegenüber erst sehr ansatzweise ausmachen. Deshalb kann der betriebspädagogische Paradigmenstreit auch nicht auf der Basis von empirisch gewonnenen Belegen her "entschieden" werden. Jeder Versuch, die betriebliche Bildungsarbeit zu beurteilen, verkennt nämlich, daß in diesem technologie- und innovationsnahen Bereich derzeit "alles" - je nach eigenem Standpunkt - empirisch vorfindbar ist: borniert technokratisch-instrumentalistische Bildungskonzepte (die eigentlich keine sind) ebenso, wie rhetorisch neuverkleidete Konzepte einer autoritären Unternehmenskultur (die auch keine Bildungskonzepte sind). Daneben findet man auch avantgardistische Konzepte betrieblicher Selbstorganisation, die einer bildungstheoretischen Logik folgen. "Repräsentative" Strukturberichte über die betriebliche Bildungsarbeit führen deshalb m.E. nicht weiter. Insbesondere kommen Strukturberichte (d.h. z.B. Berichte über die Strukturmerkmale der betrieblichen Weiterbildung) nicht mit dem Phänomen der Ungleichzeitigkeit zurecht, d.h. mit der Tatsache, daß zwar - um es griffig zu formulieren - in der Masse der Betriebe die Bildungsrealität (noch?) trist ist, es jedoch einige Vorreiter einer neuen Lernkultur gibt, deren Bemühungen beeindruckend sind und auch als Ausdruck der Gestaltungs- und Entwicklungspotentiale, die mit der Entwicklung der Technik und der betrieblichen Kooperationskulturen verbunden sind, gewertet werden können. Was fehlt, sind Potentialberichte. Diese könnten als qualitativ-explorative oder Einzelfallstudien den durchaus noch untypischen und avantgardistischen Ansätzen betrieblicher Aus- und Weiterbildung nachspüren, diese vor dem Hintergrund eines ganzheitlichen Denkmodells "einordnen", dabei aber gleichwohl auch den jeweiligen ideologischen Kontext ausloten. Daß "die Wahrheit" (über die betriebliche Bildungsarbeit) in den Zwischentönen, in dem Sowohl-als-auch, in den Potentialen und Ungleichzeitigkeiten liegt, ist m.E. kennzeichnend für die Phase des betriebspädagogischen Paradigmawechsels, der sich derzeit vollzieht. Diese Prämisse eines gegensatz-offenen, ganzheitlichen bzw. systemischen Denkens kann m.E. jedoch nur im Rahmen einer qualitativen Potentialforschung angemessen berücksichtigt werden; eine nur-empirisch-analytische "Suche" nach repräsentativen Strukturmerkmalen würde m.E. mehr verdecken als enthüllen.

(4) Von der Jugend- zur Erwachsenenbildung

Auf eine weitere - vierte - Veränderung möchte ich hier nur kurz hinweisen, da ich mich hierzu an anderer Stelle detaillierter geäußert habe; es geht um die Zielgruppe bzw. um das Bild vom Edukanden. Während die allgemeine Pädagogik, aber auch die Berufs(schul)- und Betriebspädagogik lange Zeit fast ausschließlich die Erziehung bzw. die Berufserziehung Jugendlicher "im Blick" hatte, hat sich in der gesellschaftlichen Realität (gemeint: der betrieblichen Bildungsarbeit) der Akzent schon längst von der Jugend auf die Erwachsenenbildung zu verlagern begonnen (vgl. Arnold 1990b). Auch die betriebliche Bildungsarbeit hat sich dabei von einer Form der Jugend- zu einer Form der Erwachsenenbildung gewandelt, denn die betriebliche Weiterbildung ist auf Expansionskurs, und auch bei den Auszubildenden haben die Betriebe es eher mit jungen Erwachsenen als mit Jugendlichen zu tun.

Erstes Fazit:

Fokus, Ziele, Gestaltung und Zielgruppen betrieblicher Bildungsarbeit wandeln sich. Es ist nicht mehr (nur) das einzelne Individuum, dessen berufliche Förderung im Rahmen einer Institution organisiert und gewährleistet werden muß, die nach anderen als (nur) pädagogischen Prinzipien "funktioniert"; es ist vielmehr die Organisation selbst, die ihre Flexibilität lernend entwickeln können muß. Diese setzt jedoch voraus, daß sich auch die in ihr tätigen Menschen selbstorganisiert entwickeln können. Die Selbstorganisationsfähigkeit der Unternehmen setzt die Selbstorganisationsfähigkeit ihrer Mitarbeiter voraus. Ist diese anders als als Bildung im ursprünglichen Sinne des Wortes zu entwickeln? Und unterstützt nicht auch der Trend von der Jugend- zur Erwachsenenbildung einen Abbau patronaler Strukturen im betrieblichen Bildungswesen und ermöglicht es dadurch, Lernen nicht mehr nur als individuelle Aktivität zum Abbau von individuellen Defiziten zu verstehen, sondern als ein Lernen von Organisationen bzw. organisatorischen Einheiten (vgl. Kailer 1988).

1.1 Exkurs: Frage nach dem Stellenwert einer ideologiekritischen Bildungstheorie

Wird bei diesem Paradigmenwechsel der Bildungsbegriff nicht in einer allzu undialektisch-harmonisierenden Weise verwendet und "Interesse" als bildungstheoretische und betriebspädagogische Kategorie allzu bereitwillig aufgegeben? Muß es nicht nach wie vor auch darum gehen, "(...) die kritische Radikalität des Widerspruchs von Bildung und Herrschaft zur Geltung zu bringen, gegen alle Versuche, die Bildungsidee für affirmative Bildungsstrategien zu vernutzen" (Drechsel u.a. 1987, 6)? Ich meine ganz unzweideutig: "Ja"! Ganzheitliche Vernunft schließt allerdings Ideologiekritik i.S: einer Kritik "von ideologischen Aussagen über empirische Sachverhalte" (Blankertz 1975, 110) nicht aus; notwendig und auch möglich ist m.E: eine Integration der kritischen Bildungstheorie, die nach den Bedingungen für die Mündigkeit des Subjekts fragt, in die (neueren) Ganzheitlichkeitskonzepte der Berufs- und Betriebspädagogik, welche einen überindividuellen, antitechnokratischen Begründungsrahmen aufzeigen. In einer solchen integrativen Betrachtungsweise bleibt ›Interesse‹ als Kategorie erhalten, doch eingebunden in einen ganzheitlichen Vernunftbegriff. In diesem Sinne weist C.F.v. Weizsäcker darauf hin, daß (...) das interessengeleitete begriffliche Denken der Wahrnehmung desjenigen Ganzen (bedarf), das erst die wahren Interessen des Individuums und der Gruppe erkennbar macht" (Weizsäcker 1971,226). Eine Theorie betriebliche Bildung, die ganzheitliches und ideologiekritisches Denken zu integrieren vermag, könnte m.E. zweierlei leisten:

- eine Ausweitung der (traditionell verengten) individualpädagogischen Perspektive, indem sie nicht nur (in kritischer Perspektive) nach den Bedingungen für die Mündigkeit des Subjekts fragt, sondern auch nach den außerbetrieblichen Voraus-setzungen und Folgen individuellen Handelns. Dabei geraten auch die möglicherweise "subversiv ›nutzbaren‹ Freiheitsgrade" (Koneffke 1971, 23) einer erweiterten Qualifizierung (Schlüsselqualifizierung) in den Blick, d.h. Schlüsselqualifizierung ist nicht auf bloße Integration einzuschränken.

- Durch die Integration von Ideologiekritik und Ganzheitlichkeit öffnet sich aller-dings auch der Blick auf der Ebene des Organisationslernens: Neben der Frage nach den Bedingungen für die Selbstorganisation des Unternehmens tritt die Frage nach den (gesellschaftlichen, ökologischen, produktethischen u.a.) Voraussetzungen und Folgen betrieblicher Selbstorganisation.

	Ideologiekritik	Ganzheitlichkeit
Individual-pädagogik	Frage nach den Bedingungen für die Mündigkeit (Selbstorganisation) des Subjekts	Frage nach den Voraussetzungen und Folgen individuellen Lernens
Organisations-Lernen	Frage nach den Bedingungen für die Selbstorganisation des Unternehmens	Frage nach den Voraussetzungen und Folgen betrieblicher Selbstorganisation

Abb. 2: Zum Verhältnis von Ideologiekritik und Ganzheitlichkeit

Eine Theorie betrieblicher Bildung, die ideologiekritisches und ganzheitliches Denken zu integrieren versucht, bleibt gleichzeitig skeptisch und aufgeschlossen gegenüber dem Neuen. Ein solcher Ansatz folgt weder der Unternehmensrethorik, noch "glaubt" sie, daß die Gestaltbarkeit der Unternehmenskultur (durch die Mitarbeiter) eine relative Autonomie der handelnden Subjekte und eine gewisse Transparenz der betrieblichen Kommunikation lediglich "Fiktionen" (Axmacher 1991, 70) seien. Ein solcher integrativer Ansatz weiß, daß ein "Beharren auf dem pädagogischen Prinzip" (Arnold 1990a, 22) wenig Erkenntnisfortschritt bringt und ebenso wenig "bewegt". Er ignoriert nicht, daß die betrieblichen Erwägungen nach wie vor an ökonomisch-technischen Kalkülen ausgerichtet sind, doch fragt er, ob mit solchen Feststellungen die Parallelitäten von technisch Notwendigem und pädagogisch Gefordertem ausreichend berücksichtigt sind. Ein solcher integrativer Ansatz weiß, daß auch die wichtige Frage nach der "Herrschaft" letztlich auch nicht weiter führt, denn selbstverständlich gibt es auch in den Unternehmen der Unternehmenskultur weiterhin Herrschaft, doch was folgt aus dieser Feststellung? Ist die eigentlich viel wichtigere Frage nicht die, wie mit der Herrschaft umgegangen wird? Und benötigen wir zur Entwicklung anderer als hierarchischer Formen der Kooperation nicht in allererster Linie ein anderes Bewußtsein (bei den Führenden und Geführten)? Es ist derzeit nicht möglich, alle diese Fragen im Kontext einer ideologiekritisch-ganzheitlichen Theorie betrieblicher Bildungsarbeit wirklich "abschließend" zu beantworten, da wir eine solche Theorie noch nicht haben. Doch spricht - bei allem, was ich derzeit sehe - viel dafür, daß die Entwicklung einer solchen Theorie auch einer philosophischen Fundierung im Sinne eines Fortschreitens von Jürgen Habermas zu Carl Friedrich von Weizsäcker[3] bedarf.

2. Die Öffnung der Rolle des betrieblichen Weiterbildners

Im letzten Schritt meiner Ausführungen möchte ich "praktisch" werden und aus den bisherigen Ausführungen einige Folgerungen für die Professionalisierung von Betriebspädagogen ableiten, die mit dem geschilderten Paradigmenwechsel und der notwendigen "Öffnung" des pädagogischen Blicks verbunden sind, m.E. aber auch über die Betriebspädagogik hinaus von Belang sind für eine Weiterentwicklung der Professionalität von Pädagogen (vgl. Koring 1992).

Erinnern wir uns: Wesentliche Basis der geschilderten Wandlungen ist ein verändertes Organisationsverständnis, das "Organisation" nicht (mehr) als eine feststehende Ordnung, sondern als ein evolutionäres System versteht. In diesem Sinne ist auch die Rede von einer "Deregulierungsoffensive" (Posth; zit. nach: Dürr 1990, 53), und man möchte intelligente und kreative Organisationen entwickeln, die auch berücksichtigen, daß "(...) nur triviale ›Maschinen‹ durch einzelne Handlungen gestaltet und gelenkt werden (können). Soziale Systeme sind keine komplexen ›Maschinen‹, die auch durch noch so großartig konzipierte Einzelhandlungen nicht gestaltet und gelenkt werden können" (Probst 1987, 13).

Die Frage, die es nun zu untersuchen gilt, lautet: Welche Auswirkungen hat dieser organisatorische Wandel auf die "Zuständigkeiten" und die "Professionalität" derer, die im Betrieb für die Weiterbildung verantwortlich sind?[4]

---

[3] Für Carl Friedrich von Weizsäcker ist Habermas "ein tragischer Held der aufgeklärten Vernunft": "Er sieht, daß Vernunft nicht Besitz des isolierten Subjekts, sondern Leistung der Kommunikation ist. Er muß dann die Regeln der Vernunft aus den Bedingungen der Kommunikation bestimmen. Dies alles ist hochwichtig, um Logik, Physik und politische Analyse zu beurteilen. Aber ist die bisherige Aufklärung nicht ein Kartenhaus unter dem Anhauch Nietzsches"? (Weizsäcker 1991, 429)

[4] Die folgenden Ausführungen folgen der Darstellung in Arnold 1991a, 15ff, bzw. Arnold 1991b, 181ff.

Unübersehbar ist, daß sich der "Zuständigkeitsbereich" der betrieblichen Weiterbildner erweitert. Dieser Wandel im Aufgabenbereich kann mit dem herkömmlichen (individual)pädagogischen Blick nicht mehr hinreichend erklärt werden und "sprengt" auch die universitären Konzeptionen zur Ausbildung von Erwachsenenbildnern: Der Weiterbildungsspezialist arbeitet als Problemlösungsberater "vor Ort". Er versucht, Mitarbeiter und Mitarbeitergruppen zu befähigen, ihre Probleme selbst zu identifizieren, diese hinsichtlich ihrer Ursachen zu analysieren und Lösungen bzw. Lösungshilfe möglichst eigenständig zu "organisieren". Betriebliche Weiterbildung rückt dabei in die Nähe von Beratungs- und Organisationsentwicklungsstrategien: Nicht mehr nur der einzelne Mitarbeiter mit seinen Lerndefiziten oder Entwicklungsbedürfnissen ist Ziel der erwachsenen- und betriebspädagogischen Bemühungen, sondern vielmehr (auch) die Organisation "Betrieb" mit ihren eigenen Lern- und Entwicklungsbedürfnissen.

Diese Tendenzen führen zu einer grundlegenden Veränderung der Rolle der betrieblichen Weiterbildner, die - wie gesagt - den herkömmlichen "pädagogischen Blick" weiten. Die Rolle der betrieblichen Weiterbildner kann nicht mehr zutreffend als eine makrodidaktische Funktion beschrieben werden (wie dies in der Erwachsenenbildungswissenschaft üblich ist); angemessener ist vielmehr die Rede von einer Prozeß- und Projektorientierung. Die Weiterbildungsfunktionen im Betrieb entwickeln sich nämlich - anders als z.B. in den Volkshochschulen - nicht (nur) in Richtung auf "Programmplanung"; sie beziehen zwar das "Vorher" der eigentlichen Weiterbildungsmaßnahmen ein, doch nicht im Sinne einer nüchternen Bedarfsermittlung. Vielmehr begleitet und berät der Weiterbildner den gesamten Prozeß einer auf die Organisationsentwicklung bezogenen Problemlösung "in Tuchfühlung" mit den Abteilungen des Betriebes. Hierzu bedarf er:

<u>einer Diagnosekompetenz</u>, d.h.

- er muß über Fähigkeiten zur Durchführung von "Kleinforschung" verfügen, um Problemlagen identifizieren zu können (z.B. durch workshops, Interviews u.a.);

- er muß über die Fähigkeit zum "akzeptanzsichernden" Umgang mit den Betroffenen verfügen, um in der kommunikativen Aushandlung die vorliegenden Probleme "aus ihrer Sicht heraus" verstehen, Lösungsmöglichkeiten gemeinsam mit ihnen suchen und diese in verbindliche Zielvereinbarungen und Maßnahmeplanungen "umgießen" zu können;

einer Ermöglichungskompetenz, d.h.

- er muß für den adäquaten Rahmen einer problemlösenden Weiterbildung sorgen können, ohne sich selbst in der Traineraufgabe zu verlieren;

- er muß vielmehr fragen können, ob nicht auch bereits der Austausch und die Problemlösung durch die Betroffenen selbst den Weiterbildungsbedarf "befriedigen können", d.h. er muß die Angewohnheit, in Seminarsequenzen und Programmstrukturen zu denken, ablösen können durch ein Denken in Kategorien der Kooperation und Selbstqualifikation bzw. der "kooperativen Selbstqualifikation" (Heidack 1989);

- er muß den Wildwuchs und die Verselbständigung des Referenten und Dozenteneinsatzes konzeptionell strukturieren, diese selbst von der Ebene der Konzeption her "steuern" können und sie durch Dozentenweiterbildung und didaktische Supervision in die Weiterbildungskultur des Unternehmens integrieren können;

- er muß die entsendenden Abteilungen und die Teilnehmer selbst beraten und ihre Lernprozesse über Zielvereinbarungen für das Unternehmen, die Abteilungen und die Teilnehmer "verbindlicher" gestalten können.

einer Einbindungskompetenz, d.h.

- er muß lernen, in Bildungsfolgen statt (nur) in Bildungsbedarfen zu denken;

- er muß den Transfer sichern und die Einbindung des Gelernten in die Praxis am Arbeitsplatz durch vorbereitende und begleitende Umfeldaktivitäten "sichern" können;

- er muß follow-up-Aktivitäten bereitstellen und dadurch die Kontinuität und Wirksamkeit des Organisationslernens für einen Organisationswandel fortentwickeln können.

Fazit:

Die Veränderungen in der betrieblichen Bildungsarbeit haben grundlegende Auswirkungen auf die Zuständigkeiten und Qualifikationen des Bildungspersonals; dies wurde am Beispiel der betrieblichen Weiterbildner "ausgelotet". Deren Rolle entwickelt sich in Richtung (interner) Weiterbildungsberater. Mit dieser Rolle ist eine Perspektive für die Professionalisierung von Weiterbildnern markiert, die dem von mir skizzierten Paradigmenwechsel der Betriebspädagogik Rechnung trägt und gleichzeitig auch deutlich macht, um was es in der betrieblichen Weiterbildung derzeit geht: um die Entwicklung der Professionalität und Kultur betrieblicher Weiterbildung durch die Entwicklung der in ihr Tätigen.

Literatur

Achtenhagen, F.: Vorwort. In: DGfE (Hrsg.): Berufsbildungsforschung an den Hochschulen der Bundesrepublik Deutschland. Denkschrift. Weinheim 1990, S. VII-VIII.

Arnold, R.: Betriebspädagogik. Berlin 1990a.

Arnold, R.: Betriebliche Weiterbildung. Bad Heilbrunn/OBB 1991b.

Arnold, R.: Die Öffnung der Rolle des Weiterbildners im Betrieb. In: Weiterbildung in Wirtschaft und Technik, 2/1991a, S. 13-17.

Arnold, R.: Zum Verhältnis von Berufsbildung und Erwachsenenbildung. Systematische, bildungspolitische und didaktische Überlegungen. In: Pädagogische Rundschau 3/1990b, S. 333-348.

Arnold, R./ Krämer-Stürzl, A.: Explorative Studie zur Erfolgskontrolle betrieblicher Weiterbildung. Gutachten im Auftrag der Arbeitsgemeinschaft betriebliche Weiterbildungsforschung e.V. (Bochum). Kaiserslautern 1992.

Arnold, R./ Müller, H.-J.: Ganzheitliche Berufsbildung. In: Pätzold, G. (Hrsg.): Handlungsorientierung in der beruflichen Bildung. Frankfurt a.M. 1992, S. 97-121.

Axmacher, D.: Doktrin oder Funktion? Über einige notwendige Justierungen der Unternehmenskultur-Diskussion. Antikritik zu Rolf Arnold. In: Zeitschrift für Berufs- und Wirtschaftspädagogik, 1/1991, S. 68-73.

Beutel-Wedewardt, K.: Multiplikatorenkonzepte - ein Einstieg in die lernende Organisation? In: Sattelberger 1991, S. 261-272.

Blankertz, H.: Theorien und Modelle der Didaktik, MÜnchen 1975.

Dahms, W./ Gerl, H.: Evaluation und Transfer in der betrieblichen Weiterbildung. In: Arnold, R. (Hrsg.): Taschenbuch der betrieblichen Weiterbildung. Baltmannsweiler 1991, S. 234-245.

Drechsel, R. u.a.: Bildung zwischen Utopie und Widerstand. Statt einer Einleitung. In: Dsbn. (Hrsg.): Ende der Aufklärung? Zur Aktualität einer Theorie der Bildung. Bremen 1987, S. 5-78.

Dürr, W.: Betriebspädagogik und Selbstorganisation. In: Geißler, H. (Hrsg.): Neue Aspekte der Betriebspädagogik. Frankfurt a.M. u.a. 1990, S. 53-64.

Dürr, W./ Strech, K.-H.: Das erkannte Selbst entwickelt sich. Erfahrungen im Berufsfeld Wirtschaft und Verwaltung und ihre Deutung. In: Strech, K.-H. (Hrsg.): Tohuwabohu. Chaos und Schöpfung. Berlin 1991, S. 148-213.

Fauser, P.: Ganzheitlichkeit als pädagogisches Problem. In: Zur Frage der Ganzheitlichkeit in der beruflichen Bildung. Tagung der Evangelischen Akademie Bad Boll. Bad Boll 1991, S. 3-20.

Friede, C.K.: Neue Wege der betrieblichen Ausbildung. Heidelberg 1988.

Geißler, H.: Organisations-Lernen. Gebot und Chance einer zukunftsweisenden Pädagogik. In: Grundlagen der Weiterbildung, 2 (1991), 1, S. 23-30.

Heidack, C. (Hrsg.): Lernen der Zukunft. Kooperative Selbstqualifikation - die effektivste Form der Aus- und Weiterbildung im Betrieb. München 1989.

Herzer, H. u.a. (Hrsg.): Methoden betrieblicher Weiterbildung. Ansätze zur Integration fachlicher und fachübergreifender beruflicher Bildung. Eschborn 1990.

Kailer, N. (Hrsg.): Neue Ansätze der betrieblichen Weiterbildung in Österreich. Bd.1: Organisationslernen. Wien 1988.

Kipp, M.: ›Deutschland braucht ganze Kerle‹. Zur ganzheitlichen Facharbeiterausblildung im VW-Werk Braunschweig. In: Zur Frage der Ganzheitlichkeit in der beruflichen Bildung. Tagung der Evangelischen Akademie Bad Boll. Bad Boll 1991, S. 52-76.

Kirsch, W.: Kommunikatives Handeln, Autopoiese, Rationalität. Sondierungen zu einer evolutionären Führungslehre. Unveröffentlichtes Arbeitspapier. München 1990.

Koneffke, G.: Integration und Subversion. Zur Funktion des Bildungswesens in der spätkapitalistischen Gesellschaft. In: Nyssen, F. (Hrsg.): Schulkritik als Kapitalismuskritik. Göttingen 1971, S. 79-123.

Koring, B.: Grundprobleme pädagogischer Berufstätigkeit. Eine Einführung für Studierende. Bad Heilbrunn/OBB 1992.

Kuhn, T.S.: Die Struktur wissenschaftlichen Revolution. Frankfurt a.M. 1979.

Litt, Th.: Führen oder Wachsenlassen. Stuttgart 1949

Münch, J./ Müller, H.-J.: Evaluation in der betrieblichen Weiterbildung als Aufgabe und Problem. In: Dürr, W. u.a. (Hrsg.): Personalentwicklung und Weiterbildung in der Unternehmenskultur. Baltmannsweiler 1988. S. 17-61.

Probst, G.J.B.: Selbst-Organisation. Ordnungsprozesse im sozialen System aus ganzheitlicher Sicht. Berlin/ Hamburg 1987.

Sattelberger, Th. (Hrsg.): Die lernende Organisation. Konzepte für eine neue Qualität der Unternehmensentwicklung. Wiesbaden 1991.

Tenorth, H.-E.: Geschichte der Erziehung. Einführung in die Grundzüge ihrer neuzeitlichen Entwicklung. 2. durchgesehene Auflage, München 1992.

Tietgens, H.: Vorbemerkung. In: Strunk, G.: Bildung zwischen Qualifizierung und Aufklärung. Bad Heilbrunn/OBB 1988, S. 9-11.

Ulrich, H./ Probst, G.J.B.: Anleitung zum ganzheitlichen Denken und Handeln. Ein Brevier für Führungskräfte. Bern 1988.

Vester, F.: Neuland des Denkens. Vom technokratischen zum kybernetischen Zeitalter. München 1988.

Weizsäcker, C.F.: Bewußtseinswandel. MÜnchen 1991.

Harald Geißler:

ORGANISATIONSLERNEN UND AUTOPOIESE

Die Theoriebildung des Konstruktivismus (s.v. allem Maturana/Varela 1987; aber auch z.B.: Dürr/Strech 1991; Kirsch 1992; Probst 1987; Schmidt 1992; Watzlawick/Krieg 1991), dessen historische Bedeutung bereits jetzt gefeiert wird (Glaserfeld 1991, S. 17), ist noch nicht abgeschlossen. Seine Erschließung für die Erziehungswissenschaft steckt noch in den Anfängen. Das ist insofern eine Handlungsaufforderung für die Erziehungswissenschaft, weil gezeigt werden kann - und das ist das Ziel dieses Beitrags -, daß es sinnvoll und sogar geboten erscheint, den *Konstruktivismus als pädagogische Theorie* zu entfalten; denn der Prozeß des Erkennens, für den sich der Konstruktivismus interessiert, ist nicht ohne ein Konzept von Lernen angemessen auszuleuchten. Insofern sind entsprechende Vorarbeiten der Erziehungswissenschaft, und zwar vor allem der Anthropologie des Lernens zu nutzen. Das aber alleine reicht nicht aus, denn die pädagogischen Vorstellungen von Lernen heben traditionell auf das Lernen des einzelnen ab. Die systemische Komponente des Konstruktivismus macht demgegenüber deutlich, daß Subjekte immer auch Teile von Systemen sind, so daß sich sogleich die Anschlußfrage stellt, wie denn Systeme lernen. Damit ist der thematische Kern dieses Beitrags fixiert: *Organisationslernen.*

Eine pädagogisch begründete Konzeption von individuellem und organisationellem Lernen im Anschluß an die Erkenntnisse des Konstruktivismus entwickeln zu wollen, stößt auf das Problem, daß jene Theorie selbst noch nicht abgeschlossen ist, sondern für ihre Weiterentwicklung - so meine These - fruchtbare Impulse besonders von seiten der Erziehungswissenschaft braucht. Um uns in dieser Situation sozusagen "am eigenen Schopf aus dem Sumpf" zu ziehen", schlage ich vor, die Beziehung zwischen Erkenntnissubjekt und -objekt in den Mittelpunkt zu stellen. Sie besitzt zwei Seiten:

- Das Subjekt ist zum einen mit seinem Kontext durch systemische Wirkungszusammenhänge verbunden;
- zum anderen beraubt diese systemische Einbindung das Subjekt aber nicht seiner Autonomie, denn es ist aufgrund selbstreferentieller Aktivitäten zu Selbstreflexion, Kritik und Selbstkritik fähig.
- Der Erkenntnisprozeß des Subjekts wird vor diesem Hintergrund verstehbar als Rekonstruktion des Erkenntnisobjekts durch das Subjekt bei gleichzeitiger Selbstkonstitution des Subjekts in diesem Erkenntnisprozeß.

Die Schlußfolgerung dieses Gedankens lautet: Den Aktivitäten zwischen Erkenntnissubjekt und -objekt muß eine *nicht-objektivierende Methode* zugrunde liegen, denn der Standpunkt, von dem aus etwas erkannt wird, muß selbst miterkannt werden.

Dieser Punkt wird in der Konstruktivismus-Diskussion deutlich gesehen. Er ist bisher jedoch m.E. nicht in derjenigen Breite entfaltet worden, die vom Standpunkt der Anthropologie des Lernens notwendig wäre. Der Erkenntnisprozeß wird nämlich im Konstruktivismus im wesentlichen als ein Zusammenspiel von Wissenserwerb und seiner Bewährung in handlungspraktischen Situationen ausgelegt. Dieser Ansatz erscheint mir konzeptionell als zu eng, weil zwei weitere Parameter menschlichen Verhaltens und Seins m.E. unzureichend berücksichtigt werden, nämlich das aktuelle Wollen und das dem Wissen, Können und aktuellen Wollen zugrunde liegende und seiner Entwicklung Richtung und Maß gebende Glauben, das hier nicht im religiösen Sinne, sondern bedeutungsgleich mit dem sozialwissenschaftlichen Begriff "Deutungsmuster" (s. z.B. Arnold 1983) gebraucht wird.

Aus diesem Grunde wollen wir im folgenden Lernen als eine kontextreferentiell und selbstreferentiell ausgerichtete Veränderung von Wissen, Können, Wollen und Glauben verstehen und versuchen, in Auseinandersetzung mit dem Autopoiesis-Konzept folgende zwei Fragen zu beantworten:

- Wie ist eine nicht-objektivierende Beziehung zwischen dem Subjekt und seinem Kontext im Medium von Wissenserwerb, praktischem Anwendungslernen und Willensbildung unter Berücksichtigung der insgesamt zugrunde liegenden Deutungsmuster zu konzeptionieren? Zugespitzt heißt das: Wie kann man sich die Entwicklung von Deutungsmuster und Willensbildungen vorstellen, die sich intentional als Entfaltung von Freiheit und Verantwortung selbst reguliert, die also nicht das eigene Wollen und Deuten zum Erkenntnis- oder Manipulationsobjekt eines letztlich übergeordneten Willens macht, der nicht mehr reflektierbar, der nicht mehr intentional verfügbar und der deshalb auch nicht zu verantworten ist?
- Die erste hängt mit der zweiten Frage eng zusammen: Ist es angemessen, *Bildung* als den traditionellen Zentralbegriff der Pädagogik im Lichte der Autopoiesis-Diskussion zu reinterpretieren, und welche Bedeutung müßte in diesem Zusammenhang jenem noch zu bestimmenden nicht-objektivierenden Verfahren als Methode der Welt- und Selbsterschließung des Subjekts zukommen? Bezogen auf Organisationslernen heißt das: Ist es sinnvoll und vielleicht sogar notwendig, einen neuen Begriff in die Diskussion zu bringen, nämlich denjenigen der *Organisations-Bildung* als Ziel und Weg eines kollektiv organisierten nicht-objektivierenden Lernens der Organisation hinsichtlich

ihrer Deutungsmuster und Willensbildung, ihres Wissenserwerbs und ihres handlungspraktischen Lernens?

1. Organisationslernen als kollektiv-organisierter Wissenserwerb - der kognitionspsychologische Ansatz von Argyris

Auf die Frage, wie man sich Organisationslernen angemessen vorstellen kann, haben Argyris und Schön (1978) eine Antwort gegeben, auf die wir uns im folgenden exemplarisch beziehen wollen (siehe dazu auch die Ausführungen bei Geißler 1994a, S. 76ff.). Im Rahmen eines kognitionspsychologischen Ansatzes vertreten sie eine instrumentalistische Auffassung von Organisation und Organisationslernen:

- Die Existenzberechtigung einer Organisation sehen die Autoren in der Erfüllung bestimmter gesellschaftlicher Aufgaben (Organisation als "task system"),
- für deren erfolgversprechende Bearbeitung Kooperationsregeln notwendig sind. Sie beziehen sich vor allem
- auf Arbeitsteilung und ihre organisationelle Reintegration,
- auf Methoden und Verfahren der Entscheidungsfindung
- und auf die Bestimmung der Organisationsmitgliedschaft bzw. Abgrenzung gegenüber dem äußeren Kontext der Organisation (Argyris/Schön 1978, S. 13).

Um diese Aufgaben erfüllen zu können, brauchen die Organisationsmitglieder nicht nur passende Werkzeuge, sondern auch angemessene "Denk"-zeuge, d.h. kognitive Instrumente, die ihre Handlungen leiten, indem sie die zugrunde liegenden Normen, Strategien und Vorannahmen bzw. Deutungsmuster reflektieren. Die so entwickelten Erkenntnisse beanspruchen ähnlich wie in der Wissenschaft allgemeine Gültigkeit. Das Resultat dieser kognitiven Arbeit sind Handlungstheorien im Sinne von Theories-in-Use, die sich in den Handlungszusammenhängen des Subjekts artikulieren. Ihre Entwicklungsimpulse erhalten sie aus Mißerfolgserlebnissen, die signalisieren, daß die Wirklichkeit anders ist und anders funktioniert als in der angewandten Handlungstheorie angenommen wurde (ebd., S. 10f.).

Die Arbeitsteilung der Organisation erfordert die Koordination der den Organisationsmitgliedern zur Verfügung stehenden Arbeitsinstrumente, und zwar sowohl der materialen wie auch der kognitiven Instrumente. Das bedeutet: Die Organisationsmitglieder müssen, um den instrumentalistischen Sinn der

Organisation erfüllen zu können, ihre individuellen Handlungstheorien aufeinander abstimmen und gemeinsam eine für alle Organisationsmitglieder grundlegende *organisationelle Handlungstheorie* produzieren. Diese Arbeit ist identisch mit *Organisationslernen* (ebd., S. 17ff.). Sie ist eine permanente Aufgabe, denn jeder Irrtum oder jede Unzulänglichkeit, die der einzelne bei seiner eigenen individuellen Handlungstheorie im Kontext seines organisationellen Verhaltens entdeckt und ausmerzt, muß für ihn zum Anlaß werden, entsprechend auch die organisationelle Handlungstheorie zu korrigieren.

Wie eine solche sozusagen didaktische Initiative des einzelnen vom Organisationsganzen allerdings aufgenommen wird, hängt entscheidend von der organisationellen Handlungstheorie selbst ab, also von ihren Normen, Vorannahmen und Deutungsmustern, die jene Initiative wahrnehmbar machen und auf fruchtbaren Boden fallen lassen oder aber von vornherein ausfiltern. In diesem Sinne unterscheiden Argyris und Schön zwei organisationelle Lernniveaus:

- Ein restringiertes organisationelles Lernen, das die Autoren *single-loop learning* nennen, liegt vor, wenn von den Organisationsmitgliedern nur diejenigen Impulse zur Verbesserung der organisationellen Handlungstheorie aufgenommen werden, die die grundlegenden Normen der Organisation nicht berühren (ebd., S. 18ff.).
- Das Gegenstück dieses restringierten Lernens ist das *double-loop learning*, das erlaubt, bei Unstimmigkeiten der organisationellen Handlungstheorie auch die ihr zugrunde liegenden Normen zu problematisieren, gemeinsam nach geeigneteren Normen zu suchen und schließlich die beste Alternative zu etablieren (ebd., S. 20ff.).

Ob bzw. inwieweit eine Organisation im Sinne von double-loop learning entfaltet lernen kann, hängt davon ab, welches Handlungsparadigma den individuellen organisationellen Handlungstheorien zugrunde liegt. Diese Frage stellt Argyris in seinem neueren Werk "Overcoming Organizational Defenses - Facilitating Organizational Learning" (1990) und kommt zu dem Ergebnis, daß die zentralen Ursachen für restringiertes organisationelles Lernen in einem Motivationskomplex liegt, den er "Model I Theorie-in-Use" nennt. Seine zentralen Merkmale sind:
- "unilateral control
- to win,
- and not to upset people." (Argyris 1990, S. 13)

Das Gegenstück zu diesem in der Praxis vorherrschenden Handlungsparadigma ist kontrafaktischer Natur. Es ist das "Model II", dessen Basiswerte
- "valid information
- informed choise
- and responsibility to monitor how well the choise is implemented." (ebd. S. 104)

Die entsprechenden Basishandlungsstrategien sind:
- "advocate your position and encourage inquiry or confirmation
- and minimize face saving." (ebd. S. 104)

Werden diese kontrafaktischen Werte und Handlungsstrategien gelebt, kann sich organisationelles Lernen als double-loop learning entfalten.

Es wäre lohnend zu diskutieren, warum Argyris seine beiden Paradigmen nicht dichotomisch anlegt und der einseitigen Kontrolle und Gewinnorientierung nicht den Wert brüderlicher/ schwesterlicher Solidarität in Verbindung mit partnerschaftlicher Unterstützung gegenüberstellt und welche konzeptionellen Folgen es für organisationelles double-loop learning hat, wenn einseitige Kontrolle und Gewinnorientierung ausdrücklich als "erlaubte" Werte zugelassen werden. Es wäre zu prüfen, ob diese konzeptionelle Entscheidung des Autors vielleicht ein Hinweis auf sein eigenes wissenschaftliches Lernniveau ist, das insofern ein Merkmal von single-loop learning aufweist, weil Argyris offensichtlich seine instrumentalistische Sichtweise nicht in Frage stellt. Er klammert nämlich von vornherein das Problem aus, daß jedes Subjekt u.a. auch über die Sinnhaftigkeit des eigenen Wollens nachdenken muß und daß das Ergebnis dieser Selbstreflexion eigentlich eine zentrale Bedeutung in seiner individuellen Handlungstheorie und für seine Arbeit an der Verbesserung der organisationellen Handlungstheorie haben müßte.

Mit dieser kritischen Anmerkung lenken wir den Blick zurück auf den Gedankengang, der in der Einleitung skizziert wurde, um so zu einer Einschätzung zu kommen, welchen Beitrag Argyris' Ansatz für die Weiterentwicklung einer Theorie des Organisationslernens leisten kann: Argyris' Konzept der individuellen und organisationellen Handlungstheorie erscheint prinzipiell anschlußfähig und anregend für eine Theorie selbstorganisierten Lernens. Zu überwinden wäre jedoch die instrumentalistische Grundlegung und die damit verbundene konzeptionelle Verkürzung von Lernen auf Wissenserwerb und handlungspraktische Wissenserprobung. Statt dessen müßte die individuelle und organisationelle Willensbildung und die unternehmenskulturelle Entwicklung der den Organisationsmitgliedern kollektiv zugrunde liegenden Deutungsmuster aufgenommen werden. Sie müßte gleichberechtigt neben dem Wissen und Wissenserwerb stehen, indem sich die individuelle und organisationelle Willens- und Glaubensbildung als Entfaltung von Freiheit und Verantwortung in einer nicht-objektivierenden Weise selbst reguliert.

2. Der Beitrag der Anthropologie des Lernens für das Verständnis von Autopoiese

Das am Beispiel der Theorie von Argyris herausgearbeitete Defizit ist nicht untypisch. Für die Entwicklung einer aussichtsreichen Theorie des Organisationslernens wird es von entscheidender Wichtigkeit sein, ein handlungstheoretisch begründetes Konzept zu entwickeln, das die vier tragenden Parameter des Wissens, Könnens, Wollens und der ihnen zugrunde liegenden Deutungsmuster gleichermaßen berücksichtigt und ihre Selbstreflexion als einen nicht-objektivierenden Prozeß verstehbar macht. Einen m.E. weiterführenden Hinweis für die Bearbeitung dieser Projektion hat Prange (1978) mit dem Begriff der *Transsubjektivität* im Rahmen seiner Anthropologie des Lernens gegeben.

Ein sinnvoller Ausgangspunkt zum Verständnis seiner komplexen Konzeption ist seine Unterscheidung von zwei Zeit-Verständnissen. In Anlehnung an Heideggers Analysen in "Sein und Zeit" unterscheidet Prange eine Daten- von einer Modalzeit. Das Konstrukt der *Datenzeit* basiert auf der Objektivierung der Zeit in eine Sequenz eindeutig fixierter Zeitpunkte, die es dem Subjekt ermöglicht, Zeit wie Raummaße zu vermessen und anschließend als eine besondere Ressource z.B. für Zeitmanagement zu nutzen, d.h. Zeit zu portionieren und nach bestimmten Kriterien an bestimmte Personen und Aufgaben zu vergeben. Das erkennende und handelnde Subjekt steht dabei selbst nicht *in* der Zeit, sondern verhält sich *gegenüber* der Zeit. Das ist der entscheidende Unterschied zur *Modalzeit*, wo das Subjekt sich existentiell in den Strom der Zeit einläßt und im Standpunkt des ewigen Jetzt als einer permanent sich in die Zukunft hineinbewegenden Trennlinie zwischen Vergangenheit und Zukunft mit der Zeit mitfließt.

Jene Trennlinie markiert die "temporale Differenz" (ebd. S. 55) zwischen einer Vergangenheit, die in ihrer Faktizität ein für alle mal abgeschlossen ist, und der Zukunft, die offen und ungewiß ist und dem Menschen als eine zu gestaltende Aufgabe entgegentritt. Diese "temporale Differenz", die das Wesen des Menschen als eine unbestimmte Bestimmtheit spiegelt, belegt Prange mit dem Begriffspaar der Erwartung und Erfüllung. Die Erwartung richtet das Subjekt auf eine ungewisse, offene Zukunft aus und umgibt es mit einem Horizont, der seinem Hier und Jetzt Standort und Perspektive vermittelt. Indem das

Subjekt in dieser Haltung erkennend und gestaltend in die Zukunft schreitet, macht es seine Erfahrungen, die vor dem Horizont der vorgängigen Erwartung rückwärtig unter dem Kriterium der Erfüllung zu deuten sind und als solche zur Wissensgrundlage werden für die jeden Moment neu zu begründende mitgängige Revision des Erwartungshorizonts, d.h. - sozialwissenschaftlich ausgedrückt - seines individuellen, identitätsverbürgenden Deutungsmusters. Es wird vom Subjekt immer aufs neue überprüft und auf diese Weise weiterentwickelt nicht obwohl, sondern gerade weil die Zukunft ungewiß und offen ist für utopische Entwürfe einer besseren Praxis, die dadurch realisierbar wird, daß das Subjekt sich handelnd auf jene Utopie zubewegt, - und zwar so, als wäre sie bereits zumindest ansatzweise vorhanden (ebd., S. 170). In einer solchen Bewegung transzendiert das Subjekt Schritt für Schritt sein subjekthaftes So-Sein. Es verhält sich transsubjektiv, indem es sich selbst und seinen Kontext zukunftseröffnend dadurch gestaltet, daß es in seiner Praxis die Kontingenz ihrer besseren Bedingungsmöglichkeiten erkennt und zur Richtschnur seines praktischen Handelns macht.

Es dürfte nicht schwerfallen, diesen Gedankengang in der Sprache des Autopoiesis-Konzepts wiederzugeben: Das Subjekt wendet sich rückwärtig eingebettet in den Wissensschatz seiner Erfahrungen und prospektiv umschlossen vom Intentionalitätshorizont seines Deutungsmusters der Wirklichkeit zu. Um sie erkennen zu können, muß es handelnd auf sie zugehen und dabei die Kontingenz der mit dem Erwartungshorizont ins Auge gefaßten besseren Bedingungsmöglichkeiten seiner selbst und seiner Praxis realisieren; d.h. es muß sich und seine Praxis zum Besseren entwickeln. Die Rekonstruktion dieses Prozesses als Autopoiese betont die Verschmelzung von Wissen, Wollen, praktischem Können und den zugrunde liegenden Deutungsmustern und macht seine selbstreferentielle Reflexion und Selbstregulation als einen nicht-objektivierenden Prozeß verstehbar.

Die gerade angerissene Erweiterung und Bereicherung des Autopoiesis-Konzepts kann nicht beanspruchen, sonderlich originell zu sein. Denn es wird lediglich das wiederholt, was vor allem in der phänomenologisch begründeten Pädagogik (siehe z.B. Loch 1963) schon lange zum festen Wissensbestand der Erziehungswissenschaft gehört, nämlich daß die Erkenntnis des Menschen und seiner Praxis letztlich nur als ein *pädagogisches Projekt* vorgenommen werden kann, indem der oder das zu Erkennende im Horizont seiner besseren Möglichkeiten zu sehen und handelnd anzusprechen ist. Der so ausgelegten Ansprache des anderen ist eine doppelte erzieherische Kraft zueigen: Sie führt beide, das erkennende und handelnde Subjekt und den von ihm angesprochenen anderen in einen wechselseitigen Selbstschöpfungsprozeß, in dem keiner den anderen jeweils zum Objekt macht, sondern beide miteinander und aneinander wachsen.

3. Zwischenbilanz: Merkmale einer pädagogischen Konzeption von Autopoiese

Ein so verstandenes Konzept von Transsubjektivität scheint der Autopoiesis-Diskussion einen fruchtbaren Impuls geben zu können, indem es den bisher m.E. zu wenig bedachten Aspekt der Willensbildung und Deutungsmuster berücksichtigt und indem es den autopoietischen Erkenntnis- und Handlungsprozeß des Subjekts als genuin pädagogischen Prozeß ausweist. In dieser Hinsicht läßt sich eine Weiterentwicklung des Autopoiesis-Konzepts mit Prange begründen. In einer anderen Hinsicht jedoch sollte man sich von seiner Theorie lösen. Denn er legt *Transsubjektivität* als gleichbereichtigten Widerpart zur *Intersubjektivität* an, also zu demjenigen Praxismodus, dem die kategoriale Trennung von Subjekt und Objekt zugrunde liegt und in dem deshalb Zeit auch nur als Datenzeit erscheinen kann. Nach den Erkenntnissen des Konstruktivismus ist diese Trennung nun aber obsolet geworden. Ich schlage deshalb vor, den von Prange benutzten Praxismodus der Intersubjektivität als eine komplexitätsreduzierende Vereinbarung zwischen Subjekten zu betrachten, die in ihrer Interaktion mit dem Kontext sich zwar faktisch transsubjektiv-autopoietisch verhalten und entwickeln, diese Tatsache aber nicht immer reflektieren wollen und weithin auch gar nicht können. Sie vereinbaren deshalb - diskursiv oder aber auch bedingt durch Herrschaft und Gewalt, die sie gegen einander ausüben bzw. androhen - bis auf Widerruf so zu tun, als gäbe es in bestimmten Bereichen bzw. hinsichtlich bestimmter Aspekte tatsächlich so etwas wie eine objektivierbare und deshalb objektive Welt.

Bringt man die so angelegte Vorstellung einer den Bereich der Intersubjektivität bzw. Objektivität umschließenden Transsubjektivität in die Selbstorganisations-Diskussion ein, lassen sich für das Konstrukt der Autopoiese folgende Markierungspunkte ausweisen:

- Der Wissenserwerb des Subjekts vollzieht sich im Medium praktischen Handelns als ein Bewährungsprozeß, der seine eigenen Bedingungen, d.h. das vorgängige Wissen und Können des Subjekts transzendiert.
- Genau dieselbe Struktur liegt auch der Willensbildung des Subjekts zugrunde. Denn das Wollen des Subjekts bedarf der Bewährung im praktischen Handeln, das seine eigenen Bedingungen, nämlich das ursprüngliche Wollen und das für seine Realisierung eingesetzte praktische Können des Subjekts transzendiert.
- Ein Wollen ohne Wissen ist substanzlos, und ein Wissen ohne Wollen gestaltlos. Der Wissenserwerb bedarf deshalb der richtungsweisenden Kraft des Wollens; und die Willensbildung bedarf der Materialisierung durch Wissen.

- Die Entwicklung von Wissen, Können, Wollen und Glauben vollzieht sich zum einen im systemischen Zusammenhang mit dem Kontext und zum anderen selbstreferentiell als Modifikation des Wissens über das eigene Wollen, Können, Wissen und Glauben und als Deutungsmusterentwicklung, die der weiteren Entwicklung des eigenen Wissens, Könnens und Wollens Richtung und Maß gibt.
- Die Entwicklung des Wissens, Könnens, Wollens und Glaubens des Subjekts vollzieht sich als ein transsubjektiver Prozeß in einer Weise, die als nicht-objektivierend zu charakterisieren ist. Die selbstreferentielle Reflexion auf diesen Prozeß möchte ich als *existentiell-ästhetische Reflexion* bezeichnen, weil sie das Subjekt in seiner Existenz transzendierend involviert und weil es für diese Entwicklung kein objektives Kriterium, sondern nur dasjenige einer sich selbst im Entwicklungsfluß befindlichen ästhetischen Stimmigkeit geben kann (siehe im einzelnen dazu Geißler 1992a, 1992b; vgl. auch: Lenzen 1991). Gegen diese Art der Reflexion grenzt sich die *rational-objektivierende Reflexion* ab, die sich durch eine bis auf Widerruf intersubjektiv geltende Komplexitätsreduktion und durch die so ermöglichte Arbeitserleichterung für das Subjekt rechtfertigt.

Eine so ausgelegte Konzeption von Autopoiese beschreibt die Bedingungsmöglichkeiten für das Lernen des einzelnen, also seine *Bildsamkeit*. Ihre unverkürzte Entfaltung hebt auf den Begriff der *Bildung* ab. Bildung wird also verstanden als ein nicht abschließbarer Prozeß der Welt- und Selbsterschließung. In ihrem Mittelpunkt steht die existentiell-ästhetische Reflexion des eigenen Wollens und die so angeleitete Willensbildung des Subjekts, die seinem durch existentiell-ästhetische und rational-objektivierende Reflexion regulierten Wissenserwerb Richtung und Maß gibt. Letzteres ist allerdings zunächst noch formal. Es bedarf der Konkretisierung durch entsprechendes Wissen. Aber auch das ist noch zu wenig: Denn von Bildung in ihrer unverkürzten Entfaltung kann erst dann gesprochen werden, wenn sich Glauben, Wollen und Wissen im praktischen Handeln einer Bewährungsprobe stellen, die gerade auch im Falle des Scheiterns dem lernenden Subjekt neue Bildungsimpulse gibt.

4. Praxisprobleme als Veranlassung für (Organisations)Lernen

Die Selbstschöpfung des Menschen und seiner Praxis ist eine unentrinnbare Notwendigkeit, zu der es keine Alternative gibt. Sie beruht auf der Unvollkommenheit des Menschen, mit der er sich nicht einfach abfinden kann, sondern die der "Stachel" ist, der ihn vorantreibt, ohne daß es dabei jedoch möglich wäre, jemals jene Unvollkommenheit überwinden zu können. Dieser Gedanke, den Benner in seiner

Allgemeinen Pädagogik (1987, S. 25ff.) als denjenigen Punkt herausarbeitet, von dem pädagogische Praxis ihren Ausgang zu nehmen hat, führt zurück zum Konzept des Organisationslernens, das wir im Anschluß an Argyris vorgestellt haben und dem die Auffassung zugrunde liegt, daß der "Motor" allen Lernens der Fehler sei, den das Subjekt gemacht hat und den es nicht ein zweites mal machen will.

Geht man davon aus, daß Lernen im allgemeinen durch die Unvollkommenheit des Subjekts und im besonderen durch bestimmte Praxisprobleme, die sich ihm stellen, veranlaßt wird, lassen sich zwölf lernveranlassende Praxisprobleme rekonstruieren (vgl. Geißler 1994b):

- *Objektiviertes Defizit bezüglich des vorliegenden Wissens*
  (lernveranlassender Problemtyp 1):
  Das Subjekt will in der näheren oder ferneren Zukunft einen bestimmten wünschenswerten Zustand erreichen, der sich allerdings nicht von selbst einstellt. Das Subjekt muß deshalb aktiv in die Auseinandersetzung mit seiner Welt eingreifen. Dabei ergibt sich jedoch ein Problem: das Subjekt hat nämlich nicht dasjenige Wissen, das dafür notwendig ist. Das ist ihm selbst klar und es weiß auch, daß es dieses Wissen in seiner Welt bereits irgendwo gibt und daß es lediglich darum geht, es sich anzueignen. Die Lernaufgabe besteht also darin, eine klar definierte Wissenslücke zu schließen.

- *Objektiviertes Defizit bezüglich des vorliegenden handlungspraktischen Könnens*
  (lernveranlassender Problemtyp 2):
  Die Ausgangslage ist hier völlig identisch mit der oben beschriebenen, nur mit dem Unterschied, daß dem Subjekt bestimmte handlungspraktische Kompetenzen fehlen, um seine Ziele zu erreichen.

- *Objektiviertes Defizit bezüglich der Realisierbarkeit des eigenen Wollens*
  (lernveranlassender Problemtyp 3):
  Auch hier hat das Subjekt ursprünglich den Wunsch, etwas bestimmtes zu erreichen. Es erkennt jedoch bald, daß dieser Wunsch nicht erfüllbar ist, - und zwar auch nicht mittels Erweiterung bzw. Verbesserung seiner wissensmäßigen und handlungspraktischen Kompetenzen. Aus dieser Welt- und Selbsterkenntnis zieht das Subjekt den Schluß, daß es die "Latte seiner Wünsche etwas niedriger legen muß", indem es sich den offensichtlichen Sachzwängen seiner Welt fügt. Das bedeutet: Das Subjekt beginnt lernend seinen Willen zu verändern, indem es sein Wollen an die Bedingungen der Welt anpaßt, also an das angleicht, was ihm als realisierbar und von außen vorgegeben erscheint, ohne dabei aber seine grundlegenden Deutungs- und Orientierungsmuster in Frage zu stellen.

- *Gestaltungsbedürftigkeit des handlungspraktischen Könnens*
  (lernveranlassender Problemtyp 4):
  Das Subjekt macht die Erfahrung, daß es problematisch ist, bei anderen beobachtete Verhaltensmuster zu kopieren; denn sie passen in der Regel nicht zu den Besonderheiten der je vorliegenden Situation, in der es sich befindet, und maskieren die eigene Individualität. Es ist deshalb gezwungen, kreativ-schöpferisch individuelle handlungspraktische Kompetenzen auszubilden.

- *Rekonstruktionsbedürftigkeit des Wissens*
  (lernveranlassender Problemtyp 5):
  Das Subjekt beginnt zu zweifeln, ob es angesichts der Komplexität der Welt und der Vielfalt erkenntnisleitender Interessen der Welterkenntnis überhaupt objektive Gegebenheiten der äußeren Welt und der inneren Natur geben kann. Fraglich wird also die grundsätzliche Möglichkeit objektiven Wissens. Dem Subjekt wird vielmehr klar, daß das Wissen über seine Welt und über sich selbst allererst von ihm selbst erschaffen werden muß und daß es bei dieser Aufgabe ganz allein auf sich gestellt ist.

- *Unerkennbarkeit zukünftiger Realisierungsbedingungen*
  (lernveranlassender Problemtyp 6):
  Anpassungslernen orientiert sich an klar formulierten Zielen, die angesichts klar erkennbarer Realisierungsbedingungen des ins Auge gefaßten Planungszeitraums zu verfolgen sind. Je weiter sich dieser Planungszeitraum in die Zukunft erstreckt, desto schwieriger wird die Bestimmung der Realisierungsbedingungen. Dem Subjekt stellt sich deshalb unabweisbar das Problem, in der Gegenwart intentional mit Blick auf eine Zukunft zu handeln, deren Bedingungen nur unklar und unsicher zu erkennen sind.

- *Unerkennbarkeit der Folgen des eigenen Verhaltens*
  (lernveranlassender Problemtyp 7):
  Das Subjekt stellt sich der Tatsache, daß es sich nicht nicht-verhalten kann, daß jedes Verhalten Folgen hat und daß es sein Verhalten mit seinen Folgen verantworten muß. Aus diesem Grunde muß es sein Verhalten an den wahrscheinlichen Folgen dieses Verhaltens orientieren. Diese Tatsache wird zum Problem, weil einerseits die Folgen des eigenen Verhaltens nur unklar zu erfassen sind, andererseits aber trotz dieses fehlenden Wissens das Subjekt sich notwendigerweise "irgendwie" verhalten muß.

- *Unerkanntheit verborgener Intentionen*
(lernveranlassender Problemtyp 8):
Das Subjekt stellt mit Blick auf sein eigenes Verhalten in bestimmten Situationen erschreckt und verunsichert fest, daß es sein eigenes Verhalten nicht verstehen kann, weil es im Widerspruch zu dem steht, was das Subjekt "eigentlich" will. Das Subjekt muß sich mit der Tatsache auseinandersetzen, daß in seinem eigenen Wollen Kräfte und Mächte wirken, die ihm selbst (noch) unbekannt und verborgen sind.

- *Moralische Begründungsbedürftigkeit der eigenen Intentionen*
(lernveranlassender Problemtyp 9):
Das Subjekt fragt sich, wie es seine aktuellen Intentionen bewerten soll, - und zwar vor allem dann, wenn sie widersprüchlich sind. Welche von ihnen kann das Subjekt begründet als moralisch gerechtfertigt und hochwertig betrachten und welche sollte es als illegitim und minderwertig ablehnen? Um diese Frage zu beantworten, bedarf es sittlicher Normen und Prinzipien, die in der Moderne nicht mehr als gesellschaftliche Gegebenheiten vorausgesetzt werden können. Das Subjekt muß sie vielmehr selbst entwickeln, um einen Bewertungsmaßstab und eine Ordnungsgrundlage zu haben für den angemessenen Umgang mit seinem eigenen aktuellen Wollen.

- *Ungewißheit der eigenen zukünftigen Intentionalität*
(lernveranlassender Problemtyp 10):
Das Subjekt fragt sich, welche Gewißheiten es hat, davon auszugehen, daß es in Zukunft genau das will, was es zur Zeit will. Was ist, wenn es zu einem späteren Zeitpunkt seinen Willen und seine sittlichen Normen und Prinzipien verändert und schmerzlich feststellen muß, daß es zu dem Zeitpunkt, der für das Subjekt jetzt seine Gegenwart ist, besser andere Ziele und Absichten sowie sittliche Normen und Prinzipien hätte haben sollen?

- *Erschließung der eigenen Bildsamkeit*
(lernveranlassender Problemtyp 11):
Das was das Subjekt eigentlich ist, ist keine objektiv vorliegende Tatsache. Es ist vielmehr eine Aufgabe, die es selbst zu lösen hat, indem es seine eigenen Entwicklungsmöglichkeiten erschließt. Grundlegend dafür ist die Lernfähigkeit des Subjekts, die durch seine Vergangenheit und Gegenwart vorgeformt und mit Blick auf den zukunftserschließenden Lebensentwurf des Subjekts zu gestalten und zu entfalten ist. Diese besondere Form der Lernfähigkeit, die als Bildsamkeit bezeichnet wird,

beruht letztlich auf dem Glauben des Subjekts an seine eigenen Entwicklungsmöglichkeiten, - einem Glauben, der dem Subjekt ein sicherer Anker und Wegweiser an der Stelle ist, wo sein Wissen und Können an Grenzen stößt und sein Wollen durch Selbstzweifel bedroht wird. Ein Deutungsmuster zu entwickeln, das dieses zu leisten vermag, - m.a.W.: einen solchen Glauben zu gewinnen und weiterentwickelnd zu pflegen, ist die lebenslange Aufgabe des Subjekts.

- *Erschließung der Welt in ihren besseren Entwicklungsmöglichkeiten*
  (lernveranlassender Problemtyp 12):
  Nicht nur das eigene Schicksal, sondern auch das der anderen liegt in der Hand des Subjekts und ist von ihm zu gestalten und zu verantworten, - eine Aufgabe, der sich das Subjekt nicht entziehen kann, weil es sich nicht nicht-verhalten kann und mit seinem Verhalten unweigerlich Folgen produziert. Hier nun stellt sich das Problem der Lern- und Entwicklungsfähigkeit des engeren und weiteren Systems, dessen Teil das Subjekt selbst ist. Die Lern- und Entwicklungsfähigkeit der Welt als dem systemisch letztlich Ganzen ist ebenso wie die Bildsamkeit des Subjekts keine objektivierbare Größe. Sie läßt sich nur erschließen, indem man ihre Entwicklung handelnd vorantreibt. Das aber setzt ein bestimmtes Deutungsmuster voraus, nämlich den Glauben an die besseren Entwicklungsmöglichkeiten der Welt, der Mut und Kraft gibt, die Grenzen des gesicherten Wissens zu überschreiten, den Boden erprobter handlungspraktischer Fähigkeiten zu verlassen und die Selbstzweifel am eigenen Wollen nicht in Hochmut, sondern in Demut zu überwinden. Die Entwicklung eines solchen Deutungsmusters, d.h. Glaubens ist die lebenslange Aufgabe des Subjekts, die sich in jedem Moment der Gegenwart stellt (vgl. Benner 1991, S. 56ff.). Es geht also nicht um die Erschließung der besseren Entwicklungsmöglichkeiten für die *Zukunft* der Welt, sondern um die Erschliessung der gegenwärtigen Welt, die mit Blick auf ihre besseren Entwicklungsmöglichkeiten bereits in der *Gegenwart* zu gestalten ist.

Mit Blick auf diese zwölf typischen Praxisprobleme als den wesentlichen Veranlassungen für Lernen läßt sich single-loop learning als ein *organisationelles Anpassungslernen* beschreiben, das durch drei typische Praxisprobleme veranlaßt werden kann, nämlich durch

- ein objektiviertes Defizit bezüglich des vorliegenden Wissens,
- ein objektiviertes Defizit bezüglich des vorliegenden Könnens
- und ein objektiviertes Defizit bezüglich der Realisierbarkeit des eigenen Wollens.

Double-loop learning als ein kollektiver rationaler Such- und Experimentierprozeß öffnet sich demgegenüber auch den anderen typischen lernveranlassenden Praxisproblemen. Das geschieht aber nur in einer bestimmten Hinsicht; denn Praxis wird im Rahmen von double-loop learning als rational rekonstruierbar und gestaltbar betrachtet. Der Aspekt der Transsubjektivität, der besonders deutlich in den beiden letzten lernveranlassenden Problemtypen zum Ausdruck kommt, wird demgegenüber ausgeblendet. - Aus diesem Grunde können wir uns konzeptionell mit double-loop learning nicht zufrieden geben, sondern werden im letzten Abschnitt dieses Beitrags die Umrisse einer dritten Form von Organisationslernen entfalten: das deutero learning.

5. Organisationskultur als Schlüsselbegriff für Organisationslernen

Die Auseinandersetzung mit Argyris' Theorie des Organisationslernens sollte deutlich machen, daß Organisationslernen wie jedes Lernen seine Veranlassung durch Praxisprobleme erfährt, die mit Bezug auf den transsubjektiven und intersubjektiven Aspekt von Praxis zu beschreiben sind. In diesem Zusammenhang sind wir auf insgesamt zwölf grundlegende Praxisprobleme gestoßen, die sich dem einzelnen im Umgang mit seinem Kontext und mit sich selbst stellen können. Wir sind dabei davon ausgegangen, daß die Frage, wie die Subjekte mit jenen Praxisproblemen umgehen, d.h. ob bzw. wie sie sie wahrnehmen oder verdrängen oder verleugnen und um welche Lösungen sie sich bei denjenigen Problemen bemühen, mit denen sie sich auseinandersetzen, zunächst einmal als prinzipiell offen anzusehen ist. Gleichwohl ist zu konstatieren, daß jede dieser zwölf Praxisfragen von dem in der Praxis stehenden Subjekt im Medium seines faktischen Verhaltens so oder so beantwortet wird. Die Art und Weise, wie das Subjekt mit seinen Praxisproblemen umgeht, dokumentiert seine persönliche Identität. Ähnliches gilt auch für Organisationen.

An dieser Stelle scheint der Begriff der *Organisationskultur* (s. vor allem Arnold 1991, S. 33ff.; Dürr 1989; Geißler 1991; Schein 1986) seinen Platz zu haben. Vor allem Schein hat das Phänomen Organisationskultur konzeptionell sehr weitgehend und tiefgreifend untersucht, wobei er die Kultur einer Organisation als Sonderfall des allgemeinen Phänomens "Kultur", das sich z.B. auch in Gruppen- und Gesellschaftskulturen zeigt, begreift (siehe dazu auch die Ausführungen bei Geißler 1994a, S. 107ff.).
In diesem Sinne definiert er Kultur als
"a pattern of basic assumptions - invented, discovered, or developed by a given group as it learns to cope with its problems of external adaptation and internal integration - that has worked well enough

to be considered valid and therefore, to be taught to new members as the correct way to perceive, think, and feel in relation to those problems" (Schein 1986, S. 9).

Damit wird deutlich: Organisationslernen und Organisationkultur sind zwei Seiten ein und derselben Münze, indem Organisationslernen auf einen bestimmten Prozeß abhebt und Organisationskultur die Ergebnisse dieses Prozesses meint.

Dieser Lernprozeß wird veranlaßt durch die Bedrohung durch den äußeren Kontext (external adaptation issues) und durch offene Fragen bezügl. der internen Beziehungen innerhalb der Organisation (internal integration issues). Beide Problemkreise sind grundsätzlich nicht überwindbar, sondern in ihrer Bedrohlichkeit nur eindämmbar sind. Lernen ist deshalb eine unabschließbare Antwort und muß entsprechend eine niemals zur Ruhe kommende Bewegung sein. Sie vollzieht sich im Spannungsverhältnis zwischen existentieller Angst und Zuversicht und konkretisiert sich auf psychologischer Ebene in Vermeidungs- und Problemlösungslernen. Das Ergebnis dieses Prozesses, der Arbeit und Mühe bedeutet, sind *Deutungsmuster*, die Schein in seiner sozialpsychologischen Terminologie *basic assumptions* nennt. Sie spiegeln und tradieren die existentiellen Ängste des Subjekts, die es im Umgang mit den external adaptation issues und den internal integration issues hat. Zum anderen aber überwinden sie sie auch, indem sie dem Subjekt zumindest bis auf weiteres Ruhe und Geborgenheit schenken, die nur Glaubensgewißheiten geben können. Die basic assumptions sind damit gleichzeitig auch eine Quelle existentieller Zuversicht.

"The stability of the rules on how to handle one's impulses and feelings provides the opportunity to 'borrow' the strenght of the society via its shared rules. Culture, in this sense, (..) helps us defend ourselves against dangerous and powerful inner impulses" (ebd. S. 181).

Den Kern der Organisationskultur bilden die gerade erwähnten basic assumptions, d.h. die kollektiv von allen Organisationsmitgliedern geteilten Deutungsmuster. Sie beinhalten - so Schein - Vorannahmen über die Natur
- der menschlichen Natur im allgemeinen (nature of human nature, - ebd. S. 98ff.)
- menschlichen Verhaltens (nature of human activity, - ebd. S.101ff.)
- und sozialer Beziehungen (nature of human relationships, - ebd. S. 104ff.).
- Ergänzt werden diese Vorannahmen durch solche über das Wesen der Beziehung zwischen Subjekt und Kontext (humanity's relationship to nature, -ebd. S. 86ff.)
- und über die Bedingungen der Beziehung zwischen Realität und Wahrheit (nature of reality and truth, - ebd. S.88ff.).

In jeder dieser fünf Basisdimensionen stellt sich unabweisbar die existentielle Grundfrage von Angst und Zuversicht; - und sie erfährt dort auch ihre spezifische Beantwortung. Jedes Handeln des Subjekts beruht in diesem Sinne auf fünf letztlichen Glaubensgewißheiten, die ihm Kraft und Sicherheit im Umgang mit dem Bedrohlichen und Ungewissen geben, auch wenn sie ihm nicht bewußt sind, oder vielleicht gerade deshalb, weil sie ihm nicht bewußt sind.

Die Deutungsmuster, d.h. die grundlegenden Glaubensgewißheiten des Subjekts entfalten und konkretisieren sich in einer zweiten darauf aufbauenden Schicht von Vorannahmen, die im Gegensatz zu den basic assumptions bewußtseins- und deshalb auch diskussionsfähig sind, obwohl sie in der Regel nicht diskutiert werden. Sie bilden den *stillschweigenden Konsens*, von dem alle ausgehen bzw. auszugehen haben. Diese zweite Schicht von Vorannahmen nennt Schein "*underlying assumptions*". Ihre Funktion ist es, einen stillschweigenden Konsens zu pflegen, der verläßliche Antworten gibt
- zum einen mit Blick auf die sachlichen Herausforderungen des Umfeldes, in dem das Subjekt lebt und handelt (external adaption issues),
- und zum anderen mit Blick auf die sozialen Aufgaben des Zusammenlebens in der eigenen Gemeinschaft (internal integration issues).

Bezüglich ersterer unterscheidet Schein fünf obligatorische Aufgaben, nämlich die Bestimmung und Gestaltung von
- mission and strategy (ebd. S. 52ff.)
- goals (ebd. S. 55ff.)
- means (ebd. S. 56ff.)
- measurement (ebd. S. 60ff.)
- corrections (ebd. S. 63ff).

Die Art und Weise, wie diese fünf Hauptaufgaben aufgenommen werden und welcher stillschweigende Konsens sich im Umgang mit ihnen herausbildet, gibt Auskunft über die Art und Tiefe der existentiellen Zuversicht, mit der sich der einzelne und im weiteren auch die Gemeinschaft jenen Hauptaufgaben zuwendet.

Parallel zum Umgang mit dem externen Umfeld muß die Hauptaufgabe der sozialen Integration bewältigt werden. Sie gliedert sich in sechs obligatorische Aufgaben, nämlich die Entwicklung und situativ angemessene Anwendung von

- Sprache (common language and conceptual categories, - ebd. S.65ff.)
- sozialen Grenzen der Gemeinschaft (group boundaries and criteria for inclusion and exclusion, - ebd. S.70ff.)
- Hierarchie (power and status, - ebd. S. 72ff.)
- sozialer Nähe (intimacy, friendship and love, - ebd. S. 74ff.)
- Belohnungen und Bestrafungen (rewards and punishment, - ebd. S.77ff.)
- und dem Umgang mit dem Unerwarteten und Unkontrollierbaren (ideology and religion, - ebd. S.79ff.).

Auch hier verweist die Art und Weise des Umgangs mit diesen Aufgaben und der sich entsprechend herausgebildete Konsens auf die unternehmenskulturelle Tiefenschicht der basic assumptions, d.h. auf die kollektiven Deutungsmuster und das sich in ihnen ausdrückende Gewichtungsverhältnis zwischen existentieller Angst und Zuversicht.

Dieser Strukturaufriß von Organisationskultur läßt sich mit den oben rekonstruierten Praxisproblemen verbinden, die sich dem einzelnen Subjekt stellen und die zum Anlaß für sein Lernen werden. Denn die basic assumptions eines Subjekts und einer Organisation können als Lösungen grundlegender Praxisprobleme gedeutet werden, die sich der Organisation als ganzer stellen. Läßt man sich auf diesen Gedanken ein, läßt sich die Organisationskultur als das Ensemble der von den Organisationsmitgliedern geteilten basic assumptions mit Bezug auf die hinter diesen stehende Fragen bzw. Praxisprobleme rekonstruieren. Organisationskultur wäre damit definiert

- zum einen durch die Praxisprobleme, auf die sich die Organisationsmitglieder alle zusammen oder arbeitsteilig differenziert einlassen,
- und zum anderen durch die basic assumptions, d.h. kollektiven Deutungsmuster, die die glaubensmäßige Grundlage sind für glaubwürdige Antworten auf jene Fragen und Praxisprobleme.

An dieser Stelle erscheint es sinnvoll, die Organisationstheorie von March/Olsen (1976) zu berücksichtigen, die die Auffassung vertreten, daß Organisationsentscheidungen insgesamt wenig rational, sondern eher *chaotisch* entwickelt werden und daß die Ordnung, die sich dann doch "irgendwie" in der Organisation einstellt, der Ordnung in einem Mülleimer (garbage can) gleicht (vgl. Geißler 1994a, S. 41ff.). Diese Ordnung läßt sich, so der Vorschlag der Autoren, mit Bezug auf vier "streams" rekonstruieren, nämlich mit Bezug auf

- "Probleme" verschiedenster Inhaltlichkeit und Wichtigkeit,
- "Lösungen", ohne daß zunächst klar ist, für welche Probleme sie Lösungen darstellen,
- "Organisationsmitglieder", deren Verhalten in irgendeiner sinnvollen, sinnwidrigen oder indifferenten Beziehung zu den Problemen und Lösungen stehen kann,
- und "Entscheidungsgelegenheiten", die sich für die Organisation ergeben und genutzt oder vertan werden können (March/Olsen 1976, S. 26f.).

Es bietet sich an, den Ansatz von March/Olsen mit demjenigen von Schein zu verbinden, indem seine Beschreibungen und Erklärungen der Organisationskultur als Schlüssel genutzt werden, um die Frage zu beantworten, welche Kraft denn in Organisationen eine gewisse Ordnung herstellt in den tendenziell chaotischen Beziehungen zwischen Situationen, Personen, Problemen und Lösungen. Ich schlage an dieser Stelle folgende Deutung vor:

- Wenn in einer Organisation (fast) alle Organisationsmitglieder bestimmte identische Deutungsmuster haben, wirken diese ähnlich wie die sogenannten *Ordner*, die Haken (s. dazu die Darstellung bei Dürr 1990) mit Bezug auf den Laserstrahl beschreibt: Die Wahrnehmungen, Deutungen und Handlungen der einzelnen Subjekte werden - ähnlich wie die Instrumente in einem Orchester - aufeinander abgestimmt. Auf diese Weise entstehen Synergien. Der Kernbereich der Unternehmenskultur, also die von (fast) allen Organisationsmitgliedern geteilten basic assumptions, d.h. Deutungsmuster kann deshalb als Quelle kommunikativer Synergie verstanden werden.
- Die organisationskollektiven Deutungsmuster offenbaren sich in der Art und Weise, wie die verschiedenen Organisationsmitglieder symmetrisch oder komplementär untereinander abgestimmt ihre Praxis rezipieren und durch selektive Wahrnehmung Ordnung in das Praxischaos bringen. Etwas konkreter formuliert, heißt das: Sie ordnen ihre wahrgenommene Praxis in Phänomene, die sie als Probleme betrachten, und in Phänomene, die für sie keine Probleme darstellen. Mit anderen Worten: Die Unternehmenskultur regelt, welche Organisationsmitglieder welche Praxisphänomene als Lernveranlassungen aufnehmen bzw. nicht als Lernveranlassungen aufnehmen. Die oben dargestellte Kategorisierung von Lernproblemen als Lernveranlassungen kann sich hier als hilfreich erweisen. Es wird dabei deutlich: das Zentrum der Organisationskultur ist identisch mit der *Lernkultur* der Organisation. Mit den Kategorien von March/Olsen ausgedrückt, ist die zentrale Leistung der Organisationskultur, daß sie in die tendenziell chaotischen Beziehungen zwischen Organisationsmitgliedern und (lernveranlassenden) Praxisproblemen eine gewisse Ordnung bringt.

- Auf der Grundlage der basic assumptions entwickelt sich, so Schein, der stillschweigende Konsens der Organisationsmitglieder bezüglich ihres Umgangs mit dem Organisationskontext und den organisationsinternen Angelegenheiten. Dieser Konsens muß keineswegs organisationseinheitlich sein. Die Praxis zeigt nämlich, daß er in der Regel nur im Rahmen von Gruppen oder Bereichen besteht und daß die sich in ihm ausdrückenden Normen und Werte von Bereich zu Bereich oder von Gruppe zu Gruppe mehr oder weniger unterschiedlich sind. Mit Bezug auf dieses Phänomen spricht man von den *Subkulturen* einer Organisation. Sie sind das Fundament und der Generator, um auf der durch die basic assumptions vorstrukturierten Grundlage eine weitergehende Ordnung in die tendenziell chaotische Beziehung zwischen Personen, Situationen, Problemen und Lösungen zu bringen. Die Ordnungen der Subkulturen sind dabei zum Teil recht unterschiedlich und in ihrer Pluralität vergleichbar mit den Tönen, die die verschiedenen Instrumente eines Orchesters hervorbringen, und die immer dann harmonieren, wenn die Instrumente gut gestimmt sind und wenn die Musiker sich in ihrem Spiel empathisch aufeinander einstimmen. Entsprechendes gilt für die "orchestra-le" Abstimmung der Lernprozesse der Organisationsmitglieder in den verschiedenen Organisationsbereichen und -gruppen.

6. Fazit: Bereiche und Ebenen von Organisationslernen

Eine Organisation ist mehr als die Summe ihrer Mitglieder; - entsprechend muß gelten: Organisationslernen ist mehr als die Summe der Lernprozesse ihrer Organisationsmitglieder. Gleichwohl kann davon ausgegangen werden, daß das Lernen der Organisationsmitglieder ein zentrales Konstitutionselement im Lernprozeß der Organisation ist. Wegen dieser Nähe, aber nicht Identität des Lernens einzelner und des Lernens von Organisationen erscheint es sinnvoll, nach einer Definition zu suchen, die auf einer abstrakten Ebene beiden Phänomenen konzeptionell zugrunde gelegt werden kann. In diesem Sinne schlage ich vor, individuell-subjektives Lernen und Organisationslernen zu definieren

- als die Veränderung des Steuerungspotentials des einzelnen bzw. der Organisation im Umgang mit seinem/ihrem Kontext und mit sich selbst, wobei diese Veränderung sich nicht quasi von selbst ergibt, sondern vom einzelnen bzw. von der Organisation intentional gesteuert wird.

Das Steuerungspotential des einzelnen Subjekts im Umgang mit sich selbst und mit seinem Kontext, wozu ggf. auch die Organisation gehört, in der oder mit der es arbeitet, wird bestimmt

- durch sein Wissen über sich und seinen Kontext,
- sein handlungspraktisches Können im Umgang mit sich und seinem Kontext,
- sein Wollen, d.h. seine Intentionalität, die dem Einsatz und der Weiterentwicklung seines Wissens und Könnens Richtung und Maß gibt,
- und sein Glauben, also seine Deutungsmuster, die dem Wissen, Können und Wollen eine existentielle Grundlage, d.h. eine Letztbegründung geben und deshalb nur bedingt und partiell bewußtseins- und diskussionsfähig sind.

Das Steuerungspotential eines Unternehmens - und auf diesen Organisationstyp möchte ich mich im folgenden beschränken - wird bestimmt durch

- personale Faktoren, d.h.
- durch die Sozialstruktur der vorliegenden Qualifikationen
- und durch die Unternehmenskultur bezüglich ihrer Tiefenschicht der stillschweigenden Vorannahmen (underlying assumptions) der Organisationsmitglieder und bezüglich der darunter liegenden fundamentalen Tiefenschicht ihrer Deutungsmuster (underlying basic assumptions);
- sachliche Faktoren, d.h.
- durch die Organisationsstruktur im makroskopischen Bereich der Aufbau- und Ablauforganisation und im mikroskopischen Bereich der Unternehmenskultur bezüglich ihrer Oberflächenschicht der intersubjektiv wahrnehmbaren "Kulturphänomene" der Organisation, und zwar vor allem der informellen Regelhaftigkeiten ihrer Kommunikation,
- durch organisationsinterne Anreizsysteme
- und durch die in der Organisation implementierte Technik.

Es ist dabei zu betonen, daß personale und sachliche Faktoren beim Organisationslernen eine systemische Einheit bilden. Um das Steuerungspotential eines Unternehmens z.B. zwecks Verbesserung der Konkurrenzfähigkeit zu erweitern, müssen deshalb alle für Organisationslernen relevanten personalen und sachlichen Faktoren ins Auge gefaßt werden. Das wiederum heißt nicht, daß immer auch alle Faktoren zu verändern sind: So gibt es genügend Praxisbeispiele, in denen Unternehmen ihr Steuerungspotential im wesentlichen durch die Implementierung neuer Maschinen verbessert haben, ohne daß dabei entsprechend umfangreiche Qualifizierungsmaßnahmen ihrer Mitarbeiter notwendig wurden. In der Regel jedoch ist davon auszugehen, daß die Einführung neuer Technologien eine entsprechende Mitarbeiterqualifizierung in Verbindung mit der Überprüfung und ggf. Weiterentwicklung der

Organisationsstruktur, der Organisationskultur und der innerbetrieblichen Anreizsysteme erforderlich macht.

Organisationslernen kann sich dabei auf drei verschiedenen Niveaus vollziehen, nämlich als

- organisationelles Anpassungslernen(single-loop learning),
- unternehmensstrategisches Erschließungslernen (double-loop learning)
- und unternehmenskulturelles Identitätslernen (deutero learning).

Wie oben bereits deutlich wurde, meint *single-loop learning* einen Lernprozeß der Organisation, bei dem vorweg der gewünschte Zielzustand fixiert ist und durch eine entsprechende Veränderung der personalen und sachlichen Steuerungsfaktoren erreicht werden soll. Ausgeklammert aus dem Lernprozeß wird die Überprüfung der Grundlagen der den Lernprozeß der Organisation leitenden Ziele. Die betrieblichen Normen und Werte, die ihm grunde liegen, die Kultur und Identität des Unternehmens, aber auch die längerfristigen Unternehmensziele und -strategien sind deshalb kein Thema für single-loop learning, - wohl aber für *double-loop learning*. Diese Form des Organisationslernens beschreibt nämlich einen Such- und Experimentierprozeß, in dem das Wollen und Glauben sowohl des je einzelnen als auch der Gesamtheit aller, also die Unternehmensziele und -strategien und die ihnen zugrunde liegenden unternehmenskulturellen Vorannahmen einer rationalen Überprüfung unterzogen werden. Das letztliche Ziel von double-loop learning ist es deshalb, die Fixierung der Unternehmensziele und -strategien in den Lernprozeß der Organisation einzubeziehen und zu optimieren. Aber auch diese Lernebene hat ihre spezifische Grenze: Denn die Deutungsmuster der einzelnen Organisationsmitglieder und die Gesamtheit dieser Letztbegründungen, die ihren Ausdruck in der Unternehmenskultur findet, läßt sich - darauf wurde bereits hingewiesen - nur bedingt und partiell einer rationalen Bearbeitung erschließen. Gleichwohl ist die Unternehmenskultur ein überaus bedeutsamer Faktor für Organisationslernen. Es ist deshalb eine dritte Ebene zu konzipieren, auf der die Prozesse auszuleuchten sind, die der durch double-loop learning angeleiteten rationalen Erschließung aussichtsreicher Unternehmensziele und -strategien einen letztlichen Sinn geben. Diese Prozesse zielen auf Unternehmenskulturentwicklung als transsubjektiver Praxis und sind pädagogisch konstruktiv zu entfalten im Konzept des *deutero learning*.

Die drei Ebenen des Organisationslernens korrespondieren mit drei Sinnmodellen organisationellen Denkens, Entscheidens und Handelns (KIRSCH 1990, S. 471ff.):

Einer Organisation, die ihr Lernen auf single-loop learning beschränkt, liegt ein Sinnmodell zugrunde, das KIRSCH das *Zielmodell* nennt und das ich an anderer Stelle als *Maschinenmodell* (Geißler 1992b) beschrieben habe. Gemeint ist damit ein Selbstverständnis der Organisation, das von der Vorannahme ausgeht, daß sie über alle notwendigen Ressourcen verfügt, um sowohl im Umgang mit der Gesellschaft bzw. mit dem Markt als auch im Umgang mit den eigenen Organisationsmitgliedern sozusagen autokratisch ihre spezifischen Ziele fixieren und durchsetzen zu können. Zweckrationalität ist deshalb das prägende Paradigma dieser Organisation.

Einer Organisation, die sich für double-loop learning öffnet, deutero learning aber noch ausklammert, liegt ein Sinnmodell zugrunde, das KIRSCH das *Überlebensmodell* nennt und das ich als *Biotop-Modell* (Geißler 1992b) beschrieben habe. Es ist ein Sinnmodell, das durch die kollektiv von allen Organisationsmitgliedern geteilte Vorannahme gekennzeichnet ist, daß das Unternehmen mit dem Markt und im weiteren Sinne mit der gesamten Gesellschaft und Ökologie symbiotisch verbunden ist und nur dann überleben kann, wenn man neben dem eigenen Vorteil auch die Lebensbedingungen der anderen berücksichtigt und pflegt. Notwendig ist deshalb systemisches Denken und die Unternehmensethik des aufgeklärten Rationalisten.

- Einer Organisation, die ihr Lernen schließlich auch als Unternehmenskulturentwicklung versteht und als deutero learning organisiert, liegt das Sinnmodell der *fortschrittsfähigen Organisation* zugrunde. KIRSCH meint damit eine Organisation, die das Selbstverständnis lebt, Verantwortung für ihr Umfeld und für ihre Organisationsmitglieder zu übernehmen, - und zwar dergestalt, daß mit den Entscheidungen und Operationen der Organisation Schritt für Schritt die Möglichkeiten einer humanen Entwicklung zu Selbstentfaltung und Harmonie erschlossen und gestaltet werden. Diese Aufgabe fordert das existentielle Engagement des je einzelnen und seine Bereitschaft, sich mit den anderen so abzustimmen, wie es für Musiker in einem Orchester, - und zwar in einem *improvisierenden Jazzensemble* typisch ist.

Literaturverzeichnis

Argyris, Chris: Overcoming Organizational Defenses. Boston u.a. 1990

Argyris, Chris/ Schön, Donald A.: Organizational Learning: A Theory of Action Perspective. Reading/ Mass. 1978

Arnold, Rolf: Deutungsmuster. Zu den Begründungselementen sowie den theoretischen und methodologischen Bezügen eines Begriffs. In: Zeitschrift für Pädagogik, 29, 1983, S. 893-912.

Arnold, Rolf: Betriebliche Weiterbildung. Bad Heilbrunn 1991

Benner, Dietrich: Allgemeine Pädagogik. Weinheim, München 1987

Bollnow, Otto Friedrich: Die anthropologische Betrachtungsweise in der Pädagogik. Essen 1968

Dürr, Walter (Hg.): Organisationsentwicklung als Kulturentwicklung. Baltmannsweiler 1989

Dürr, Walter: Betriebspädagogik und Selbstorganisation. In: Geißler, Harald (Hg.): Neue Aspekte der Betriebspädagogik. Frankfurt/M. 1990, S. 53-64.

Dürr, Walter/Strech, Karl-Heinz: Das erkannte Selbst entwickelt sich. In: Meier, Klaus/Strech, Karl-Heinz (Hg.): Tohuwabohu. Chaos und Schöpfung. Berlin 1991; S. 148-178

Geißler, Harald (Hg.): Unternehmenskultur und -vision. Frankfurt/M. 1991

Geißler, Harald: Organisations-Lernen als Entfaltung von Freiheit und Harmonie. In: Dieterich, Rainer/Pfeiffer, Carsten (Hg.): Freiheit und Kontingenz. Heidelberg 1992a; S. 327 - 345

Geißler, Harald: Die "lernende Organisation" als "lebendiges Kunstwerk". In: Ders. (Hg.): Neue Qualitäten betrieblichen Lernens. Frankfurt/M. 1992b; S. 81 - 102

Geißler, Harald: Bildungsmarketing für Organisationslernen. In: Geißler, Harald (Hg.): Bildungsmarketing. Frankfurt/M. 1993, S. 59-100

Geißler, Harald: Grundlagen des Organisationslernens. Weinheim 1994a

Geißler, Harald: Organisationslernen - Zur Bestimmung eines betriebs-pädagogischen Grundbegriffs. In: Arnold, Rolf/Weber, Hajo (Hg.): Weiterbildung und Organisation. Berlin 1994b

Glaserfeld, Ernst von: Abschied von der Objektivität. In: Watzlawick, Paul / Krieg, Peter (Hrsg.): Das Auge des Betrachters, S. 17 - 30. München, Zürich 1991

Kirsch, Werner: Unternehmenspolitik und strategische Unternehmensführung. München 1990

Kirsch, Werner: Kommunikatives Handeln, Autopoiese, Rationalität. München 1992

Lenzen, Dieter: Pädagogisches Risikowissen, Mythologie der Erziehung und pädagogische Methexis. - Auf dem Weg zu einer reflexiven Erziehungswissenschaft. In: ZfPäd, 27. Beiheft, 1991, S. 109 - 125

Loch, Werner: Die anthropologische Dimension der Pädagogik. Essen 1963

Loch, Werner: Der pädagogische Sinn der anthropologischen Betrachtungsweise. In: Becker, H. (Hrsg.): Anthropologie und Pädagogik. Bad Heilbrunn 1967

March, James G./Olsen, Johan P.: Ambiguity and Choice in Organizations. Bergen, Oslo, Tromsö 1976

Maturana, Humberto R./ Varela, Francisco J.: Der Baum der Erkenntnis. Bern, München, Wien, 3. Aufl. 1987

Prange, Klaus: Pädagogik als Erfahrungsprozeß. Stuttgart 1978

Probst, Gilbert J.B.: Selbst-Organisation. Berlin, Hamburg, 1987

Schein, Edgar H.: Organizational Culture and Leadership. San Francisco, London 1986

Schmidt, Siegfried J.: Kognition und Gesellschaft. Frankfurt/Main 1992

Watzlawick, Paul/ Krieg, Peter (Hrsg.): Das Auge des Betrachters. München, Zürich 1991

Walter Dürr:

Unternehmenskultur und Selbstorganisation

Evolution bedeutet die zunehmende Herausbildung von Strukturen und ihre Selbststabilisierung gegenüber ihrer Umwelt als Vorgang in der Zeit. Solche Vorgänge faßt man heute unter dem Begriff Selbstorganisation. Für die Theorie der Selbstorganisation kann heute - ähnlich wie für die Quantentheorie - in Anlehnung an einen Gedanken von Kant die Vermutung geäußert werden, daß sie deshalb für die Vorgänge der Strukturbildung und Strukturerhaltung in der Zeit fern vom thermodynamischen Gleichgewicht gilt, also für alle Vorgänge in Natur, Kultur, Gesellschaft, und für alle geistigen Vorgänge, weil sie die Bedingungen der Möglichkeit der Erfahrung solcher makrostrukturellen Vorgänge formuliert. (vgl. v. Weizsäcker 1991, 93)

Wir beginnen heute, die paradigmatische Bedeutung der Quantentheorie und der Theorie der Selbstorganisation zu verstehen: Die Quantentheorie lehrt uns, daß wir Menschen als Teile der "Einheit des Wirklichen" Phänomene der Wirklichkeit durch unser Denken niemals "objektiv" als Seiendes darstellen können, das unabhängig von unserem Bewußtsein existiert.

Was immer uns durch unser Tun zu Bewußtsein kommt, stets ist es nur ein Aspekt derjenigen Wirklichkeit, der wir mit unserem Bewußtsein und unserem sonstigen Sein zugehören.

Die Theorie der Selbstorganisation lehrt uns die Bedingungen für die Möglichkeit "der ständig zunehmenden Differenzierung und Vermehrung von Gestalten" (ebenda, 33) als universelles Geschehen in der Zeit verstehen. "Gestaltwachstum ist kein Spezifikum des organischen Lebens" (ebenda) "Die Unterschiede betreffen nicht das Prinzip, sie bezeichnen nur neue Stufen der Gestaltwerdung, neue Integralgestalten, und die Vielgestalt der menschlichen Geschichte wird möglich durch wieder eine neue Gestalt des Geschehens überhaupt: die Speicherung entstandener Gestalt nicht in Molekülstrukturen, sondern in lehrbaren Verhaltensmustern, in der Sprache, kurz gesagt, im Bewußtsein." (ebenda, 34)

In allgemein gehaltener Deskription ergibt sich: "Aus .. einfach aussehenden Zuständen entstehen gemäß nichtlinearen Differentialgleichungen immer kompliziertere Gestalten: Gestaltenfülle ist das thermodynamisch Wahrscheinliche." (ebenda, 36)

Es ist zwar richtig, daß uns das Phänomen Selbstorganisation erst aufgrund der mathematischen Theorie der nichtlinearen Differentialgleichung - so durch die Forschung von Manfred Eigen und Hermann Haken - denkmöglich geworden ist.[1] Diese mathematische Theorie ist aber "nicht alles... was wir über die von der Theorie beschriebene Wirklichkeit wissen. Wir wenden die Differentialgleichungen an im Rahmen eines Verständnisses von Geschehen, mit dem wir seit der frühen Kindheit aufgewachsen sind... Wir handhaben mühelos die Sprache, die von "jetzt" spricht, von dem, was nicht mehr zu ändern ist, von dem, was wir tun müssen. Die Erschlossenheit von Zeit ist ursprünglicher als die Differentialgleichungen... sie ist nötig, um dieser Mathematik einen Sinn in der Wirklichkeit... zu geben." (ebenda) Das gilt auch in der sozialen, in der kulturellen Wirklichkeit. Allerdings wäre der Versuch unsinnig, für so komplexe Phänomene, wie es Kulturen und soziale Strukturen sind, mathematisch errechnete Ordnungsparameter oder Attraktoren anzugeben. Wohl aber erscheint es angebracht, auch solche Strukturen unter dem Begriff Selbstorganisation als Phänomene der Evolution zu denken und zu zeigen, was wir dann wahrnehmen und von dem betreffenden Phänomen wissen können. Auch hier bildet unser ursprüngliches Zeitverständnis, allgemein: die ursprüngliche Erschlossenheit von Zeit und allgemein einer bereits strukturierten Wirklichkeit, wie sie uns in unserer Sprache gegeben ist, den Grund und die Möglichkeit weitergehender theoretischer Stilisierung.

Bedenken wir zudem, daß sich evolutionäres Gestaltwachstum, alles Geschehen in der Zeit durch eine Besonderheit auszeichnet, die Abwechslung von Ebenen und Krisen. (vgl. ebenda, 37) Strukturen, die sich über längere Zeiträume selbst stabil erhalten, können durch plötzliche Ereignisse, "Fulgurationen" (vgl. Lorenz 1985, 47 ff), "Katastrophen" (vgl. Thom 1981) eine andere, umfassendere Gestalt annehmen oder zugrunde gehen.

Es gibt solche "Phasensprünge und Stetigkeit in der natürlichen und kulturellen Welt" (vgl. Hierholzer/Wittmann, Hrsg.), so der Titel einer Sammelveröffentlichung mit Beispielen u.a. aus der Wirtschaft: "Geburt und Tod von Unternehmen" (Albach), Soziale Diskontinuitäten (R., Mayntz), Biologische Selbstorganisation: Eine Abfolge von Phasensprüngen (Eigen). (ebenda)

So können wir in Anlehnung an eine Formulierung C.F. v. Weizsäckers das Phänomen der Selbstorganisation folgendermaßen kennzeichnen: "Jedes stabile Ergebnis einer Fulguration muß eine ihm eigene Kraft der Selbststabilisierung haben, eine Korrespondenz seiner inneren Struktur zu den äußeren Bedingungen seiner Existenz." (v. Weizsäcker 1981, 35)

In diesem Sinne können wir auch nach den Bedingungen der Möglichkeit der Selbststabilisierung, der "Angemessenheit" derjenigen Strukturen und Prozesse fragen, die ein Unternehmen in der Zeit erfolgreich sein oder aber scheitern läßt.

Auf eine Besonderheit des Geschehens in der Evolution muß hierbei noch hingewiesen werden: Es ist das Phänomen, daß sich in der Evolution sich selbst stabilisierender Strukturen Subsysteme bilden können. Diese Subsysteme erfüllen bestimmte Funktionen, Leistungen, die für das Gesamtsystem bzw. für andere Subsysteme wichtig sind. Sie _kooperieren_ und _kommunizieren_ mit ihrer Umwelt, indem sie benötigte bzw. erwartete Leistungen erbringen, und sie müssen dafür sorgen, daß sich diese spezifisch gewordenen Formen der Interaktion durch die Festlegung spezifischer Interaktionsregeln reproduzieren. Dies läßt sich verstehen als Stabilisierung eines internen Netzwerkes aus spezifischen Formen der Kooperation und Kommunikation, die sich so bewähren, daß sie zur Erfüllung der Funktionen ständig reproduziert werden. (vgl. Küppers, Krohn 1992, 18)

Was bis hierher dargestellt wurde, läßt sich, wie gesagt, mit Hilfe der Theorie nichtlinearer Differentialgleichungen erklären. Was aber Phänomene, die wir beobachten, bedeuten, in welchem Sinnzusammenhang sie stehen, ist durchaus strittig. Dazu stellen Küppers und Krohn fest: "Die zunehmenden kategorialen Probleme, denen sich die Theorie selbstorganisierender Systeme gegenübersieht, wenn sie sich auf die Erklärung kognitiver und kommunikativer Systeme einläßt, entstehen nicht in erster Linie aus dieser Theorie, sondern aus der Komplexität dieser Phänomenbereiche... Die Hoffnung kann nur sein, über die Theorie der Selbstorganisation neue Möglichkeiten des methodischen Vorgehens und empirischen Beobachtens zu entwerfen." (ebenda, 25)

Daß dies ohne Abstriche auch für das pädagogische Geschehen gilt, soll im folgenden an einem Beispiel gezeigt werden. Zunächst wird das Phänomen geschildert, das sich - wie sodann zu zeigen ist - unter dem Begriff und der Theorie der Selbstorganisation als prinzipiell beobachtbar erweist. Schließlich soll anhand der Deutungsproblematik geprüft werden, ob diese Theorie, wie ich meine, unsere Wahrnehmungsmöglichkeiten wirklichen - auch pädagogischen - Geschehens erweitert und die Chance bietet, Handlungsmöglichkeiten zu erkennen, die dem Strukturreichtum der Lebensbedingungen entsprechen, in denen wir uns vorfinden.

Das Beispiel:
Am Anfang stand die Idee (Detlef Maaßen), daß bisher nicht entdeckte Formen der Integrierung von arbeitslosen Akademikern einerseits und arbeitslosen Jugendlichen, häufig ohne Berufsausbildung, in Arbeit und Beruf entwickelt werden könnten. Das Ziel sollte es sein, für Angehörige beider Gruppen auf Dauer Arbeitsplätze zu schaffen. Eine Umfrage bei Klein- und Mittelbetrieben (Reiner Aster) ergab: Die Chancen für Hauptschüler ohne Abschluß und für Sonderschulabgänger, einen Arbeitsplatz zu finden, sind - zumindest bei über der Hälfte der befragten Betriebe - nicht von vornherein aussichtslos. Die Chancen würden sich erheblich verbessern, wenn diesen Jugendlichen auf ihrem Weg in die Betriebe Hilfestellung gegeben werden könnte und andererseits die Betriebe bei der Einstellung solcher Jugendlicher organisatorisch unterstützt und auch weiterhin fachlich beraten werden könnten.

Als Schlußfolgerung ergab sich: Die Möglichkeit, beeinträchtigte Jugendliche auf Dauer in betriebliche Strukturen zu integrieren, läßt sich wesentlich verbessern, wenn es gelingt, zwischen Beratern, den sogenannten Integrationsberatern und den Jugendlichen einerseits und den Betrieben andererseits stabile und intensive Kommunikationsbedingungen zu entwickeln.

Diese Überlegungen haben schließlich zum Aufbau des Fachdienstes Integrationsberatung Berlin (FIBB) geführt. Arbeitslose Sozialpädagogen, Sozialarbeiter, Geistes- und Sozialwissenschaftler - Männer und Frauen - wurden in speziellen Kursen auf ihren Einsatz als Fachberater vorbereitet.

Heute sind die Referentinnen und Referenten dieses Fachdienstes ein funktionierendes und im besten Sinne (berufs-)pädagogisches Team, anerkannt und geachtet aufgrund seiner Leistung bei Betrieben, Verbänden, Politikern, staatlichen Instanzen und vor allem bei den Jugendlichen, die sie durch einfühlsame und sachverständige Hilfe auf dem Weg in eine dauerhafte Arbeitstätigkeit begleiten.

Innerhalb des Fachdienstes haben die Referentinnen und Referenten Arbeitsschwerpunkte gebildet, entsprechend ihren spezifischen Fähigkeiten und ihrer Vorbildung, so für sozialpädagogische Betreuung, Arbeit mit Behinderten, Bewerbungs- und Motivationstraining, Arbeit mit Freigängern und Haftentlassenen. So entwickeln die Mitglieder des Fachdienstes Spezialkompetenzen und sorgen für eine hohe Elastizität hinsichtlich der Einsatzmöglichkeiten und für eine Stabilität bei der Erfüllung aller Funktionen.

Zu Betrieben, Berufsschulen, zur Arbeitsverwaltung und zu den Bezirksverwaltungen bestehen feste und dauerhafte Beziehungen. In den Betrieben erwerben sich die Fachreferentinnen und Fachreferenten Kenntnisse, Fähigkeiten und Fertigkeiten in Praktika, Hospitationen, Betriebsbesuchen, regelmäßigen Gesprächen mit den Ausbildern. Wenn nötig, übernehmen sie auch die Einarbeitung der von ihnen betreuten Jugendlichen am Arbeitsplatz.

Das Beispiel im Lichte der Theorie der Selbstorganisation

Der Fachdienst Integrationsberatung Berlin zeigt alle Merkmale, die Küppers und Krohn in ihrem neuen Aufsatz: "Zur Emergenz systemspezifischer Leistungen" (Küppers, Krohn 1992) anführen. Es gilt daher, die alltagssprachlich zu vollziehenden Beschreibungsmöglichkeiten dieser Theorie für die Darstellung der beobachtbaren Phänomene der Selbstorganisation des FIBB zu nutzen in der Hoffnung, damit ihre widerspruchsfreie inhaltliche Anwendbarkeit auf die mit ihr möglichen Erfahrungen zu zeigen. Versuchen wir also, das FIBB-Geschehen als einen ambivalenten Prozeß der Ausdifferenzierung und

Selbststabilisierung unserer in sich vielgestaltigen Kultur zu deuten, als spezifische Gestalt des kulturellen Lebens, das nach seiner Bedeutung für die Herausbildung menschlicher Individualität befragt werden soll.

Zweifellos haben sich die Beschäftigten des Fachdienstes in der Aufbauphase häufig und intensiv "mit sich selbst" beschäftigt - neben dem Aufbau der Kontakte zu den Betrieben, Berufsschulen, Arbeitsämtern usw. Dieser Selbstbezug auf die eigenen Funktionen ist gewiß die Quelle der internen Dynamik und der Autonomisierung des FIBB (vgl. ebenda 162) und kann als reflexiver Mechanismus bzw. operationale Geschlossenheit im Sinne Luhmanns gedeutet werden. Es handelt sich um eine Bedingung für die Möglichkeit funktionaler Differenzierung sich selbst stabilisierender Systeme. Eine weitere Bedingung ist deren informationale, man kann auch sagen: kommunikative Offenheit. Offenheit bedeutet nicht Willkür sondern die Fähigkeit des Systems, gemäß intern in der Rekursion entwickelten Kriterien, sog. "Eigenlösungen", in Wechselwirkung mit Strukturen der Umwelt zu treten.

Im FIBB haben die Mitarbeiterinnen und Mitarbeiter, wie geschildert, ihre unterschiedlichen Fähigkeiten so aktiviert und gebündelt, daß ein Optimum für bestimmte Zielgruppen herauskam. Dies sind Eigenlösungen im systemtheoretischen Sinne, die stabile kommunikative Beziehungen nach außen und "erfolgreiches" Handeln überhaupt erst ermöglichen und damit die spezifische "Strukturdynamik" (ebenda 165).

Diese Vorgänge können gedeutet werden als Herausbildung einer spezifischen Kultur des FIBB. Dabei meint das Wort Kultur sowohl "Gestaltung von Wissen", so daß es für die Nutzung durch andere Institutionen geeignet erscheint, als auch die Entwicklung rationaler Konstrukte zur (systemspezifischen) Erklärung und Begründung des alltäglichen Wirklichkeitsverhaltens. Diese Deutung von Kultur als systemspezifische Leistung, die zu einer systemspezifischen Gestalt kulturellen Lebens führt, ist eine der Ambivalenzen, die mit der evolutionären Ausdifferenzierung spezifischer Gestalten verbunden ist. Gegenwärtig wird dieser Vorgang in der Modernisierungsdebatte dementsprechend eher als Risiko, Krise, Destabilisierung und Singularisierung erlebt. Das sind wichtige Wahrnehmungen. Zur Ambivalenz evolutionärer Vorgänge gehört es jedoch auch, die sich andeutenden Chancen mit wahrzunehmen (vgl. v. Weizsäcker 1977, 89 ff.).

Es ist gut, hier dem Rat C. F. v. Weizsäckers zu folgen und "die jeweiligen Ambivalenzen .. inhaltlich, also speziell (zu) durchdenken" (v. Weizsäcker 1977, 90).

Dazu eignet sich der Fachdienst Integrationsberatung Berlin vorzüglich. Meine eigenen Erfahrungen aus vielen Gesprächen zeigen mir: Hier "generieren" neue, bisher nicht bekannte kommunikative Gestalten, die wiederum "sozialintegrative Leistungen"[2] (Habermas, 386) ermöglichen. Dies ist das Gegenteil von einer "Kolonialisierung der Lebenswelt". Die hier möglich werdende Lebensweise ist zwar eine spezifische Kultur. Sie ermöglicht die Ausübung bestimmter, für die gesellschaftliche Integration notwendiger Funktionen, trägt zur Strukturierung der Gesellschaft bei. Aber sowohl ihre "Eigenlösungen" als auch ihre Integrationsleistungen fördern die Herausbildung von zwar individuellen, aber für die Lebensführung allgemein bedeutsamen Persönlichkeitsstrukturen, die "Eigengesichtigkeit" (Kiehn) der Mitarbeiter und der Jugendlichen, das heißt deren Bildung.

Mit dieser Wahrnehmung der Bildungsprozesse als ein ebenfalls den Bedingungen der Ambivalenz unterliegendes Geschehen in der Zeit erscheint es geboten, auch die Bildungsprozesse der FIBB-Mitarbeiter und Mitarbeiterinnen, der von ihnen betreuten Jugendlichen und die Lernprozesse der Ausbildungsbetriebe als Ergebnis der FIBB-Kontakte als Phänomene der Selbstorganisation zu deuten.

Jede zu einem Jugendlichen aufgebaute Beziehung muß dann ebenfalls in ihrer Besonderheit gesehen werden. Es gibt hier keine "Regelfälle". Dasselbe gilt für die Kompetenzen der FIBB-Referentinnen und Referenten. Denn sie beruhen stets auf dem Strukturreichtum von Erfahrungen, die Personen in der Kommunikation und Kooperation mit Personen, Individuen mit Individuen gemacht haben. Die Vorstellung, die Jugendlichen könnten über "Steuerungsmedien" und "Spezialcodes", die sich von der Normalsprache abzweigen, für die in Betrieben vorzufindenden "Standardsituationen" "konditioniert" werden und zwar "ohne daß Ressourcen der Lebenswelt in Anspruch genommen werden müßten" (ebenda 388), erscheint im Lichte der Einzelfallprüfungen abwegig.

Auch hier gilt es vielmehr, den Prozeß der Integration in seiner Ambivalenz wahrzunehmen, in seinen Chancen für den Prozeß der Selbststabilisierung der Individuen.

Der Kommunikations- und Wissenschaftsforscher Hans-Peter Krüger hat kürzlich versucht, für die Beantwortung solcher Fragen einen theoretischen und kategorialen Rahmen zu entwickeln. Ich stelle, knapp zusammengefaßt, seine Überlegungen vor (vgl. Krüger 1991):
Die funktionale Ausdifferenzierung der Gesellschaft in soziale Subsysteme und generalisierte Medien der Handlungskoordinierung ist ein irreversibler, evolutionstheoretisch begründbarer Sachverhalt. Er beeinflußt unmittelbar die Lebensbedingungen der davon betroffenen Menschen. Allerdings gilt die eindeutige Zuordnung von Funktion und Subsystem nur für analytische Konstrukte. Phänomenal

aufweisbar sind immer spezifische gesellschaftliche Handlungsfelder. Für diese Felder, besser: für die Selbststabilisierung ihrer Strukturen und Prozesse der Handlungskoordinierung in der Zeit entwickeln sie handlungsfeldspezifische Praktiken, die es ihnen ermöglichen, sich durch Ausüben spezifischer Aufgaben zwischen Märkten, politischen Entscheidungsverfahren, Diskursen und gesellschaftlichen Vereinen als eigenständiges Subsystem selbst stabil zu erhalten. Dieser Prozeß der Selbststabilisierung durch Praktiken bedient sich der gesellschaftlich verfügbaren Medien der Kommunikation: Geld, administrative Reglements, ausdifferenzierte, auf einen bestimmten Geltungsanspruch spezifizierte Diskurse. Die aufgabenspezifisch angemessene Proportionierung dieser Medien zur subsystemspezifischen Praktik ist die ständig zu leistende Aufgabe für alle Mitglieder des betreffenden Systems. Ihr Gelingen hängt wesentlich von einem ständig zu vollziehenden Perspektivenwechsel zwischen Teilnahme an den Kommunikationen und Beobachtung der Kommunikationen ab. Bisher fehlt ein angemessenes Begriffsnetz zur empirischen Erforschung gelungener, defizitärer oder substituierter Perspektivenwechsel, mit dem dasjenige erschlossen werden könnte, was Krüger "Strukturpotential" nennt, das heißt, genau dasjenige, was den Fachdienst fragen ließ, warum er so erfolgreich sei und was uns zugleich nötigt, die Ambivalenz, die mit solchen Prozessen der Ausdifferenzierung möglich werdenden Krisen mitzureflektieren.

Was sich uns als Pädagogen dann zeigt, wenn wir gelernt haben, unsere Lebensbedingungen so differenziert - in der Ambivalenz ihrer Strukturen wahrzunehmen, wird, so hoffe ich, erkennen lassen, daß der Streit um den Gegensatz von Berufsbildung und Allgemeinbildung auf einer veralteten Weltsicht beruht.

Literatur

Habermas, J.: Entgegnung. In: Honneth, A./Joas, H. (Hrsg.): Kommunikatives Handeln. Frankfurt/M. 1988^2, S. 327-405

Hierholzer, K./ Wittmann, H.-G. (Hrsg.): Phasensprünge und Stetigkeit in der natürlichen und kulturellen Welt. Stuttgart 1988

Küppers, G./Krohn, W.: Selbstorganisation. Zum Stand einer Theorie in den Wissenschaften. In: Krohn, W./Küppers, G. (Hrgs.): Emergenz: Die Entstehung von Ordnung, Organisation und Bedeutung. Frankfurt/M. 1992, S. 7 - 26

Küppers, G. / Krohn, W.: Zur Emergenz systemspezifischer Leistungen. In: Krohn, W./Küppers, G. (Hrsg.): Emergenz: Die Entstehung von Ordnung, Organisation und Bedeutung. Frankfurt/M. 1992, S. 161 - 188

Krüger, H.-P.: Reflexive Modernisierung und der neue Status der Wissenschaften. In: Deutsche Zeitschrift für Philosophie, Jg. 1991, S. 1297-1330

Lorenz, K.: Die Rückseite des Spiegels, München 1985

Thom, R.: Worüber sollte man sich wundern? In: Maurin, K. u.a. (Hrsg.): Offene Systeme II, Logik und Zeit. Stuttgart 1981, S. 41-107

v. Weizsäcker, C.F.: Der Garten des Menschlichen. Beiträge zur geschichtlichen Anthropologie. München, Wien 1977

v. Weizsäcker, C.F.: Zeit und Wissen. In: Maurin, K. u.a. (Hrsg.): Offene Systeme II, Logik und Zeit. Stuttgart 1981, S. 17-38

v. Weizsäcker, C.F.: Der Mensch in seiner Geschichte: München, Wien 1991.

Anmerkungen

1) Vergleiche hierzu: Dürr, W./Strech, K.-H.: Das erkannte Selbst entwickelt sich. Erfahrungen im Berufsfeld Wirtschaft und Verwaltung und ihre Bedeutung. In: Meier, Klaus / Strech, Karl-Heinz (Hrsg.): Tohuwabohu. Chaos und Schöpfung. Berlin 1991, S. 148-178

2) Genau dies bestreitet Habermas an dieser Stelle. Er behauptet, "daß sich die Integration dieser Handlungssysteme letztlich nicht auf die sozialintegrativen Leistungen der von ihnen beanspruchten kommunikativen Handlungen und ihres lebensweltlichen Hintergrundes stützt. Nicht illokutionäre Bindungskräfte, sondern Steuerungsmedien halten das ökonomische und das administrative Handlungssystem zusammen."

Hans Merkens:

Wandlungen in der Wahrnehmung der betrieblichen Wirklichkeit durch Controlling

0. Vorbemerkung

Mit der Konzeption des Berufes ist in der Arbeits- und Berufspädagogik bereits am Beginn der Beschäftigung mit beruflicher Bildung eine Entscheidung gefällt worden, die für die neue Disziplin nicht ohne Folgen geblieben ist:

- Der Beruf wurde als Lebensberuf in der Tradition des handwerklichen Denkens entwickelt,
- Bildung bemaß sich an Allgemeinbildung (vgl. MÜLLGES 1967),
- die industrielle Welt der Betriebe und Unternehmen blieb ausgespart,
- der mögliche Bildungswert der industriellen Arbeit wurde nicht ins Zentrum gestellt, obwohl diese Organisationsform der Arbeit damals schon dominant zu werden begann,
- in der industriellen Welt wurde das Prinzip der Taylorisierung der Arbeit für konstitutiv gehalten.

Es verwundert angesichts dieser Aufzählung nicht, daß der Betrieb als Bildungsstätte eher im Sinne eines Mangels diskutiert wurde und der industriellen Arbeit als Tätigkeit geringe Aufmerksamkeit geschenkt wurde. Insofern bleiben die Ansätze von KERSCHENSTEINER (1926), SPRANGER (1923) weit hinter den Entwürfen von MARX, ENGELS (1971) und WEBER (1985) zurück. In der Tradition des hellenistischen Denkens kann man formulieren, daß industrielle Arbeit zum privaten, d.i. der beraubte, Bereich gerechnet wurde (vgl. AHRENDT 1981).

Im Gegensatz zu diesen Überlegungen gehen die folgenden Ausführungen davon aus, daß

- es sich bei der Arbeit um eine Tätigkeitsform handelt, mittels der der Mensch sich Welt aneignet und gleichzeitig in deren Produkt entäußert, der Mensch im Akt der Besitzergreifung sich demnach zugleich unterwirft (vgl. HORKHEIMER, ADORNO 1971): Letzteres ist die Kulturleistung der Arbeit, der so betrachtet per se ein Bildungswert zukommt.
- es sich beim Betrieb um eine Organisationsform menschlicher Arbeit handelt, in der bestimmte Artikulationen dieser Arbeit ermöglicht werden, und
- diese Organisationsformen sich wandeln können.

Eine Form des Wandels, nämlich die Hinwendung zum Controlling als einem Organi-sationsprinzip für die Gestaltung der Innenbeziehungen und einem Entwurf der Gestaltung der Außenbeziehungen (strategisches Controlling), wird im folgenden erörtert. Dabei wird der Blick allerdings ausschließlich auf das operative Controlling gelenkt. Es soll versucht werden, den Betrieb und die in ihm vorherrschenden Konzeptionen der Arbeit zu einem Ausgangspunkt der Betriebspädagogik zu gewinnen.

Begonnen wird diese Betrachtung mit einem Rückblick auf vorangehende Organisationsprinzipien der industriellen Arbeit.

1. Zum Konzept industriellen Arbeitens

Am Beginn der industriellen Revolution steht im Bewußtsein vieler der Gedanke der Partialisierung der Arbeitsvollzüge, auf der eine Standardisierung der Tätigkeiten aufgebaut werden konnte und durch die die Fertigung billiger Massengüter ermöglicht wurde. Industrielle Arbeit war in dieser Art zu denken mit niedriger Qualität, Standardisierung, Dreck sowie Entseelung verbunden (vgl. MEAD 1987). Dem stand das Ideal der handwerklichen Arbeit als einer am Produkt orientierten Tätigkeit gegenüber, die es dem einzelnen Tätigen ermöglichte, sich in diesem Produkt zu verwirklichen (vgl. SCHLIEPER 1961). Paradigmatisch wurde das im Gesellen- bzw. Meisterstück symbolisiert, mit denen man den Nachweis der künstlerischen Hand-habung handwerklicher Fähigkeiten liefern konnte. Daß dieses Bild der industriellen Arbeit eine Verkürzung darstellte, zeigt ein Blick auf die Investitionsgüterindustrie, in der traditionell einem anderen Produktionskonzept gefolgt worden ist und in der Einzelfertigung eine Normalanforderung darstellte. Der kaufmännische Bereich wird ebenfalls nicht in die Betrachtung einbezogen (vgl. MERKENS 1990). Eine andere Form der Arbeit hätte aber zumindest partiell beispielsweise auch während der Epoche des Jugendstils gesehen werden können, die sich u.a. durch eine künstlerische Gestaltung industrieller Produktionen kennzeichnen läßt. Vollständig auf den Kopf gestellt worden ist diese Sichtweise mit der japanischen Herausforderung, als es den Japanern gelang, in der Massenfertigung bei niedrigen Preisen Qualitätsnormen zu setzen, die in vielen Fällen bei Einzelfertigung nicht erreicht werden können; daraus folgt, daß die Ideologie der Qualität durch Einzelfertigung in Frage gestellt werden muß (vgl. OUCHI 1981; PASCALE, ATHOS 1981). Gegenwärtig wird sogar be-hauptet, daß es in Japan gelungen sei, eine völlig neue Organisationsform industrieller Arbeit zu konzipieren (vgl. WOMACK, JONES, ROOS 1991).

Es kann unter diesen Voraussetzungen nicht erstaunen, daß sich in der industriellen Arbeitswelt eine eigene Industriekultur etabliert hatte, die vor allem von zwei Wertvorstellungen geprägt worden war:

- Die Überzeugung, daß durch technischen Fortschritt eine Verbesserung der Lebensbedingungen in der Welt zu erreichen sei (Ingenieurdenken; vgl. MERKENS 1990) und
- die Orientierung an der Qualität der Produkte: mit der zunehmenden Technisierung der Produktionsprozesse stieg die Qualität der Produkte fast zwangsläufig (vgl. MULDER VAN DE GRAAF, PFOCH, MERKENS, SCHMIDT 1989).

Von diesen Grundüberzeugungen her war es nicht erstaunlich gewesen, daß die Mehrzahl der Produzenten darauf gesetzt hatte, daß die Produkte sich am Markt durchsetzen würden, weil sie qualitativ gut seien. Als Resultat dieser Wertvorstellungen bleibt ursprünglich eine starke Produktorientierung zu vermerken. Allenfalls die Produzenten billiger Massenware haben diese durch eine Verkaufsorientierung ersetzt. Zu fragen bliebe hier aber auch, ob es sich im Kern nicht doch um eine Produktorientierung handelte.

Die Grundüberzeugungen über den industriellen Prozeß haben sich in der Struktur der Unternehmen wiedergespiegelt, in denen im allgemeinen Ingenieure als Vorstandsvorsitzende agiert haben und es erst auf der Ebene des Vorstandes zu einer Arbeitsteilung mit den Kaufleuten gekommen ist. Wie wir wissen, haben sich diese Relationen in den Unternehmen während der letzten 30 Jahre in der Bundesrepublik völlig verändert. Gegenwärtig spielt sich dieser Ablöseprozeß in einer der letzten Branchen ab, die noch in der vorangehenden Tradition handelte, der Chemieindustrie. In diesem Industriezweig beginnen die Kaufleute und Juristen ebenfalls die Chemiker an der Spitze der Unternehmen zu verdrängen. Daß es sich hierbei nicht um eine Veränderung handelt, die man nach dem Muster erklären könnte, daß die Ingenieure für die industrielle Führung eben nicht so gut geeignet seien und Kaufleute bzw. Juristen die besseren Unternehmer seien, soll im folgenden gezeigt werden. D.h. es geht darum herauszuarbeiten, daß es sich bei der zu beobachtenden Veränderung in der betrieblichen Hierarchie um einen strukturellen Wandel innerhalb der Unternehmen handelt, der die Industriekultur nachhaltig verändert. Als Stichwort, welches diesen Wandel signalisiert, wird das Controlling angesehen.

2. Erscheinungsformen der industriellen Produktion

Die erste dieser Erscheinungsformen stellt eine enge Verbindung zur vorangehenden Periode der handwerklichen Arbeit dar. Man kann sie als produktorientiert kennzeichnen. Im Mittelpunkt des Denkens steht das Fixiertsein auf ein Produkt: Dabei schält sich als Grundüberzeugung heraus, daß einzeln bzw. von Hand gefertigte Produkte immer wertvoller seien als Massenware. So hat Daimler-Benz noch in Anzeigen, in denen der Konzern die Umbildung zum Technologie-Konzern mitteilte, darauf hingewiesen, daß bei der Herstellung von Limousinen Handarbeit genutzt werde (vgl. MERKENS 1990). Mit dem Label "Hand" wurde praktisch suggeriert, daß die handwerklich hergestellten Produkte den unter normalen industriellen Bedingungen produzierten systematisch überlegen seien.

Auch in vielen Industriezweigen und Unternehmen der heutigen Zeit läßt sich das Orientieren auf ein Produkt als Kulturmerkmal eines Unternehmens nachweisen. Am deutlichsten ist das bei Daimler-Benz in der Form des Jahreswagens der Fall (vgl. MERKENS, SCHMIDT 1988).

Wie RIEDEL (1958) gezeigt hat, ist diese Orientierung am handwerklichen Ideal des Produktes in Widerspruch zur Praxis der industriellen Arbeitsabläufe verblieben, die es nämlich erforderten, die Herstellung des Produktes in einzelne Arbeitsschritte zu zerlegen und dadurch den Prozeß der Herstellung als das wesentliche Merkmal hervortreten zu lassen. Nicht nur die Trennung in Kopf- und Handarbeit, sondern die zeitliche Sequentierung aller Abläufe stellt in dieser Sicht das entscheidende Merkmal der industriellen Produktionsform dar, die man aus dieser Perspektive als eine Mischung von Standardisierung und Sequentierung ansehen kann.

Die EDV hat dieses Konzept nochmals verändert. Nunmehr kann auf der Basis einer entsprechenden Hard- und Software versucht werden, das Ungleichzeitige gleichzeitig ablaufen zu lassen. So können mit der Bestellung eines Produktes alle Bestellungen bei den einzelnen Zulieferern ausgelöst werden, wenn eine gemeinsame EDV existiert. Die Prozeßorientierung wird durch eine Systemorientierung ersetzt. Das kann wiederum nur gelingen, wenn die Standardisierung, die bereits die vorangehende Phase der industriellen Produktion beherrschte, noch weiter vorangeschritten ist und vor allem ein Kontrollinstrumentarium existiert, welches Fehler frühzeitig erkennen läßt.

In der Produktion zeichnet sich dieser Prozeß ab, wenn traditionell gewachsene Unterteilungen wie die in Produktion, Qualitätskontrolle und Reparatur entfallen (vgl. WOMACK, JONES, ROOS 1991). Durch eine Umorganisation innerhalb des Unter-nehmens läßt sich erreichen,

- daß Wege innerhalb des Unternehmens kürzer werden,
- Entscheidungen vor Ort schneller gefällt werden,
- die Produktkontrolle bei der Qualitätsüberwachung in eine Improzeßkontrolle verwandelt wird,
- den Beschäftigten mehr Kompetenzen in bezug auf die Organisation der Produktion eingeräumt wird (vgl. KERN, SCHUMANN 1985; MALSCH 1988).

Die entscheidende Veränderung liegt allerdings noch in einem anderen Bereich: Mit Umorganisationen dieser Art gelingt es, unter den Bedingungen der Massenproduktion bessere Qualitäten zu erreichen. Automatisierung schlägt um in Qualitätssteigerung. Diesen Wandel haben KERN, SCHUMANN (1985) eindrucksvoll dargestellt.

Innerhalb der Unternehmungen haben diese Vorgänge weitgehende Umstrukturierungen ausgelöst. Vor allem wurde der Wegfall traditioneller innerbetrieblicher Grenzen erforderlich. Die Segmentierung der innerbetrieblichen Abläufe - Organigramm mit funktionaler Gliederung -, wie sie lange Zeit das Handeln im und das Denken in bezug auf das Unternehmen bestimmt hat, wurde ersetzt durch eine die einzelnen Bereiche übergreifende Struktur (vgl. MINTZBERG 1991). Ist eine solche Struktur erst einmal akzeptiert, dann stellt sich als das eigentliche Problem heraus, daß man einen Code benötigt, der es gestattet, die Phänomene unterschiedlicher Provenienz in eine Beziehung zueinander setzen zu können.

Normalerweise ist das eine Anforderung, die sich nur durch permanentes Verhandeln erfüllen läßt, weil ein gemeinsamer Code, der es gestattet, alles miteinander in Beziehung zu setzen, angesichts der unterschiedlichen Aufgabenstellungen innerhalb eines Unternehmens vom Absatz über die Produktion, den Einkauf, aber auch die Personalabteilung und viele Stabsstellen kaum realistisch erscheint. Wie MINTZBERG (1983) in seiner Vorstellung von der Gestalt des Unternehmens gezeigt hat (vgl. Abb.1), sind dennoch viele Unternehmen auf dem Weg zu einem solchen Ziel, indem sie die Standardisierung der Abläufe in Produktion und Absatz/Marketing einschließlich der Informationsübertragung vom Spitzenmanagement herunter und zu ihm hinauf betreiben.

Abbildung 1

Die Unternehmensgestalt

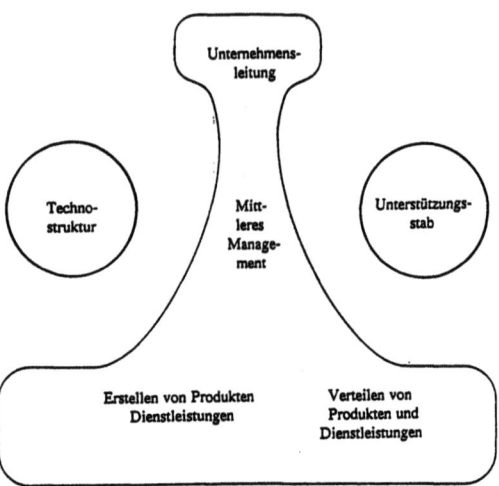

Diese Darstellung enthält fünf unterschiedliche Teile des Unternehmens, aus deren Zusammenwirken sich die konkrete Gestalt des Unternehmens ergibt:

- Die Unternehmensleitung mit der Bestimmung der Geschäftspolitik,
- das mittlere Management mit der Aufgabenstellung, den Willen der Geschäftsleitung in das Handeln der vor Ort Beschäftigten umzusetzen sowie die Unternehmensleitung über den Fortgang dieses Handelns zu informieren,
- das Erstellen und Verteilen von Produkten bzw. Dienstleistungen,
- den Unterstützungsstab mit den Aufgaben, die Gegenwart des Unternehmens durch vertragliche Vereinbarungen und die Zukunft durch Innovationen zu sichern sowie soziale Leistungen für die Beschäftigten zur Verfügung zu stellen,
- die Technostruktur, welcher die Aufgabe zufällt, die Abläufe im mittleren Management sowie bei der Erstellung oder Verteilung von Produkten bzw. Dienstleistungen zu standardisieren.

Innerhalb der Technostruktur taucht neben anderen auch die Aufgabe des Controlling auf, über das im Kern die Standardisierung sichergestellt werden muß.

3. Das Controlling als Versuch einer Zentralisierung von Information und Kontrolle

Controlling ist nicht mit Kontrolle synonym. Im Anschluß an eine Begriffsumfangsbestimmung von HARBERT (1982) nennt HEIGL (1989, S.19) folgende verschiedene Aufgaben, die zum Controlling gerechnet werden:

- Organizing,
- Motivating,
- Directing,
- Coordinating,
- Communicating (Information),
- Forecasting,
- Planning.

Diese Aufzählung läßt erkennen, daß praktisch alle Aufgaben, die zur modernen Unternehmensführung, soweit es die Innenverhältnisse betrifft, gerechnet werden, unter das Controlling fallen, mit einer Ausnahme: Das Personalwesen.

Parallel dazu zeigt sich etwas anderes: Es scheint fast unmöglich zu sein, alle diese Aufgaben mit einem einheitlichen Code bearbeiten zu können: Motivieren und Planen sind Tätigkeiten so unterschiedlicher Prägung, daß das früher benannte Merkmal des einheitlichen Codes nicht realistisch erscheint.

Dieses einheitliche Informationssystem ist auch nicht für die Ebene des Handelns gedacht, auf der die Liste der aufgezählten Tätigkeiten angesiedelt ist, sondern im Gegenteil für die Ebene der Informationsbeschaffung und der Informationsdissemination entwickelt worden. Es soll also die Grundlagen für die Handlungen und die Richtwerte bereitstellen, an denen sich der Erfolg oder Mißerfolg von Handlungen bemessen läßt.

Controlling kann man als die institutionalisierte Form der Selbstbeobachtung begreifen. Es stellt aus systemtheoretischer Sicht den Versuch dar, die System/Umwelt-Differenz in das System selbst einzuführen. Es soll sichern, daß bei der Reproduktion der Elemente sie als Elemente des Systems und nicht als irgend etwas reproduziert werden (LUHMANN 1985, S.63). Die Abläufe innerhalb des Unternehmens, die sich in der Produktion, beim Erstellen von Dienstleistungen, in der Distribution ergeben, werden dazu unter einem ihnen äußerlichen Aspekt, dem der Kosten, beobachtet und auf der Basis des Beobachteten bewertet. Weder das Produkt oder die Dienstleistung noch der Prozeß von deren Erstellung, sondern einzig und allein das Verhältnis von Kosten und Ertrag rücken in den Blickpunkt der Betrachtung. Prozeß und Produkt erhalten in dieser Sichtweise den Charakter des Austauschbaren oder der Ware.

Um das operative Controlling realisieren zu können, bedarf es innerhalb des Unternehmens einer genauen Planung, die sich in entsprechenden Teilplänen fortsetzt, weil auf diese Weise erst die Soll-/Ist-Vergleiche ermöglicht werden, welche das Controlling prägen. Um die Teilpläne wiederum aufeinander beziehen zu können, bedarf es einer Umrechnungseinheit, die im allgemeinen in der Form der Relation Erlöse/Kosten gewählt wird. Deshalb kann Controlling das Ausbreiten des Kostendenkens in alle Bereiche des Unternehmens implizieren, wie die Einteilung in Profit-Center und des Handeln in diesen demonstrieren: Es werden Kostenstellen eingerichtet. Damit werden innerhalb des Unternehmens Strukturen etabliert, die im Unterschied zur Prozeßgestaltung der Arbeit sensu RIEDEL (1958) nicht vom Arbeitsablauf erzwungen sind, sondern ihm als äußerlich vorgegeben werden, um ihn unter Kostengesichtspunkten optimieren zu können. Auf diese Weise wird eine Evaluation des Unternehmens auf die Kosten hin ermöglicht, wie vor allem die Deckungsbeitragsrechnung verdeutlicht, die man gegenwärtig als eine ausgefeilte Variante dieses Denkansatzes betrachten kann.

Die Folgen für die Formen des industriellen Arbeitens sollen kurz an drei Aspekten dargestellt werden:

1. Unternehmerisches Denken als Qualifikation
    Nicht mehr der Ingenieur, der etwas herstellt oder verbessert und damit zum Fortschritt beiträgt, ist die Grundfigur des Denkens, sondern der Unternehmer als Ökonom, der etwas herstellt, für das ein Markt existiert. Unternehmerisches Denken artikuliert sich folgerichtig auch in erster Linie im Auffinden und Pflegen von Märkten sowie dem Verbessern der internen Kostenstrukturen. Damit gehen die bereits eingangs erwähnten Umgewichtungen in den Unternehmensleitungen konform. Eine der Sprachformeln, in denen dieses Denken sich artikuliert, ist die Rede von den

Synergieeffekten. Sie verdeutlicht das Grundmuster: Man muß das Einzelne in bezug auf ein Gesamtes sehen und von daher mögliche Wirkungen vorbedenken. Nur diejenigen Beschäftigten können auf Dauer im Interesse des Unternehmens ihr Handeln ausgestalten, die über Einsichten in die Gesamtzusammenhänge verfügen. Das Erfordernis des Systemdenkens obsiegt auf diese Weise über das sich an Arbeitsabläufen zu orientieren.

2. Die Bedeutung der Technostruktur (vgl. MINTZBERG 1983)

Der Zwang interne Äquivalenzregelungen zu schaffen und die Notwendigkeit der Standardisierung der Informationen im Unternehmen, um die Möglichkeit der Übersetzung und des Transfers zu schaffen, verlegt immer mehr der Tätigkeiten und Verantwortung innerhalb des Unternehmens in die Technostruktur, wenn man ein Unternehmen mit einer ausgereiften Produktion betrachtet. Genaugenommen ist in diesen Bereichen ein Zusammenwirken von Ingenieurs- und Ökonomendenken erforderlich, um die Vorgänge wirklich optimieren zu können. Dabei hat der Ökonom in Absatzmärkten und Kosten zu denken.

In einer ersten Sicht werden Formen der Standardisierung von den Beschäftigten als Einengung des eigenen Spielraumes und Ausweitung der Kontrolle empfunden: Ein rigides Kostenregime setzt die Dokumentation aller Leistungen bei den einzelnen Kostenstellen voraus. Das Modell der Qualitätszirkel belegt aber, daß es a) gelingen und b) auch nützlich sein kann, das kreative Potential der Beschäftigten in die Lösung konkreter Aufgaben mit einzubeziehen. Nicht mehr die funktionale Arbeitsteilung zwischen Technostruktur und anderen Bereichen des Unternehmens als Prinzip ist gefragt, sondern das Vorherrschen eines gewissen Typs zu denken, der dann in allen Teilen des Unternehmens auch gepflegt werden kann und soll. Diesen Typ kann man als das "Lösen konkreter Aufgaben vor Ort" bezeichnen, wobei die Beteiligten einbezogen werden. Damit wird auch wieder das kreative Potential der Beschäftigten, eingebunden in das System des Unternehmens, gefordert.

3. Setzt sich das Warendenken durch

Nicht nur Unternehmen stellen heute eine Ware dar, das Denken der Aktionäre in Dimensionen von Investmentfonds ist nur eine der Äußerungsformen, auch die Unternehmen selbst denken und handeln in dieser Dimension. Ein Unternehmer, der gefragt wird, was er sei, und der antwortet: "Unternehmer", ohne sich auf eine Branche festzulegen oder bei Nachfrage festlegen zu lassen, verkörpert diesen Typ. Wer vom Markt und Wettbewerb her denkt, kann sich von Produktionen trennen und neue aufnehmen, wenn die Wettbewerbsposition dies zu diktieren oder nahezulegen scheint. Produkte werden austauschbar.

Für die neue Form der internen Unternehmensorganisation resultiert die eigentliche Herausforderung daraus, die im Zusammenhang mit dem operativen Controlling aufgezählten unterschiedlichen Rationalitätsannahmen nicht in Gegensätzen erstarren zu lassen, sondern miteinander zu vereinbaren. Eine Methode dazu stellt das in Japan entwickelte "target costing" dar (SEIDENSCHWARZ 1993): Um marktgerechte Produkte zu entwickeln und die Produktentwicklung selbst zu beschleunigen, arbeiten von Beginn eines Projektes an die unterschiedlichen Bereiche eines Unternehmens - Forschung und Entwicklung, Marketing, Herstellung und Controlling - unter der Leitung eines Verantwortlichen und Entscheidungen Treffenden im Team zusammen. Der Abgleich der Interessen erfolgt auf diese Weise kontinuierlich. Wesentlich ist, daß am Beginn des Prozesses die Frage steht, welches Produkt sich zu welchem Preis in welchem Markt verkaufen läßt. Damit ist die traditionelle Denkweise, daß der Preis sich nach den Kosten zu richten hat, auf den Kopf gestellt. Die Kosten haben sich am zu erzielenden Preis zu orientieren. Prinzipien, die die Zusammenarbeit leiten, sind dabei:

- Ganzheitliche Orientierung,
- Interdisziplinarität und
- Markt- bzw. Kundenorientierung.

Die Organisationsform wird aufgabenbezogen flexibilisiert. Ergänzt wird dieses Modell um die Prozeßoptimierung in bezug auf Qualität und Kosten im Verlauf der Produktion.

Die Vereinigung dieser Elemente stellt eine Herausforderung für die innerbetriebliche Organisation, die Personal sowie Organisationsentwicklung und die Aus- sowie Weiterbildung dar: Die traditionell bevorzugte Spezialisierung und Professionalität muß ergänzt werden um Denken im System und in Abläufen. Alle Maßnahmen in diesen Bereichen haben in Richtung auf die Organisation und nicht mehr ausschließlich die spezifische Tätigkeit zu erfolgen. 'Target Costing' stellt einen Innovationsmotor dar (vgl. HIROMOTO 1989), dem Aus- und Weiterbildung Rechnung zu tragen haben.

4. Zusammenfassende Schlußfolgerungen für die Betriebspädagogik

Die neue Gestaltung der industriellen Arbeit eröffnet der Betriebspädagogik neue Möglichkeiten, die häufig unter dem Thema Schlüsselqualifikationen behandelt werden, die man aber genauer als eine Hinwendung zu den Organisationsformen der Arbeit bezeichnen müßte. So ist in vielen Fällen an die Stelle der traditionellen Isolierung des Individuums die Hinwendung zum Team getreten. Ebenso ist die Trennung von Kopf- und Handarbeit partiell wieder reduziert worden, wie die Organisationsform des Qualitätszirkels belegt. Vor allem das Zusammenwirken von Personal- und Organisationsentwicklung ist in diesem Zusammenhang zu nennen. Demgegenüber tritt die Orientierung auf einzelne Produkte oder Produktionsformen in den Hintergrund. Innerhalb des Rahmens, der so gesetzt wird, können Beschäftigte ihr kreatives Potential entfalten. Die Betriebspädagogik ist aufgerufen, für die Aus- aber auch die Weiterbildung Programme zu entwerfen, die dem neuen Anspruch genügen. Dabei muß die Tätigkeit den Ausgangspunkt bilden und die Organisationsform der Arbeit einbezogen werden. Neue Konzeptionen im kaufmännischen Bereich z.b. die Lernstatt, im gewerblichen Bereich das Projekt PETRA (vgl. BORETTY, FINK, HOLZAPFEL, KLEIN 1988) stellen erste Formen dieses neuen Ansatzes dar. Sie müssen aber noch um Formen ergänzt werden, in denen vernetztes Denken im Gesamtsystem eingeübt sowie praktiziert werden kann.

5. Literaturhinweise

AHRENDT, H. (1981): Vita activa oder Vom tätigen Leben. Serie Piper, Bd.217. München 2.Aufl. (Piper).

BORETTY, R., FINK, R., HOLZAPFEL, H., KLEIN, U. (1988): PETRA, Projekt- und transferorientierte Ausbildung. München.

Habert, L. (1982): Controlling-Begriffe und Controlling-Konzeptionen. Bochum. Dissertation.
HEIGL, A. (1989): Controlling - Interne Revision. UTB Bd. 750, 2. Aufl. Stuttgart (G. Fischer).

HIROMOTO, T. (1989): Das Rechnungswesen als Innovationsmotor. In: Harvard Businessmanager, vol.11, Heft 1, S.129-133.

HORKHEIMER, M., ADORNO, T.W. (1971): Dialektik der Aufklärung, Fischer Taschenbuch Bd.6144, Frankfurt.

KERN, H., SCHUMANN, M. (1985): Das Ende der Arbeitsteilung? Rationalisierung in der industriellen Produktion. 2. Aufl. München (BECK).

KERSCHENSTEINER, G. (1926): Theorie der Bildung. Berlin (Teubner).

LUHMANN, N.(1985): Soziale Systeme. 2.Aufl. Frankfurt (Suhrkamp).

MALSCH, T. (1988): Konzernstrategien und Arbeitsreform in der Automobilindustrie am Beispiel der Arbeitsreform. In: DANKBAAR, B., JÜRGENS, U., MALSCH, T. (Hg.): Die Zukunft der Arbeit in der Automobilindustrie. Berlin (Sigma), S.62-79.

MARX, K., ENGELS, F. (1971): Die Deutsche Ideologie. Frankfurt (Druck-Verlags-Vertriebs-Kooperative).

MEAD, G.H. (1987): Berufsbildung, Arbeiterschaft und Schule. In: Gesammelte Aufsätze, Bd. 1, stw Bd. 678, Frankfurt (Suhrkamp), S. 443-461.

MERKENS, H. (1990): Vorüberlegungen zu einem Konzept der Arbeit. In: GEIßLER, H. (Hg.): Neue Aspekte der Betriebspädagogik. Frankfurt (Lang).

MERKENS, H., SCHMIDT, F. (1988): Enkulturation in Unternehmenskulturen. München (Hampp).

MINTZBERG, H. (1983): Structure in Fives: Designing Effective Organizations. Englewood Cliffs (Addison Wesley).

MINTZBERG, H. (1991): Mintzberg über Management. Wiesbaden (Gabler).

MULDER VAN DE GRAAf, J., PFOCH, E., MERKENS, H., SCHMIDT, F. (1989): Immer einen Schritt voraus. Zur Unternehmenskultur eines "Dienstleistungsunternehmens mit eigener Fertigung". Berichte aus der Arbeit des Instituts für Allgemeine und Vergleichende Erziehungswissenschaft, Abteilung Empirische Erziehungswissenschaft, der FU Berlin, hrsg v. H. Merkens und F. SCHMIDT. Berlin.

MÜLLGES, U. (1967): Bildung und Berufsbildung. Die theoretische Grundlegung des Berufs erziehungsproblems durch Kerschensteiner, Spranger, Fischer und Litt. Ratingen (Henn).

OUCHI, W.G. (1981): Theory Z. How American Business Can Meet the Japanese Challenge. New York (Avon Books; Hearst Corporation).

PASCALE, R.T., ATHOS, A.G. (1981): The Art of Japanese Management. Applications of American Executives. New York.

RIEDEL, J. (1958): Was heißt 'Arbeitspädagogik im Betrieb'? In: H. RÖHRS (Hg.): Die Bildungs frage in der modernen Arbeitswelt. Akademische Reihe, Frankfurt (Akademische Verlagsanstalt), S. 299-309.

SCHLIEPER, F. (1961): System und Ordnung in der Handwerkslehre. In: Berufserziehung im Handwerk, 5.Folge, o.O.

SEIDENSCHWARZ, W. (1993): Target Costing. München.

SPRANGER, E. (1923): Berufsbildung und Allgemeinbildung. In: Handbuch für das Berufs- und Fachschulwesen. Im Auftrage des Zentralinstituts für Erziehung und Unterricht in Berlin herausgegeben von A.KÜHNE. Leipzig o.J.

WEBER, M. (1985): Wirtschaft und Gesellschaft. Grundriss der verstehenden Soziologie. Tübingen. 5.Aufl. (J.C.B.Mohr).

WOMACK, J.P., JONES, D.T., ROOS, D. (1991): Die zweite Revolution in der Automobilindustrie. Konsequenzen aus der weltweiten Studie des Massachusetts Institute of Technology. Frankfurt. Zweite Auflage (Campus).

Werner Kirsch:

Fortschrittsfähige Unternehmung, rationale Praxis und Selbstorganisation

Fassung vom 31. Juli 1992

Einleitung

Der vorliegende Beitrag ist der Versuch, meine organisationstheoretische Konzeption einer fortschrittsfähigen Unternehmung mit zwei zentralen Themen der neueren Grundlagendiskussion kritisch zu konfrontieren: mit der neueren Rationalitätsdiskussion, die sehr viel der Theorie des kommunikativen Handelns von Jürgen Habermas verdankt, und mit dem "Paradigma der Selbstorganisation", das von vielen als für die neuere Systemtheorie kennzeichnend angesehen wird. Ich folge dabei Überlegungen, die ich an anderer Stelle (Kirsch 1992) vertiefend und unter ausführlichen Literaturverweisen dargelegt habe.

Die Thematisierung des Fortschritts wird von mir in einem engen Zusammenhang mit der Diskussion der Frage gesehen, wie Organisationen komplexe Probleme bewältigen und was dabei als eine rationale Praxis gelten darf. Der erste Teil des folgenden Beitrags "Rationale Praxis und Fortschritt" ist dieser Frage gewidmet. Im Vordergrund stehen das organisatorische Lernen und dessen besondere Form einer rationalen Erkenntnispraxis. Dabei wird der Fokus von der Betrachtung der Handlungsrationalität (d. h. der Rationalität der einzelnen Handlungen eines individuellen Aktors) auf die Betrachtung einer rationalen Praxis verlagert. Die Konzeption einer "Systemrationalität" besitzt hierfür meines Erachtens einen besonderen heuristischen Wert.

Mit der Bezugnahme auf die "Systemrationalität" gelangen bereits Konzepte der neueren Systemtheorie in den Blickpunkt. Freilich dominiert mit der Thematisierung des Fortschritts hier eine dieser Systemtheorie wohl weitgehend fremde Kategorie. Mit der Thematisierung des Fortschritts wird jedoch die kritische Position konkretisiert, vor deren Hintergrund im zweiten Teil das Thema "Selbstorganisation und Fortschritt" diskutiert wird. Diese kritische Konfrontation erfolgt in zwei Schritten, die an unterschiedlichen Interpretationen des Begriffes der Selbstorganisation anknüpfen. In einem ersten Schritt wird von einer relativ weiten Interpretation ausgegangen, die diesen Begriff letzlich mit dem Begriff der Autopoiese gleichsetzt. Vor diesem Hintergrund ist verständlich, daß viele Vertreter der neueren Systemtheorie nicht von einem "Paradigma der Selbstorganisation", sondern von der Theorie autopoietischer Systeme sprechen. Ich möchte in diesem Zusammenhang die These herausarbeiten, daß sich Unternehmungen insbesondere dann *nicht* zu autopoietischen Systemen entwickeln, wenn für sie eine mit der Fortschrittsidee verbundene rationale Praxis kennzeichnend ist. Und in einem zweiten Schritt möchte ich dann vor dem Hintergrund eines erheblich engeren Begriffs der Selbstorganisation, der mit der *Bejahung* der Problemkomplexität in Verbindung gebracht wird, zeigen, daß es dem Auftauchen komplexitätsbejahender, selbstorganisierender Prozesse zuzuschreiben ist, wenn Unternehmen nicht den Charakter autopoietischer Systeme annehmen. Mit dem Konzept der "Selbstorganisation" ist - dies mögen diese einleitenden Hinweise bereits zeigen - sehr vorsichtig und differenzierend umzugehen, wenn es um die Weiterentwicklung einer Organisationstheorie geht, die die Handhabung komplexer Probleme und deren Rationalität in den Mittelpunkt stellt.

1. Rationale Praxis und Fortschritt

Wer sich mit der Theorie der strategischen Unternehmensführung bzw. der Unternehmenspolitik in einem pluralistischen Feld befaßt, muß sich insbesondere auch mit der Frage auseinandersetzen, wie Unternehmen ihre äußerst schlecht-strukturierten und komplexen Entscheidungsprobleme bewältigen. Und wer dies vor dem Hintergrund einer angewandten Führungslehre tut, die ihre Aufgabe in der Leistung eines Beitrages zu einer Rationalisierung der Führungspraxis sieht, muß ferner der Frage nachgehen, unter welchen Bedingungen eine Praxis der Handhabung komplexer Probleme als rational zu bezeichnen ist. Ich möchte im folgenden in groben Umrissen einen Bezugsrahmen skizzieren, in dessen Kontext die weitere Diskussion erfolgen soll.

Handhabung komplexer Probleme und die Frage nach dem Fortschritt

Ich betrachte komplexe Probleme als Multi-Kontext-Probleme. Die Betroffenen bzw. Beteiligten sind es gewohnt, das Entscheidungsproblem bzw. die problematische Entscheidungssituation in jeweils spezifischen Kontexten zu definieren. Die verschiedenen Kontexte sind mehr oder weniger inkommensurabel. Sie können nicht durch rein definitorische Überlegungen aufeinander zurückgeführt werden. Ferner liefern die verschiedenen inkommensurablen Kontexte partielle Problemdefinitionen, die untereinander nicht recht "zusammenpassen". Eine Eliminierung der Komplexität wäre nur möglich, wenn es gelänge, im Zuge der Problemlösungsbemühungen einen Metakontext zu entwickeln, der die unterschiedlichen Einzelkontexte abbilden und so das Problem als simplexes Problem erfassen könnte. Unter Echtzeitbedingungen erscheint dies eher unwahrscheinlich. Hier muß man davon ausgehen, daß Übersetzungen zwischen den verschiedenen Kontexten nur bis zu einem gewissen Grade gelingen und die Komplexität nicht völlig eliminiert werden kann. Die Frage ist dann, wie in realen Entscheidungsprozessen mit dieser Komplexität umgegangen, wie sie "gehandhabt" wird (vgl. zum folgenden Kirsch 1988).

Der Prozeß der Komplexitätshandhabung wird von den Merkmalen (insbesondere von der Eigenkomplexität) des Systems beeinflußt, das gleichsam die Arena des Prozesses bildet. Wir wollen dieses System im folgenden auch als Entscheidungsarena bezeichnen. Zur Entscheidungsarena gehören alle Personen, die in den Prozeß der Problemhandhabung involviert sind, sei es als beauftragte Experten oder als Betroffene, die sich mit Forderungen wirksam einschalten. Dabei ist kennzeichnend, daß die Entscheidungsarena im Prozeß der Komplexitätshandhabung selbst variabel ist. Viele Beiträge zu einer Bewältigung eines komplexen Problems manifestieren sich in einer Veränderung der Entscheidungsarena. Dies kann zumindest teilweise unter der Kontrolle einer Führung stehen, die die Struktur und die Grenzen der Entscheidungsarena zu manipulieren in der Lage ist. Die Formen bzw. Taktiken der Komplexitätshandhabung schließen deshalb unter anderem auch bewußte Veränderungen der Entscheidungsarena selbst mit ein. Dabei ist es typisch, daß diese Taktiken im Verlauf des gesamten Prozesses wechseln können.

Vor diesem Hintergrund können die grundlegenden Möglichkeiten der Komplexitätshandhabung zunächst einfach als "Komplexitätsbejahung" und "Komplexitätsverneinung" charakterisiert werden. Komplexitätsbejahung bedeutet dann, daß die Entscheidungsarena so gestaltet wird, daß im Prinzip alle betroffenen Kontexte Eingang finden können. Bei einer Komplexitätsverneinung wird die Arena dagegen gleichsam "unterdimensioniert": Es sind mehr Personen betroffen und mehr Kontexte relevant, als sie Eingang in die Entscheidungsarena finden. Das kann bewußt oder unbewußt geschehen. Im ersten Fall liegt eine "Vergewaltigung", im zweiten eine "Leugnung" der Problemkomplexität vor. Bei der Vergewaltigung wird die Problemkomplexität zwar relativ zutreffend eingeschätzt, die Entscheidungsarena aber bewußt klein gehalten, um den Prozeß der Entscheidungsfindung nicht allzusehr zu verkomplizieren. Leugnung der Komplexität beruht dagegen auf ihrer Unterschätzung; die Beteiligten sind sich gar nicht bewußt, daß es auch andere Kontexte geben könnte, in denen das Problem anders definiert wird. Sie gehen davon aus, daß andere das Problem "eigentlich" genauso sehen müßten wie sie selber.

Diese ersten Hinweise auf verschiedene Formen der Komplexitätshandhabung, die sicherlich noch zu ergänzen und zu vertiefen sind (vgl. Kirsch 1988, S. 21 ff.), sollten im vorliegenden Zusammenhang genügen. Wichtig ist nun die zentrale These, daß komplexe Entscheidungsprobleme nicht im engeren Sinne "gelöst", sondern lediglich "gehandhabt" werden können. Folgt man dieser These, so geht natürlich das Kriterium für eine gute Lösungshypothese verloren: Wie soll beurteilt werden, ob eine "Handhabung" des komplexen Problems besser ist als eine andere, wenn nicht die endgültige "Lösung" des komplexen Problems als Fluchtpunkt für alle weiteren Überlegungen zur Verfügung steht. Eine Möglichkeit, die Qualität unterschiedlicher Handhabungen zu untersuchen, sehen wir in der Frage, inwieweit mit den einzelnen Handhabungen ein Fortschritt in der Befriedigung der Bedürfnisse der vom Handeln der Organisation direkt oder indirekt Betroffenen verbunden ist.

Die Frage nach einem solchen Fortschritt ist eine Frage, die sich zunächst im Hinblick auf die einzelne Entscheidungsarena stellt. Die Rede von einer fortschrittsfähigen Organisation deutet aber schon an, daß man diese Frage auch sehr viel weiter interpretieren kann. Es gilt dann herauszufinden, unter welchen Bedingungen eine Organisation als Ganzes eine verbesserte Befriedigung der Bedürfnisse der direkt und indirekt Betroffenen erreichen kann. Damit ist die These verbunden, daß die Strukturen, aus denen im "Ongoing Process" der Organisation Entscheidungsepisoden auftauchen, gleichsam den "Spielraum" festlegen, innerhalb dessen dann noch in den einzelnen Episoden ein Fortschritt realisiert werden kann.

Die Bedingungen einer fortschrittsfähigen Organisation stehen auch im Mittelpunkt der Untersuchungen eines organisationstheoretischen Bezugsrahmens, dessen Grundzüge in der Abb. 1 angedeutet sind. Dieser Bezugsrahmen beruht zunächst auf der Grundaussage, daß Organisationen der Evolution unterliegen, d.h. prinzipiell in eine offene Zukunft evolvieren. Sie sind aber auch entwicklungsfähig, und es wird für sie sogar die grundsätzliche Möglichkeit einer Höherentwicklung postuliert, auf deren höchsten gegenwärtig vorstellbaren Niveau die "fortschrittsfähige Organisation" steht. Mit der Herausstellung der Entwicklungsfähigkeit wird postuliert, daß sich im Zuge der Evolution Fähigkeiten der Organisation entfalten können. Und die Entfaltung dieser Fähigkeiten steht nicht völlig außerhalb der Kontrolle durch die Organisation selbst. Die Organisation kann also bis zu einem gewissen Grade ihre eigene Entwicklung mitsteuern, wenngleich dies immer auch den Charakter einer "Beantwortung" überraschender Ereignisse annimmt.

Die Entwicklung, zu der eine Organisation grundsätzlich fähig ist, die aber nicht automatisch stattfinden muß, äußert sich in der Entfaltung von drei Basisfähigkeiten: der Handlungsfähigkeit, der Lernfähigkeit und der Responsiveness. Die Handlungsfähigkeit ist einerseits dadurch gekennzeichnet, daß genügend Ressourcen vorhanden sein müssen, um den "Ongoing Process" der Organisation hinreichend zu alimentieren. Die Identität der Organisation muß aufrechterhalten werden können. Andererseits kann aber Handlungsfähigkeit wohl auch gerade darin bestehen, eine gewachsene Identität aus eigenem Antrieb verändern zu können.

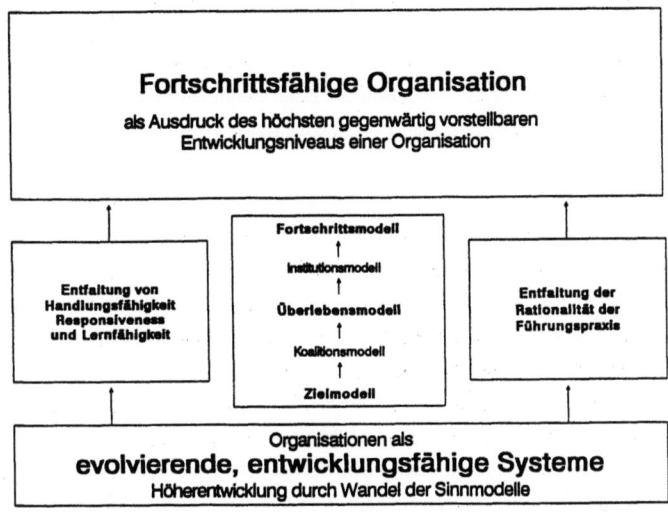

Abb. 1: Ein organisationstheoretischer Bezugsrahmen

Neben der Handlungsfähigkeit ist die Lernfähigkeit (vgl. ausführlich Pautzke 1989) zu nennen. Zunächst ist hier an die Fähigkeit zu denken, systematisch Wissen über die Welt zu erwerben. Vor dem Hintergrund der durch Habermas (1981a, 1981b) angeregten Überlegungen bietet es sich an, neben dem Erwerb eines kognitiv-instrumentellen Wissens auch den Erwerb moralisch-praktischen und ästhetisch-expressiven Wissens in die Lernfähigkeit mit einzubeziehen. Dabei gehe ich selbstverständlich davon aus, daß es Möglichkeiten eines organisatorischen Lernens gibt, die nicht von vornherein den Charakter jenes Lernens annehmen, das man als wissenschaftliches oder "rationales" Lernen bezeichnen kann. Eine Disziplin wie die angewandte Führungslehre, die unter anderem die Möglichkeiten und Grenzen der Anwendung wissenschaftlicher Erkenntnisse bzw. wissenschaftlicher Erkenntnismethoden in der Praxis thematisiert, wird freilich den damit verbundenen Formen des organisatorischen Lernens besondere Aufmerksamkeit widmen.

Schließlich verbinde ich die Entwicklung einer Organisation mit einer Entfaltung bzw. Steigerung der Responsiveness gegenüber Bedürfnissen und Interessen von Betroffenen. Bedürfnisse und Interessen können nur berücksichtigt werden, wenn die Organisation sich sensibel gegenüber den verschiedenen Lebens- und Sprachformen zeigt, in deren Kontext die Bedürfnisse und Interessen jeweils artikuliert werden. In einer erweiterten Sicht schließt die Responsiveness auch die Sensibilität gegenüber denjenigen Kontexten ein, in denen sich relevantes Wissen befindet. Dann betrifft die Responsiveness insbesondere auch die Sensibilität der Organisation gegenüber wissenschaftlichen Traditionen.

Die Entwicklung einer Organisation kann mit einer Art "Paradigmawechsel" verbunden sein, d. h. mit einer "revolutionären" Veränderung der Organisationssicht im Sinne eines "Weltbildes", das "hinter" der Tiefenstruktur von Regeln steht, nach denen sich das Handeln der Aktoren in Organisationen immer wieder (re-)produziert. Die jeweilige Organisationssicht bringt nicht zuletzt auch die Vorstellungen zum Ausdruck, was Sinn und Zweck einer Organisation ist bzw. sein soll. Insofern erscheint es auch gerechtfertigt, zu sagen, daß die Entwicklung der Organisation mit einer paradigmatischen Veränderung des "Sinnmodells" der Organisation verbunden ist. "Sinnmodelle" konstituieren also jene Weltbilder (Organisationssichten), auf deren Grundlage beispielsweise Probleme definiert, Situationen beschrieben oder Lösungen gesucht werden. Sie sind in der Kultur der Organisation verankert und können als Inbegriff der in der Unternehmenspraxis vorhandenen Annahmen, Denkweisen und Vorstellungen aufgefaßt werden.

Es steht im Einklang mit dieser Sichtweise, daß die Sinnmodelle bzw. Organisationssichten von literarischen (nicht nur wissenschaftlichen) Werken der gesellschaftlichen Kultur geprägt sind. In stark vereinfachter Form könnte man die Vielfalt solcher kultureller Annahmen auf drei Grundtypen reduzieren, hinter deren Reihenfolge ich auch eine gewisse geschichtliche Entwicklung vermute.

Das erste dieser Sinnmodelle ist das Ziel- bzw. Instrumentalmodell. Die Organisation wird hier in allererster Linie als Instrument zur Erfüllung bestimmter, mehr oder weniger vorgegebener Ziele und Aufgaben angesehen. Unternehmungen erfüllen dann beispielsweise die Funktion, Einkommen für die Eigenkapitalgeber zu erzielen. Die Tätigkeit des Organisierens soll hier Strukturen schaffen, die im Hinblick auf diesen Zweck möglichst "optimal" sind.

Das zweite Sinnmodell sehe ich in der Betonung des Überlebens der Organisation (Überlebens- bzw. Bestandsmodell). Die Organisation hat viele Beteiligte und Betroffene, mit denen sie ihre Beziehungen so zu regeln hat, daß das System unabhängig von einem gewissen Wandel in den Bedingungen dieser Beziehungen über-lebt. Dieses Sinnmodell schließt nicht aus, daß einzelne Organisationsteilnehmer (im Sinne des "ersten" Sinnmodells z. B. die Eigenkapitalgeber) besonders herausgestellt werden. In Publikumsgesellschaften mit einem in hinreichendem Maße zu bedienenden Aktionärsstamm scheint das Sinnmodell der zweiten Phase zuerst die Kultur der Organisation geprägt zu haben.

Den dritten Grundtyp schließlich bildet das von mir postulierte Fortschrittsmodell. Hier steht für die Unternehmung das Bemühen im Vordergrund, einen Fortschritt in der Befriedigung der Bedürfnisse und Interessen der vom Handeln der Organisation direkt oder indirekt Betroffenen zu erzielen. "Bedürfnisse" und "Interessen" werden hierbei freilich nicht als gegeben hingenommen. Ihre Authentizität und ihre moralische Begründbarkeit sowie die Möglichkeit ihrer Veränderung unter diesen beiden Aspekten stellen vielmehr Problemstellungen dar, denen sich die fortschrittsfähige Unternehmung in expliziter Weise zuwendet.

Neben den genannten Grundtypen lassen sich meines Erachtens noch zwei weitere Sinnmodelle rekonstruieren, die den Charakter von Übergangsmodellen besitzen: das Koalitionsmodell und das Institutionsmodell.

Das Koalitionsmodell kann als Übergangstyp zwischen Ziel- und Überlebensmodell interpretiert werden. In der Organisationstheorie tritt dieser Typ insbesondere bei der Untersuchung von Zielbildungsprozessen in Organisationen auf. Solange diese Frage (auch innerhalb der Organisation selbst) in der Weise angegangen wird, daß man die Organisationsziele als Ausfluß individueller Ziele für die Organisation interpretiert, bleibt man letztlich im Kontext des Zielmodells und des instrumentellen Handelns. Organisationsmitglieder bildet letztlich nur Koalitionen, um eine Durchsetzung dieser übergeordneten individuellen Ziele zu erreichen. Der Keim eines Übergangs ist jedoch angelegt, wenn auf der Suche des obersten Zieles der Organisation etwa postuliert wird, daß neben den individuellen Zielen wohl alle Beteiligten das Ziel des organisationalen Überlebens besitzen und unter dieser Headline gegenüber externen Aktoren (der "Umwelt") auch eine Art "große Koalition" bilden. Von hier aus ist es dann nur noch ein kleiner Schritt zum Überlebensmodell, bei dem sich das Forschungsinteresse auf die funktionalen Erfordernisse des Überlebens verlagert und zwischen diesen und den Organisationszielen nunmehr lediglich empirische Beziehungen postuliert werden (vgl. z. B. Simon 1964).

In ähnlicher Weise schiebt sich das Institutionsmodell als Übergangstyp zwischen Überlebens- und Fortschrittsmodell. Man findet es zunächst als entwickelte Konzeption des Überlebensmodells: Das System überlebt nicht, wenn es ihm nicht gelingt, sich im Bewußtsein der Gesellschaft als Institution zu verankern. Sofern sich mit dieser sozialen Verankerung aber auch das Bewußtsein einer Verantwortung gegenüber der Gesellschaft einstellt, ist möglicherweise schon ein erster Keim zum Fortschrittsmodell gelegt. In ihm entwickelt sich schließlich dieser Verantwortungsaspekt (freilich in veränderter Interpretation) zu einem ganz zentralen Element der Unternehmenspolitik.

Es wird jedoch nicht behauptet, daß es eine fortschrittfähige Unternehmung in diesem Sinne in der Realität bereits gibt. Spuren, die auf eine fortschrittsfähige Unternehmung verweisen, finden sich allenfalls in Subkulturen von Unternehmen, deren dominierende Kultur ansonsten durch das Überlebensmodell geprägt ist. Es können bestenfalls marginale Tendenzen eines Übergangs wahrgenommen werden. Mit anderen Worten: Die Vorstellung einer fortschrittsfähigen Organisation stellt ein kontrafaktisches Modell dar. Wenn die Frage nach dem Fortschritt dennoch in meiner theoretischen Konzeption in den Vordergrund gestellt wird, so ist diese Frage nicht zuletzt auch ein Ausdruck einer kritischen Funktion der angestrebten Führungslehre. Diese hat sich nach meiner Auffassung auch gegenüber Diskussionen zu öffnen, die in Kreisen der Intellektuellen geführt werden und letztlich Ausdruck von Strömungen des Zeitgeistes darstellen.

In Abb. 1 wird die Höherentwicklung der Organisation mit der Entfaltung der Rationalität der organisatorischen Lebenswelt in Verbindung gebracht. Damit ist insbesondere auf eine besondere Form der Entfaltung der Lernfähigkeit Bezug genommen. Eine im folgenden zu unternehmende vertiefende Betrachtung der Lernfähigkeit hat diese also unter anderem mit dem Konzept der Rationalisierung der organisatorischen Lebenswelt in Beziehung zu setzen. Diese Rationalisierung kann ihrerseits wieder Ausdruck jenes Paradigmawechsels sein, den wir durch den Wandel der Sinnmodelle zum Ausdruck gebracht haben. Bevor ich diese Zusammenhänge näher betrachte, sind freilich einige vorbereitende Anmerkungen zum Konzept der organisatorischen Lebenswelt notwendig.

Anmerkungen zum Konzept der organisatorischen Lebenswelt

Das Handeln einer Unternehmung vollzieht sich - wie bereits herausgestellt - in einem pluralistischen Feld, das eine große Zahl von Betroffenen bzw. Interessenten umfaßt. Diese treten der Organisation nicht nur als Individuen gegenüber, sondern formieren sich in ihrem Auftreten auch zu Interessengruppierungen, Koalitionen oder sogar Organisationen. Man kann dieses organisatorische Feld auch als Lebenswelt dieser Betroffenen und Interessenten betrachten. Diese nehmen ihre Bedürfnisse und Interessen im Kontext ihrer jeweiligen Lebens- und Sprachform wahr und bedienen sich auch bei der Artikulation ihrer Interessen der Kategorien dieser jeweiligen Kontexte. Die Lebenswelt kann also als Inbegriff von Lebens- und Sprachformen aufgefaßt werden. Analog kann davon gesprochen werden, daß es im organisatorischen Feld eine Vielfalt von Kontextgemeinschaften gibt. Eine Kontextgemeinschaft ist ein soziales System, dessen Mitglieder eine spezifische Lebens- und Sprachform teilen. Diese Lebens- und Sprachform konstituiert den Kontext, in dem diese Menschen fühlen, denken, sprechen, Alltagsprobleme definieren usw. Sie beherrschen insbesondere das gleiche Sprachspiel. Zwischen den Mitgliedern einer Kontextgemeinschaft bestehen normalerweise weniger Verständigungsschwierigkeiten als zwischen ihnen und "Externen".

Der hier verwendete Begriff der Lebens- und Sprachform geht insbesondere auf Wittgenstein (1953) zurück. Wittgensteins Spätphilosophie gibt die Idee einer tatsachenabbildenden Universalsprache auf, die er selbst zusammen mit einer großen Reihe Neopositivisten lange Zeit verfolgt hat. Stattdessen konzipiert er eine Pluralität sogenannter Sprachspiele, die jeweils eng mit Lebensformen "verwoben" sind. Sprach- und Lebensformen werden durch Regeln konstituiert, die der einzelne (in einer Sprach- und Lebensform verwurzelte) Mensch zu beherrschen lernt und die ihn in die Lage versetzen, die der jeweiligen Lebensform entsprechenden sprachlichen und nicht-sprachlichen Handlungen zu generieren. Diese Regeln bilden gleichsam die "Grammatik" der Lebens- und Sprachform. Da diese Grammatik auch die Art und Weise der Welterschließung prägt, entspricht eine Pluralität der Sprach- und Lebensformen somit auch einer Pluralität von Weltauffassungen.

Schütz und Luckmann (1979) heben insbesondere drei Momente des Lebensweltkonzeptes hervor:

(1) Erstes Kennzeichen ist die naive Vertrautheit der Lebenswelt, welche nicht als Ganzes problematisiert werden kann, sondern aus der nur bestimmte, thematisch ausgegrenzte Relevanzbereiche problematisiert und kommuniziert werden können. Die Lebenswelt kann deshalb allenfalls "als Ganzes" zusammenbrechen.

(2) Diese geteilte Lebenswelt gilt als intersubjektiv in dem Sinne, als sich die Angehörigen ihr in der ersten Person Plural zurechnen. Hierzu gehört sicherlich auch die Annahme eines kulturellen Wissensvorrates, dessen Existenz ermöglicht, daß "das meiste" seine Gültigkeit weiterhin behalten wird und zumindest nicht als Ganzes obsolet wird.

(3) Schließlich wird die Unmöglichkeit herausgestellt, die Grenzen der Lebenswelt zu transzendieren. Für die Aktoren bildet die Lebenswelt einen nicht hinterfragbaren, prinzipiell unerschöpflichen Kontext.

Im Prinzip kann jegliches implizites weltliches Hintergrundwissen in einer konkreten Situation als Bestandteil der Definition der Situation thematisiert werden. Was immer aber auch thematisiert wird und in die jeweilige Situationsdefinition eingeht, stets geschieht dies vor dem Horizont von nicht thematisiertem Hintergrundwissen, in dessen Kontext die Situationsdefinition steht. Man kann also keine problematische Entscheidungssituation thematisieren, ohne daß dies in einem lebensweltlichen Kontext geschieht. Und das, was die einzelnen, in der Situationsdefinition thematisierten Wissenselemente bedeuten, ist unentrinnbar mit dem jeweiligen lebensweltlichen Kontext von Hintergrundwissen verwoben.

Es erscheint nun zweckmäßig zwischen originären und derivativen Lebens- und Sprachformen zu unterscheiden. Die originären Lebens- und Sprachformen sind im wesentlichen die alltäglichen Lebensformen der privaten Lebenswelt. In dem Maße, wie Organisationen entstehen, in deren Bereich die Menschen ihr Arbeitsleben als Führungskräfte oder als sonstige Mitarbeiter verbringen, können sich organisationsbezogene und insofern "derivative" Lebens- und Sprachformen entwickeln. Die Unterscheidung zwischen originären und derivativen Lebens- und Sprachformen knüpft an der von Habermas (1981b) vertretenen These von der sogenannten Entkopplung von System und Lebenswelt an. Gleichzeitig daraus eventuell resultierende Mißverständnisse gilt es jedoch zu korrigieren.

Habermas geht davon aus, daß sich in archaischen Gesellschaften das gesellschaftliche Geschehen primär in "kohäsiven Einheiten" abspielte, deren Mitglieder jeweils eine Lebensform teilten und eine Art "Kontextgemeinschaft" bildeten. Diese kohäsiven Einheiten waren aus der Binnenperspektive der Teilnehmer relativ überschaubar, solange die tragenden Strukturen der Gesellschaft aus der Handlungsperspektive der erwachsenen Stammesgenossen intuitiv zugänglich blieben. Die Handlungen der Teilnehmer waren primär über die kongruenten Handlungsorientierungen koordiniert.

Im Zuge der gesellschaftlichen Evolution entstanden dann jedoch "Systeme" in Form von Märkten und "Kontroll-Netzwerken" zur Koordination der Handlungsfolgen, die nur begrenzt auf eine Kongruenz der Handlungsorientierungen angewiesen sind. Statt kongruenter Handlungsorientierungen, die durch (sprachliche) Kommunikation im Kontext der jeweiligen Lebenswelt immer wieder erneuert werden, übernehmen nicht-sprachliche "Medien" wie Geld und Amtsmacht die Funktion der Koordination von Handlungsfolgen innerhalb der Märkte und/oder hierarchischen Kontroll-Netzwerke. Es bilden sich also immer komplexere Systeme heraus, denen zunehmend eine Handlungskoordination über diese nicht-sprachlichen Medien wie Geld und Macht zugrunde liegt. Diese Systeme entkoppeln sich von den lebensweltlichen Kontexten der Mitglieder der Gesellschaft und werden damit in ihrem Funktionieren (im Kontext der Weltbilder der kohäsiven Einheiten einer Lebenswelt) immer weniger durchschaubar:

> "Die Umstellung der Handlungskoordinierung von Sprache auf Steuerungsmedien bedeutet eine Abkoppelung der Interaktion von lebensweltlichen Kontexten. Medien wie Geld und Macht setzen an den empirisch motivierten Bindungen an; sie codieren einen zweckrationalen Umgang mit kalkulierbaren Wertmengen und ermöglichen eine generalisierte strategische Einflußnahme auf die Entscheidungen anderer Interaktionsteilnehmer unter Umgehung sprachlicher Konsensbildungsprozesse. Indem sie die sprachliche Kommunikaton nicht nur vereinfachen, sondern durch eine symbolische Generalisierung von Schädigungen und Entschädigungen ersetzen, wird der lebensweltliche Kontext, in den Verständigungsprozesse stets eingebettet sind, für mediengesteuerte Interaktionen entwertet: die Lebenswelt wird für die Koordinierung von Handlungen nicht länger benötigt". (Habermas 1981b S. 273; Hervorhebungen weggelassen)

Diese Aussage macht freilich nur Sinn, wenn man "Lebenswelt" im Sinne der *originären* Lebenswelt versteht. Durch die mit der "Entkopplung" von System und (originärer) Lebenswelt verbundene Tendenz zur Organisationsgesellschaft werden gleichzeitig die Voraussetzungen geschaffen, daß sich auch und gerade um Organisationen herum spezifische Lebens- und Sprachformen entwickeln, die wir als derivativ bezeichnet haben. Denn nur in dem Maße, wie sich im Zuge der gesellschaftlichen Evolution formal organisierte Handlungsbereiche (z. B. Organisationen) entstehen, in deren Bereich die Menschen ihr Arbeitsleben als Führungskräfte oder als sonstige Mitglieder verbringen, können sich organisationsbezogene und insofern "derivative" Lebens- und Sprachformen entwickeln. Die Führung einer Organisation teilt u. U. einen Kontext führungsspezifischer Begriffe, Ansichten, Kriterien und "Selbstverständlichkeiten", der mit den privaten Lebensformen der jeweiligen Führungskräfte keineswegs kommensurabel sein muß.

In den organisationsbezogenen Lebens- und Sprachformen der Führung sehe ich das, was man auch als "Führungspraxis" bezeichnen kann. Man wird nur dann ein kompetenter Teilnehmer einer Führungspraxis, wenn man sich die Regeln der jeweiligen Lebens- und Sprachform angeeignet hat und in deren Kontext problematische Situationen definieren, Bewertungen vornehmen und Probleme bewältigen kann. Die organisatorische Lebenswelt bzw. deren Lebens- und Sprachformen konstituieren also das, was man als die Praxis dieser Organisation bezeichnen kann. Die in Abb. 1 angesprochene Entfaltung der Rationalität der organisatorischen Lebenswelt ist dann insofern eine Entfaltung der Rationalität der Praxis, insbesondere der Führungspraxis.

Originäre und derivative Lebensformen können Gegenstand von Forschungstraditionen sein, denen selbst wieder spezifische Kontexte zugrunde liegen. Solche Forschungstraditionen sind gleichsam *sekundäre* Sprach- und Lebensformen, die einen - jeweils kontextspezifischen - Bezug zu irgendwelchen primären Lebensformen originärer und/oder derivativer Art aufweisen. Eine Theorie der Individual- und Kollektiventscheidungen kann als eine solche sekundäre Tradition angesehen werden, die sich auf die Entscheidungspraxis bezieht. Problematisiert man schließlich das Verhältnis von primären und sekundären Kontexten (etwa im Rahmen einer wissenschafts*theoretischen* Forschungstradition oder der Analyse der dahinterstehenden Rationalitätsperspektiven), so ist es unter Umständen sogar zweckmäßig, auch von *tertiären* Lebens- und Sprachformen zu sprechen. Sekundäre Kontexte sind freilich nicht auf wissenschaftliche *Forschungs*traditionen beschränkt. Eine Richtung der Malerei, die sich mit den Lebensformen der Arbeiter in der kapitalistischen Wirtschaft in arteigener Weise befaßt, ist ebenfalls eine sekundäre Tradition, und ein kunstkritischer Kontext, in dem diese "sekundäre" Kunstrichtung in bezug zur primären Lebenswelt problematisiert wird, ist dann tertiärer Natur. Prinzipiell kann man davon ausgehen, daß Traditionen, Richtungen, Lebens- und Sprachformen, Kontexte usw., die man im weitesten Sinne zum *Kulturbetrieb* einer Gesellschaft rechnen kann, sekundärer und tertiärer Natur sind. Dies steht im Einklang mit der von Max Weber postulierten Ausdifferenzierung kultureller Wertsphären, etwa wissenschaftlicher, moralischer bzw. rechtlicher und künstlerischer Traditionen. Die Entfaltung der Rationalität der organisatorischen Lebenswelt bzw. der organisatorischen Praxis steht - wie bereits erwähnt - in einem engen Zusammenhang mit der Berücksichtigung von Erkenntnissen bzw. Methoden dieser sekundären bzw. tertiären Traditionen. Doch dies soll im nächsten Abschnitt vertieft werden.

Lernfähigkeit der Organisation und Rationalisierung der organisatorischen Lebenswelt

Ich gehe davon aus, daß die Analyse des Lernens einer Organisation bzw. einer Unternehmung an Vorstellungen einer organisatorischen Wissensbasis anzuknüpfen hat. Organisatorisches Lernen äußert sich in der Art und Weise, wie die Wissensbasis einer Organisation nutzbar gemacht, verändert und fortentwickelt wird. Die organisatorische Wissensbasis wird durch das den Aktoren der Organisation prinzipiell erreichbare Wissen konstituiert. Dabei muß ich mich auf das intuitive Vorverständnis des Lesers bezüglich des Wissensbegriffes verlassen. Bereits erwähnt habe ich freilich, daß ich hier nicht nur kognitiv-instrumentelles Wissen (wie es etwa durch Theorien und Technologien repräsentiert wird), sondern auch moralisch-praktisches und ästhetisch-expressives Wissen (wie es sich etwa in Ethiken bzw. in Kunsttheorien äußern mag) einbeziehe. Wir gehen insofern über die heute etablierten Theorien des organisatorischen Lernens hinaus, die im allgemeinen nur empirisch-theoretisches Wissen betrachten, also Wissen darüber, wie man die Welt erfolgreich prognostizieren bzw. in die Welt erfolgreich eingreifen kann.

Eine genauere Analyse der organisatorischen Wissensbasis wird erleichtert, wenn man zwischen implizitem (d. h. nur in den Köpfen irgendwelcher Aktoren gespeichertem) und explizitem (d. h. in Medien außerhalb der Köpfe gespeichertem) Wissen unterscheidet. Letzteres schließt auch das offizielle Wissen ein, das durch die Organe der Organisation autorisiert ist. Zu dieser Unterscheidung liegt die Differenzierung von privatem und kollektivem Wissen quer. Während privates Wissen nur einzelnen Individuen zugänglich ist, ist kollektives Wissen für mehrere Individuen gleichzeitig erreichbar. Implizites Wissen ist kollektiver Natur, wenn es in mehreren Köpfen gespeichert ist. Explizites Wissen ist privat, wenn es sich etwa im Tresor eines einzelnen Individuums befindet oder aber in einer spezifischen Geheimsprache kodiert ist, die nur von einem einzigen Individuum entschlüsselt werden kann. Wenn Wissen ursprünglich nur wenigen Individuen zugänglich war und durch bestimmte Maßnahmen einem größeren Kreis zugänglich gemacht wird, so liegt eine Kollektivierung von Wissen vor.

In der Charakterisierung der organisatorischen Wissensbasis spielt somit die "Zugänglichkeit" von Wissen eine bedeutende Rolle. Diese zunächst harmlos anmutende Begrifflichkeit impliziert bei genauerer Betrachtung freilich eine Reihe von Fragen, die die Abgrenzung einer organisatorischen Wissensbasis sehr schwierig erscheinen lassen. Ich möchte hier wenigstens einen Aspekt ansprechen.

In Anlehnung an entsprechende Begriffsdefinitionen aus der Individualpsychologie verstehen wir unter einem "bewußten" Wissen der Organisation, wenn die an den organisationalen Entscheidungsprozessen beteiligten Individuen wissen, daß ihnen das betreffende Wissen zugänglich ist. Die "bewußte" Wissensbasis der Organisation ist also jener Teil dieser Wissensbasis, von dem die Beteiligten wissen, daß er vorhanden ist. Deshalb erscheint es zweckmäßig, zwischen Objektwissen und Metawissen zu unterscheiden. Metawissen ist Wissen über ein bestimmtes Objektwissen. Eine organisationale Wissensbasis ist dann (zumindest teilweise) bewußt, wenn sie ein derartiges Metawissen einschließt.

Doch nun zurück zur eigentlichen Betrrachtung der Lernfähigkeit einer Organisation. Zunächst ist auf die Lernfähigkeit individueller Aktoren zu rekurrieren. Andererseits ist die organisatorische Lernfähigkeit auch dadurch gekennzeichnet, daß die Organisation die Fähigkeit besitzt, eventuelle Informations- und Kommunikationspathologien abzubauen, was freilich wohl auch ein Lernen bezüglich der Existenz solcher Pathologien und eine entsprechende Handlungsfähigkeit voraussetzt. Die Lernfähigkeit einer Organisation muß also selbstreferentiell und vor dem Hintergrund anderer Basisfähigkeiten gesehen werden, die ihrerseits durch systemische Gegebenheiten im organisatorischen Feld geprägt sind.

Einige Beispiele mögen die angesprochenen Steigerungen von Basisfähigkeiten plausibel machen: (1) Veränderungen von Organisationsstrukturen können vormals vorhandene Informationspathologien mindern und in diesem Sinne die Lernfähigkeit des Systems steigern. Dabei muß nicht unterstellt werden, daß diese Strukturveränderungen das Ergebnis willentlicher Handlungen darstellen. (2) Die Handlungsfähigkeit eines Systems wird möglicherweise gesteigert, wenn aufgrund systemischer Veränderungen zusätzliche Ressourcen für das System verfügbar werden oder die Mobilisierung solcher Ressourcen erleichtert wird. (3) Auch bezüglich der Responsiveness können strukturelle Veränderungen der Oberflächenstruktur des Systems Steigerungen hervorrufen. Geraten (aus welchen Gründen auch immer) die Aktoren des betroffenen Systems in eine räumliche Nähe irgendwelcher Betroffener, und werden sie durch diese räumliche Nähe (und andere Einflußgrößen) zu Interaktionen mit diesen Betroffenen "genötigt", so wird dies u. U. die Responsiveness des Systems erhöhen.

Eine Vertiefung der Zusammenhänge zwischen den verschiedenen Basisfähigkeiten kann erreicht werden, wenn man in vereinfachender Form zwischen einem passiven und einem aktiven Lernen unterscheidet. Im Falle des aktiven Lernens handeln einzelne Aktoren, um zu lernen. Im Falle des passiven Lernens ist das Lernen "Outcome" des Handelns, das sich von der Intention her auf andere Tatbestände richtet. Wenn es so etwas wie ein "aktives Lernhandeln" gibt, so kann auch von der Handlungsfähigkeit des

Systems in bezug auf dieses Lernen gesprochen werden. Eine Steigerung der "Lernhandlungsfähigkeit" fördert dann selbstverständlich auch die Lernfähigkeit des Systems.

In analoger Weise kann man annehmen, daß Systeme bzw. ihre Aktoren auch ein aktives Handeln an den Tag legen können, mit dem sie sich "empfänglicher" machen wollen. Auch in diesem Falle muß also die Empfänglichkeit bzw. das "Empfangen" nicht als die (rein "passive") Folge anderer Ereignisse bzw. Handlungen gesehen werden. Eine mögliche Dimension der Handlungsfähigkeit eines Systems besteht also u. a. darin, daß das System in der Lage ist, sich durch aktives Handeln "empfänglicher" zu machen. Man könnte dies wohl auch dahingehend ausdrücken, daß das System aktiv handelnd Potentiale der Empfänglichkeit entwickelt. Dies kann selbstverständlich verallgemeinert werden, denn man kann annehmen, daß Systeme u. U. auch in der Lage sind, sich aktiv handelnd "handlungsfähiger" zu machen. Auch dies würde dann bedeuten, daß sich die Handlungsfähigkeit darin äußert, daß in aktiver Weise Handlungspotentiale entwickelt werden können.

Die Lernfähigkeit kann also durch einen Ausbau der "aktiven Lernhandlungsfähigkeit" gesteigert werden. Es bereitet keine Schwierigkeit, dann in einem zweiten Schritt anzunehmen, daß sich die Lernfähigkeit des Systems auch auf die Faktoren erstrecken kann, die die genannte "Lernhandlungsfähigkeit" beeinflussen.: Das System hat damit die Fähigkeit, auch etwas über seine eigene Lernfähigkeit zu lernen. In eine solche Betrachtung ist auch einzubeziehen, daß das System lernen kann, wie man seine Empfänglichkeit gegenüber zunächst fremden und inkommensurablen Lebens- und Sprachformen (und damit gegenüber dem damit verbundenen Wissen) steigern kann, um auf diese Weise die eigene Lebens- und Sprachform (einschließlich des Wissens) zu verfremden und fortzuentwickeln. Auch hier lernt das System einen Teilaspekt, der seine eigene Lernfähigkeit bestimmt.

Fassen wir die bisherigen Darlegungen bezügliich der Basisfähigkeiten zusammen, so liegt nahe, daß eine Unternehmung lernen kann, wie sich die verschiedenen Basisfähigkeiten wechselseitig positiv oder negativ beinflussen. Und damit lernt das Unternehmen auch zu lernen bzw. seine eigene Lernfähigkeit zu verbessern. Dies wird - so unsere These - gefördert, wenn die Basisfähigkeiten ein Pendant in der Begrifflichkeit der Lebenswelt der Organisation besitzen und die Aktoren insofern diese Fähigkeiten der Organisation selbst reflektieren. Je weiter man aber diese Überlegungen vorantreibt, desto mehr nähert man sich dem Punkt, an dem die Einbeziehung von Rationalisierungstendenzen im Rahmen der organisatorischen Lebenswelt erforderlich wird.

Schon die Ausbildung einer spezifischen Begrifflichkeit für die hier in Frage stehenden Problemzusammenhänge bedeutet eine *Rationalisierung* der organisatorischen Lebenswelt: Erst jetzt ist Wissen in einer Weise explizit geworden, daß man die Problemzusammenhänge thematisieren und strittige Wissensbestandteile einer Kritik unterziehen kann. Das gilt insbesondere für die systematische Evaluierung eben dieser Zusammenhänge; hier spielen nämlich Wissensfragmente eine Rolle, die eigentlich nur durch spezifische "Forschungen" gewonnen werden können, die einzelne Aktoren in objektivierender Einstellung und unter Verwendung geeigneter Methoden zu relevanten Fragestellungen durchführen. Unsere generelle Hypothese lautet also, daß eine "zirkuläre Verflechtung" der Basisfähigkeiten im Sinne eines Ausbaus wechselseitiger Steigerungsbeziehungen und eines Abbaus von kontraproduktiven Konkurrenzbeziehungen eng mit der Rationalisierung der organisatorischen Lebenswelt zusammenhängt, und diese Rationalisierung ihrerseits ganz wesentlich durch die Überführung eines möglicherweise nur diffus vorhandenen Wissens in (kritikfähige) *Erkenntnis* charakterisiert werden kann. Rein "naturwüchsig" sich einstellende Konditionierungsverhältnisse stoßen im Hinblick auf die Entfaltung der Basisfähigkeiten des Unternehmens an Grenzen, die nur duch Rationalisierungsschübe in diesem Sinne überwunden werden können. Freilich können und sollen über diese "Schübe" die "naturwüchsigen" Aspekte nicht völlig eliminiert werden. Es gilt somit natürlich allzu voluntaristische Vorstellungen bereits im Ansatz zu vermeiden.

Habermas hat den Versuch unternommen, die Bedingungen etwas genauer zu spezifizieren, unter denen sich eine Rationalisierung der (zunächst einmal: originären) Lebenswelt vollziehen kann (vgl. zum folgenden Habermas 1981a, S. 109). Danach muß die Lebenswelt erstens eine Art Koordinatensystem mit Geltungsansprüchen (propositionale Wahrheit, normative Richtigkeit, subjektive Wahrhaftigkeit) bereitstellen, die die Ja/Nein-Stellungnahmen von Argumentationen zu strukturieren helfen. Die Lebenswelt muß zweitens ein reflexives Verhältnis zu sich selbst in der Weise gestatten, daß "interne Sinnzusammenhänge systematisch bearbeitet und alternative Deutungen methodisch untersucht werden"; es muß, mit anderen Worten, "hypothesengesteuerte und argumentativ gefilterte Lernprozesse in Bereichen des objektivierenden Denkens, der moralisch-praktischen Einsicht und der ästhetischen Wahrnehmung" geben (Habermas 1981a, S. 109), die, drittens, sich soweit (in Wissenschaft, Moral und Recht) institutionalisieren lassen, daß einerseits die Verflüssigung von Wissensbeständen aufrechterhalten, andererseits aber ihre spezialisierte und professionell abgesicherte Bearbeitung sichergestellt werden kann.

Habermas führt noch eine vierte Bedingung ein, nämlich die Möglichkeit einer wenigstens partiellen Entkoppelung einzelner gesellschaftlicher Teilbereiche von den anspruchsvollen Rationalisierungsanforderungen der Lebenswelt. Hierzu zählt auch die Wirtschaft: Für die dort agierenden (uns ja besonders interessierenden) Organisationen gelten dann die drei genannten Bedingungen nur in sehr beschränkter Weise. Gegen diese These ist nicht nur in der soziologischen Habermas-Rezeption heftige Kritik erhoben worden (vgl. etwa Berger 1982, Bader 1983). Auch wir sind beispielsweise über die (im Anschluß an Habermas vorgenommene) Unterscheidung mehrerer Wissensarten (technisch und strategisch verwertbares, empirisch-theoretisches, moralisch- und ästhetisch-expressives Wissen) davon ausgegangen, daß auch Wirtschaftsorganisationen sehr wohl unter *allen* diesen Aspekten rationalisierungsfähig sind (vgl. Kirsch und zu Knyphausen 1988, S. 498 ff.).

Wenn wir dies als Ausgangspunkt nehmen, besitzen also auch die Bedingungen zwei und drei für Überlegungen zur Rationalisierung der (nunmehr) organisatorischen Lebenswelt Bedeutung. Die These geht dahin, daß es auch in einer Organisation "hypothesengesteuerte und argumentativ gefilterte Lernprozesse" (bzw. wie man nun auch sagen kann: *Erkenntnis*prozesse) gibt und deren Institutionalisierung (z. B. in Form von Forschungs- und Entwicklungsabteilungen oder Rechtsabteilungen) sichergestellt sein muß. Nur auf diesem Wege kann die Rationalisierung der Lebenswelt vorangetrieben werden.

Abb. 2 faßt unsere Überlegungen noch einmal anschaulich zusammen. Der Einfluß der systemischen Veränderungen auf die verschiedenen Basisfähigkeiten wird dabei nur noch indirekt angedeutet (Pfeile 1). Zusätzlich wird zum Ausdruck gebracht, daß sich die Lernfähigkeit auch auf ein Lernen bezüglich der Handlungsfähigkeit und der Responsiveness (Pfeile 3), die Beziehung zwischen den Basisfähigkeiten (Pfeile 4), aber auch auf den fördernden oder beeinträchtigenden Einfluß systemischer Veränderungen des Feldes beziehen kann (Pfeile 2). Dies ist letztlich mit einem verstärkten Lernen bezüglich der Lernfähigkeit des Systems selbst und seiner Einflußfaktoren verbunden (Pfeil 5). Das treibt die Rationalisierung der Lebenswelt in ihren verschiedenen Dimensionen voran, ist aber selbst auch von dem Ausmaß eben dieser Rationalisierung abhängig (Pfeile 6a, 6b). Je fortgeschrittener hier das Niveau ist, desto eher ist es dann auch berechtigt, den Begriff der Lernfähigkeit auf den der Erkenntnisfähigkeit auszudehnen.

Ich habe meine Erörterungen zur organisatorischen Wissensbasis mit dem Hinweis begonnen, daß unser Interesse nicht nur dem kognitiv-instrumentellen Wissen gilt, sondern auch das moralisch-praktische und das ästhetisch-expressive Wissen einbezieht. Insofern gibt es auch auf die beiden letzten Wissensformen bezogene Lernprozesse, die in einem engen Bezug zur Entfaltung von moralischen und ästhetischen

Fähigkeiten stehen. Wenn zusätzlich im Unternehmen auch hypothesengesteuerte und argumentativ gefilterte Formen dieser Lernprozesse auftauchen, so kann von einer moralisch-praktischen und ästhetisch-expressiven Rationalisierung der Lebenswelt gesprochen werden. Freilich bleibt es eine offene Frage, ob in jeder Unternehmung (zusätzlich zu den möglicherweise auftretenden "naturwüchsigen" Lernprozessen) diese Formen der Rationalisierung eine Bedeutung besitzen.

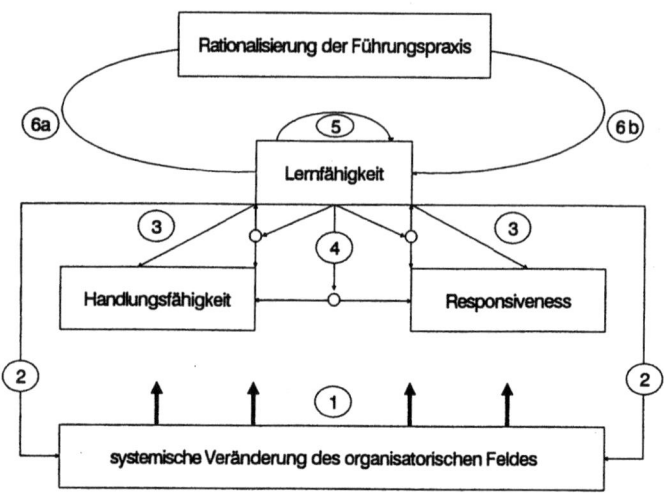

Abb. 2 Zusammenhang zwischen Lernfähigkeit und Rationalisierungstendenzen der Lebenswelt

Wenn man die empirische Bedeutung einer moralisch-praktischen bzw. ästhetisch-expressiven Rationalisierung der organisatorischen Lebenswelt verneint und diese Rationalisierungsformen zunächst nur als Möglichkeiten ansieht, die nicht für jede Unternehmung gegeben sein müssen, dann liegt es nahe, verschiedene Entwicklungsstufen der Rationalisierung zu unterscheiden, je nachdem, ob und in welcher Weise moralisch-praktische bzw. ästhetisch-expressive Erkenntnisprozesse auftauchen. Diese Entwicklungsstufen sehe ich in einem engen Zusammenhang mit den Modellen der Sinnorientierung.

Entwicklungsstufen der Rationalität und Modelle der Sinnorientierung

Entwicklungsfähige Systeme können dadurch charakterisiert werden, daß sie zu einer Höherentwicklung fähig sind, deren letzte gegenwärtig vorstellbare Stufe die fortschrittsfähige Organisation ist. Es ist diese These, an die ich mit der Vorstellung einer Entwicklungslogik der Rationalitätsniveaus anknüpfe und die auf diese Weise präzisiert bzw. neu interpretiert werden soll. Dabei werde ich zunächst den Versuch unternehmen, halbwegs unterscheidbare Entwicklungsstufen der Rationalisierung zu rekonstruieren, bevor ich dann den direkten Bezug zu den Sinnmodellen einer (Führungs-)Praxis herstelle. Die Abb. 3 mag das Verständnis der nachfolgenden Überlegungen erleichtern. Die beiden Stufenabfolgen der Rationalisierung R_1, R_2, R_3 und R_a, R_b, R_c werden zunächst getrennt betrachtet und dann unter Berücksichtigung der Sinnmodelle zusammengeführt.

Betrachten wir zunächst die Stufenfolge R_1, R_2 und R_3. Die nachfolgenden Charakterisierungen sind allerdings zunächst jeweils lückenhaft, da z. B. zu einer halbwegs vollständigen Umschreibung von R_1 der Hintergrund von R_2 und R_3 notwendig ist. Dabei knüpfe ich an Überlegungen von Habermas an, der vor dem Hintergrund der "Versprachlichung des Sakralen" eine Reihe "formaler" Eigenschaften nennt, die kulturelle Überlieferungen bzw. lebensweltliche Wissensbasen aufweisen müssen, wenn in der Lebenswelt "rationale Handlungsorientierungen" möglich sein sollen, die sich zu einer "rationalen Lebensführung" verdichten können (vgl. hierzu Habermas 1981a, S. 109 ff.). Es geht also gerade nicht darum, verschiedene Entwicklungsstufen der Rationalisierung der organisatorischen Lebenswelt in einer Weise abzugrenzen, die die von Habermas angedeuteten formalen Eigenschaften "moderner" Lebenswelten in Frage stellt.

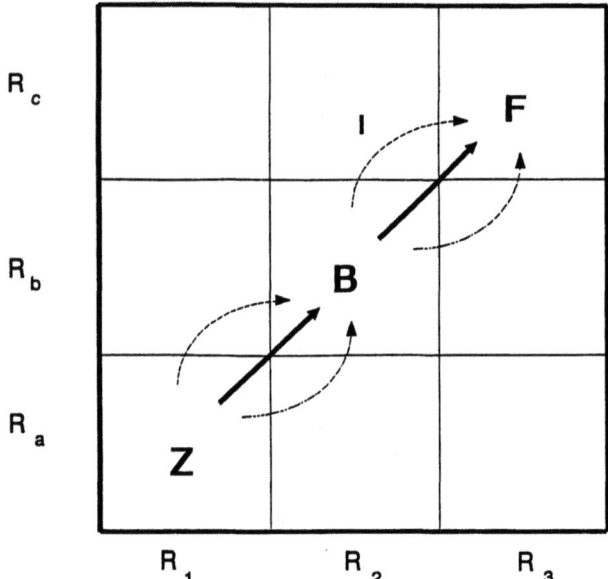

Abb. 3 Rationalisierungsniveaus und Modelle der Sinnorientierung

(1) Vor dem Hintergrund der Errungenschaften einer modernen Gesellschaft knüpft eine Charakterisierung des Rationalitätsniveaus R_1 an dem an, was Habermas als eine der Anforderungen an eine "rationale Lebensführung" formuliert:

> "Die kulturelle Überlieferung muß ein reflexives Verhältnis zu sich selbst gestatten; sie muß ihrer Dogmatik soweit entkleidet sein, daß die durch Tradition gespeisten Interpretationen grundsätzlich in Frage gestellt und einer kritischen Revision unterzogen werden dürfen. Dann können interne Sinnzusammenhänge systematisch bearbeitet und alternative Deutungen methodisch untersucht werden. Es entstehen kognitive Aktivitäten zweiter Ordnung: hypothesengesteuerte und argumentativ gefilterte Lernprozesse in Bereichen des objektivierenden Denkens, der moralisch-praktischen Einsicht und der ästhetischen Wahrnehmung." (Habermas 1981a, S. 109)

Eine organisatorische Lebenswelt befindet sich im Niveau R_1, wenn ihre kulturelle Überlieferung ein "reflexives Verhältnis zu sich selbst" gestattet und wenn "kognitive Handlungen zweiter Ordnung" auftreten, nämlich "hypothesengesteuerte, argumentativ gefilterte Lernprozesse".

(2) Das Rationalitätsniveau R_2 wird erreicht, wenn sich im organisatorischen Feld bzw. in der Gesellschaft sekundäre Lebens- und Sprachformen im Sinne von ausdifferenzierten Wertsphären à la Max Weber finden (Kunst, Kultur, Moral und Recht) und die organisatorische Lebenswelt Wissen, institutionelle Ordnungen und persönliche Fähigkeiten vermittelt, die eine Segmentierung dieser ausdifferenzierten sekundären Traditionen verhindern bzw. mildern. Wenn ich bisher vom organisatorischen Feld gesprochen habe, so bezieht dies auch die Möglichkeit mit ein, daß sich innerhalb einer Organisation selbst "kulturelle Subsysteme" ausdifferenzieren, "in denen sich argumentativ gestützte, durch Dauerkritik verflüssigte, aber zugleich professionell abgesicherte Traditionen bilden" (Habermas 1981a, S. 109). Organisatorische Lebenswelten dieser zweiten Entwicklungsstufe vermitteln damit auch Einstellungen und Fähigkeiten, die einer Entwicklung sekundärer Traditionen förderlich sind, gleichgültig, in welcher Form diese institutionalisiert werden. Es ist beispielsweise nichts Außergewöhnliches, daß sich in Unternehmungen eine institutionalisierte (Grundlagen-)Forschung etabliert, wobei nach meinem Dafürhalten zu erwarten ist, daß dies sich in zunehmendem Maße auch außerhalb der naturwissenschaftlichen bzw. ingenieurwissenschaftlichen Sphäre vollzieht. Innerhalb dieser Entwicklungsstufe sind auch die weiter oben eingeführten tertiären Traditionen anzusiedeln, die sich auf das Verhältnis der primären und sekundären Traditionen beziehen. In dem Maße, wie die organisatorische Lebenswelt sich nicht von solchen tertiären Traditionen abschottet, öffnet sie sich auch gegenüber einem Wissen, das z. B. die Bedingungen der Anwendungen wissenschaftlicher Erkenntnisse in der Praxis problematisiert.

Es liegt nun auch auf der Hand, daß diese Entwicklungsstufe der Rationalisierung der organisatorischen Lebenswelt Responsiveness voraussetzt: Die organisatorische Lebenswelt ist gleichsam von sich aus offen gegenüber Verfremdungen durch andere Lebens- und Sprachformen. Wenn in diesem Zusammenhang Bemühungen um Übersetzungen gefordert werden, so bedeutet eine solchermaßen rationalisierte organisatorische Lebenswelt, daß die im Prinzip zugängliche organisatorische Wissensbasis ganz erheblich erweitert wird. Denn mit dem Begriff der organisatorischen Wissensbasis wird nicht ausschließlich jenes Wissen charakterisiert, das im Kontext der organisatorischen Lebenswelt im Prinzip zugänglich ist (derivativ-lebensweltliches Wissen). Allenfalls auf der ersten Entwicklungsstufe R_1 besteht also diese Koinzidenz zwischen organisatorischer Lebenswelt und organisatorischer Wissensbasis. Die Argumentation für die zweite Entwicklungsstufe kann dagegen wie folgt verallgemeinert werden: Es geht nicht nur um die Offenheit gegenüber sekundären Lebens- und Sprachformen, sondern exogene Verfremdungen durch beliebige Lebens- und Sprachformen gewinnen auch zunehmend an Bedeutung.

(3) Die Entwicklungsstufe R_3 wird erreicht, wenn innerhalb der organisatorischen Lebenswelt (unter dem auf Stufe zwei erreichten Einfluß tertiärer Traditionen) die Rationalisierung dieser Lebenswelt selbst problematisiert wird. Es liegt so etwas ähnliches wie eine "selbstreferentielle Rationalisierung" vor. Dies ist etwa der Fall, wenn man die Formel "Paralyse durch Analyse" rational zu bewältigen versucht: Man erkennt, daß zunehmende Rationalisierung (z. B. im Sinne des ersten und zweiten Entwicklungsniveaus) sich dann selbst ad absurdum führt, wenn das Streben nach einem rationalen Erkenntnisfortschritt die Handlungsfähigkeit des Systems gefährdet. Es ist dann durchaus "rational", nicht das volle Rationalisierungspotential "auszunutzen". Für mich weist diese Überlegung in jene Richtung, die durch das Stichwort "evolutionäre Rationalität" charakterisiert wird, und auf die ich in dem letzten Abschnitt dieses Teils noch etwas näher eingehen will. Ich verbinde diese Problematik sehr eng mit dem Multi-Kontext-Phänomen. Dabei ist relevant, daß eine organisatorische Lebenswelt auf dem zweiten Entwicklungsniveau der Rationalisierung aufgrund der besagten Offenheit eine Komplexitätsbejahung fördert. Es wird deshalb deutlich, daß es sich bei der Problematisierung der Rationalität um ein weiteres Entwicklungsniveau handelt. Dieses Niveau wurde freilich bislang nur vergleichsweise unbeholfen charakterisiert, da wohl auch noch kaum eine organisatorische Lebenswelt dieses Entwicklungsniveau erreicht hat. Ein Grund hierfür ist nicht zuletzt auch die Tatsache, daß selbst die gesellschaftliche Rationalisierung (gemäß der Rekonstruktion von Weber bzw. Habermas) sich noch (weit) von diesem Stadium entfernt befindet. selbst noch nicht jenes Stadium erreicht hat, das dieses Entwicklungsniveau voraussetzt.

Mit der durchgeführten Differenzierung der drei Rationalisierungsniveaus sind nun zwei Thesen verbunden: Es gibt eine Steigerung der Rationalität der organisatorischen Lebenswelt, die sich jeweils innerhalb eines Entwicklungsniveaus vollzieht. Die Zunahme "argumentativ gefilterter und hypothesengesteuerter Lernprozesse" (Habermas) stellt eine Steigerung der Rationalisierung dar, die sich innerhalb des Rationalisierungsniveaus R_1 vollzieht. Ähnliches kann für das Rationalisierungsniveau R_2 gesagt werden. Zum anderen scheint es so, als könnte innerhalb eines Rationalisierungsniveaus nicht unbegrenzt eine Steigerung der Rationalität erreicht werden: Es entstehen dann möglicherweise Tendenzen, die es wahrscheinlich machen, daß der qualitative Sprung auf ein höheres Entwicklungsniveau vollzogen wird, sofern (im Sinne einer Entwicklungsdynamik) entsprechende auslösende Ereignisse bzw. Prozesse hinzutreten.

Nun zu der zweiten Stufenfolge R_a, R_b und R_c: Bisher habe ich die Differenzierung von kognitiv-instrumenteller, moralisch-praktischer und ästhetisch-expressiver Rationalität unbeachtet gelassen. Geht man davon aus, daß sich rationalisierte Lebenswelten gemäß Habermas unter anderem dadurch charakterisieren lassen, daß "hypothesengesteuerte, argumentativ gefilterte Lernprozesse" auftreten, so kann man die zunehmende Rationalisierung einer organisatorischen Lebenswelt auch dahingehend charakterisieren, ob und in welcher Form neben kognitiv-instrumentellen Argumentationsformen auch moralisch-praktische bzw. ästhetisch-expressive Argumentationen auftauchen und entsprechende Lernprozesse unterstützen. Im folgenden möchte ich vor diesem Hintergrund etwas weiter argumentieren.

(1) Auf dem Entwicklungsniveau R_a befindet sich eine organisatorische Lebenswelt, wenn ausschließlich kognitiv-instrumentelle Rationalisierungen vor dem Hintergrund entsprechender argumentativ unterstützter Lernprozesse auftreten. Dies schließt nicht aus, daß in einer solchen organisatorischen Lebenswelt z. B. auch ein Lernen in bezug auf Moral und Ästhetik existiert. Dieses Lernen nimmt jedoch nicht den Charakter rationalisierter Erkenntnisprozesse an. Dies bedeutet aber auch, daß in einer solchen organisatorischen Lebenswelt kein Raum für moralisch-praktische bzw. ästhetisch-expressive Argumente ist. Es liegt eine eindeutige Dominanz kognitiv-instrumenteller Argumente vor.

(2) Das Entwicklungsniveau R_b wird erreicht, wenn zwar moralische und ästhetische Argumentationen auftauchen, diese aber letztlich in die Form kognitiv-instrumenteller Argumentationen gegossen werden. In einer solchen organisatorischen Lebenswelt ist moralisches Handeln ausschließlich Mittel zum Zweck. Dabei wird der betreffende Zweck des Handelns wie selbstverständlich unterstellt und nicht normativ hinterfragt. Es liegt also eine Instrumentalisierung moralisch-praktischer und ästhetisch-expressiver Argumente vor. Diese Instrumentalisierung schließt nicht aus, daß moralische und ästhetische Argumente (zeitweise) eine funktionale Autonomie gewinnen. Dies wird aber grundsätzlich durch kognitiv-instrumentelle Argumente legitimiert. Geht diese funktionale Autonomie moralisch-praktischer Argumente sehr weit, so entwickelt sich eine Kultur, die Elemente eines "aufgeklärten Egoisten" aufweist. Es ist dann zu erwarten, daß nicht alle moralischen Argumente in die Form kognitiv-instrumenteller Argumentationen gebracht werden können. Dies bedeutet ferner, daß in einer solchen organisatorischen Lebenswelt auch Arenen bzw. Episoden verständigungsorientierten Handelns an Boden gewinnen, die sich auf moralische Fragen beziehen. Die Wahrscheinlichkeit ist dabei umso höher, je mehr handlungsentlastete "Konversationen" es gibt. Dies verweist dann freilich schon auf einen Übergang zum nächsten Entwicklungsniveau.

(3) Das Entwicklungsniveau R_c ist erreicht, wenn in der organisatorischen Lebenswelt eine Art Bewußtsein besteht, daß die Medien Geld und Macht / Autorisierungsrecht einer Legitimation bedürfen. Während auf dem Entwicklungsniveau R_b kognitiv-instrumentelle Argumentationen eine gewisse funktionale Autonomie moralischer Konversationen bzw. Diskurse lediglich "zweckmäßig" erscheinen lassen, dreht sich die Grundeinstellung auf dieser Stufe gleichsam um: Gerade die moralisch-praktischen Argumentationen sind es nun, die die Legitimationsbasis reproduzieren, derzufolge es gerechtfertigt ist, wenn man "im Normalfall" ausschließlich erfolgsorientiert handelt und sich auf kognitiv-instrumentelle Lernprozesse (im Sinne entsprechender rationaler Erkenntnisprozesse) konzentriert. Analoges läßt sich bezüglich der mit einer ästhetisch-expressiven Rationalisierung verbundenen Argumentationsformen feststellen.

Die zuletzt angestellten Überlegungen verdeutlichen bereits, daß ich durchaus lose Zusammenhänge zwischen den zwei Stufenfolgen von Entwicklungsniveaus sehe. Diese Zusammenhänge ergeben sich letztlich über die postulierten Modelle der Sinnorientierung in der Unternehmenskultur, die ich wiederum als Ausdruck unterschiedlicher Lernniveaus betrachte. In höchst spezifischer Weise gehe ich davon aus, daß Beziehungen zwischen den Rationalisierungsniveaus und dem Auftauchen bestimmter Sinnorientierungen bestehen. Diese Beziehungen werden im folgenden noch etwas konkretisiert. Die Darstellung folgt dabei zunächst den drei unterschiedenen Hauptformen von Sinnmodellen.

(1) Beim Zielmodell sind organisatorische Lernprozesse weitgehend instrumentalisiert. Auch die Organisation selbst wird in erster Linie als Instrument gesehen, bestimmte (mehr oder weniger vorgegebene) Ziele und Aufgaben zu erfüllen. Lernprozesse dienen dort als Mittel zur besseren Erreichung der von und mit der Unternehmung verfolgten Ziele. Die schon häufiger erwähnten Basisfähigkeiten Handlungsfähigkeit, Erkenntnis- bzw. Lernfähigkeit und Responsiveness werden zweckrational hierfür entwickelt, selektiv genutzt und gefördert bzw. beschränkt. Das Zielmodell ist dann durch eine klare Dominanz der kognitiv-instrumentellen Rationalisierung der organisatorischen Lebenswelt (R_a) einerseits und durch jenes Rationalisierungsniveau R_1 andererseits gekennzeichnet, bei dem "lediglich" innerhalb der organisatorischen Lebenswelt "hypothesengesteuerte und argumentativ gefilterte Lernprozesse" (Erkenntnisprozesse) zur Steigerung dieser Lernfähigkeit auftreten, ohne daß Tendenzen der Ausdifferenzierung sekundärer Traditionen eine Bedeutung gewinnen, und ohne daß in dieser organisatorischen Lebenswelt halbwegs "systematische" Öffnungen gegenüber exogenen Traditionen und Wissensbeständen existieren. Natürlich ist auch eine solche Organisation derartigen exogenen Einflüssen ausgesetzt. Diese Einflüsse sind jedoch eher "naturwüchsiger Art". Die Kultur dieser Organisationen, ihre

Institutionen und die durch sekundäre Sozialisation reproduzierten lebensweltlichen Fähigkeiten der Personen lassen hier keine aktiven Lernhandlungen erwarten, die z. B. in einer bewußten Öffnung gegenüber wissenschaftlichen Traditionen und fremden Lebens- und Sprachformen gesehen werden können.

(2) Für das Überlebensmodell sind semiautonome Lernprozesse typisch. Man befreit sich von allzu kurzfristiger Zweckorientierung und öffnet sich bewußt für eine (vielleicht auch nur rudimentäre) Ablösung des organisatorischen Handelns von einer unmittelbaren Zielerfüllung. Handlungsfähigkeit, Lernfähigkeit und Responsiveness werden für eine Steigerung der Lebensfähigkeit (Malik 1984) bereitgestellt. Das Denken über die Organisation erkennt zwar den Selbstzweckcharakter an, reflektiert ihn aber noch nicht. Die Konstellation R_2 / R_b läßt zwar möglicherweise eine moralische und ästhetische Argumentation zu, aber immer nur unter der "selbstverständlichen" Prämisse der Sicherung des Bestandes der Organisation. Perturbationen werden etwa in der Form verarbeitet, daß Task Forces für die hierdurch entstandenen Probleme gebildet werden, in die bewußt zunächst organisationsfremde Lebens- und Sprachformen integriert werden, um durch eine hierdurch erzeugte Verfremdung die Problemverarbeitungskapazität zu erhöhen (zum Begriff der Pertubationen vgl. Kirsch 1992, S. 198 f.). Man lädt z. B. Künstler und Moraltheologen ein in der Hoffnung, damit die eigene Anpassungsfähigkeit an gegebene oder erwartete Wandlungstendenzen im organisatorischen Feld besser vollziehen zu können. Die Basisfähigkeiten werden dabei in "Konversationen" (also ohne unmittelbaren Handlungsdruck) in verständigungsorientierter Einstellung thematisiert bzw. problematisiert. Die Teilnehmer dieser organisatorischen Lebenswelt sind sich der Existenz anderer (inkommensurabler) Lebens- und Sprachformen und darüber hinaus sekundärer und tertiärer Traditionen bewußt, was zwangsläufig mit einer Veränderung der argumentationsgefilterten Lernprozesse (im Sinne von R_2) verbunden ist. Man kann aber beim Überlebensmodell nicht erwarten, daß bei tatsächlich bestandswichtigen Themen Aspekte jenseits einer kognitiv-instrumentellen Rationalität eine entscheidende Bedeutung haben.

(3) Das Fortschrittsmodell ist im ersten Zugriff durch den "Sinn" gekennzeichnet, einen Fortschritt in der Befriedigung der Bedürfnisse und Interessen der von der Organisation bzw. ihrem Handeln direkt und indirekt Betroffenen zu erreichen. Dies kann freilich sehr Unterschiedliches heißen. Aber gerade die explizite Herausarbeitung (z. B. im Rahmen der Verfassung des Unternehmens) dessen, was dies im Konkreten bedeutet und welche Konsequenzen mit einem entsprechenden Handeln verbunden sind, kann als Anzeichen dieser Entwicklungsstufe angesehen werden. Dies allerdings erst dann, wenn dabei das volle Rationalitätspotential entbunden wird und der kognitiv-instrumentelle, moralisch-praktische und

ästhetisch-expressive Rationalitätskomplex hinreichend autonom geworden ist. Es finden sich auf diesem (höchsten) Entwicklungsniveau systematische Bemühungen, moralische und ästhetische Fragen zu bearbeiten, und dies eben nicht - wie es etwa dem Verhalten eines aufgeklärten Egoisten entsprechen würde - unter dem Vorzeichen einer Funktionalisierung dieser moralischen oder ästhetischen Komponente zu tun. Hier gewinnen diese Fragen eine Eigenständigkeit, und man ist sich auch dessen bewußt, daß sie es verdienen. Es wird die Kombination R_3 / R_c relevant. Das im betriebsalltäglichen Handeln vorliegende, schwer auflösbare Syndrom von zweckrationalen, moralischen und ästhetischen Komponenten muß auf dieser Stufe gewissermaßen aufgebrochen und unter Zuhilfenahme von dafür entwickelten Bezugsrahmen aus sekundären und tertiären Traditionen (z. B. Ethik- und/oder Ästhetiktheorien; vgl. hierzu Brantl 1985, Hinder 1986, Wiesmann 1989) reflexiv gemacht werden. Dadurch finden auf diesem Niveau Prozesse statt, die über eine bloße Reproduktion einer (eventuell auch auf niedrigeren Entwicklungsniveaus anzunehmenden) moralischen und ästhetischen Fähigkeit weit hinausgehen und im eigentlichen Sinne erst die Rede von einer ästhetisch-expressiven und moralisch-praktischen Rationalisierung sinnvoll erscheinen lassen.

Ich behaupte nun nicht, daß die von mir aufgezeigten beiden Möglichkeiten, Entwicklungsniveaus der Rationalisierung zu unterscheiden, stets "synchronisiert" sind. Es ist also möglich, daß eine Organisation auf der einen Entwicklungslinie (R_1, R_2, R_3) einen Entwicklungsschub durchmacht, der erst nachher auch einen entsprechenden Schub auf der anderen Entwicklungslinie auslöst. Im Übergang entsteht hierdurch eine Art "dialektisches Verhältnis" zwischen verschiedenen Rationalisierungstendenzen. Die Übergänge sind also gerade dadurch gekennzeichnet, daß die Kultur bereits starke Hinweise auf ein höheres Entwicklungsniveau bezüglich einer Entwicklungslinie aufweist, während im Bereich der anderen Entwicklungslinie noch starke Beharrungstendenzen einen analogen Entwicklungsschub verhindern. Dies bedeutet beispielsweise, daß eine Organisation, bei der das (reine) Zielmodell die Kultur prägt, eine Öffnung gegenüber wissenschaftlichen Traditionen verfolgt, ohne daß hierdurch die Dominanz der kognitiv-instrumentellen Rationalisierung gebrochen wäre. In dem Maße, wie aber eine Organisation (mit dem Zielmodell) sich gegenüber anderen Lebens- und Sprachformen, insbesondere gegenüber sekundären und tertiären Traditionen öffnet, wird hierdurch eine kulturelle Transformation hervorgerufen, die schließlich (im Sinne von R_b) freilich eher rudimentäre moralisch-praktische und gegenenfalls auch ästhetisch-expressive Argumentationsformen auftreten läßt.

Solche Überlegungen lenken die Aufmerksamkeit nun auf die Übergangsmodelle. Im Falle des Institutionsmodells kann man sich vorstellen, daß hier zwar Aspekte von R_c schon stark "durchscheinen", während jene Merkmale der Rationalisierung, die durch R_3 charakterisiert werden, noch kaum eine Rolle spielen. An anderer Stelle habe ich dies am Beispiel von Unternehmensleitbildern thematisiert (vgl. Kirsch 1990, S. 311 f.). Dort finden sich in dem Leitbild einer deutschen Aktiengesellschaft unter anderem auch Formulierungen zum Thema "Fortschritt", die sich bewußt von einem "bloßen Überleben" absetzen. Der entsprechende "Kernsatz" und dessen Erläuterungen sollen hier kurz in Form eines Zitates aus diesem Leitbild wiederholt werden:

"Die Flachglas AG strebt nach Fortschritt.

Fortschritt heißt für uns, die Bedürfnisse und Interessen unserer Kunden, Mitarbeiter und Aktionäre in einer sich wandelnden Welt immer besser zu befriedigen und dabei unsere Verantwortung gegenüber den sonstigen Betroffenen in aktiver Weise zu wahren. Unser Leitbild soll dazu beitragen, unsere Fortschrittsfähigkeit zu entfalten."

Auch dieses Leitbild, das das betreffende Unternehmen auf einen "Fortschritt" verpflichtet, enthält Formulierungen, die - im Falle ihrer Verankerung in der Kultur der Unternehmung - in erster Linie wohl dem Institutionsmodell entsprechen. Ohne im vorliegenden Zusammenhang hierauf näher eingehen zu können, soll folgendes angemerkt werden: Selbst wenn dieses Leitbild zu vollem Leben gebracht wird, behaupte ich nicht, daß damit schon das Fortschrittsmodell verwirklicht wird. Ich kann dies verallgemeinern: Ich behaupte nicht, daß irgendwo in der Praxis bereits ein Unternehmen das Entwicklungsniveau erreicht hat, das meiner Charakterisierung des Fortschrittsmodells entspräche. Das Fortschrittsmodell ist demnach sicherlich kontrafaktisch, und es müßte empirischen Untersuchungen überlassen bleiben, den historisch erreichten, tatsächlichen Entwicklungsstand von Unternehmen festzustellen. Ich glaube aber, daß die Thematisierung der mit derartigen Sinnmodellen verbundenen Problemkomplexe die Dynamik der Entwicklung beeinflussen kann. Ich muß freilich im vorliegenden Rahmen darauf verzichten, dieser Frage weiter nachzugehen. Statt dessen möchte ich im folgenden Ausblick die zugrundeliegende begriffliche Konzeption von Rationalität vor dem Hintergrund der Idee einer "Systemrationalität" reflektieren und damit gleichzeitig auf die neuere Systemtheorie überleiten, die den Hintergrund für den zweiten Teil des vorliegenden Beitrags bildet.

Von der "Handlungsrationalität" zur "Systemrationalität"

Meinen Überlegungen zur organisatorischen Lernfähigkeit liegt ein Begriff der Rationalität zugrunde, der sich von dem insbesondere in der Ökonomie dominierenden Fokus auf die Handlungsrationalität löst. Die Handlungsrationalität findet in der modernen Entscheidungslogik ihre inzwischen extrem verfeinerte Explikation. Schon in einem zusammen mit Bamberger verfaßten Beitrag (Kirsch und Bamberger 1976) mit dem Titel "Strategische Unternehmensplanung, Rationalität und Philosophie der politischen Planung" wird ein anderer Zugang zur Rationalitätsproblematik gewählt, als er in der durch die Entscheidungslogiken geprägten Rationalitätsdiskussion üblich ist. Es steht nicht mehr so sehr die Frage im Vordergrund, was die Merkmale einer rationalen Entscheidung bzw. Handlung sind. Vielmehr werden (sicherlich ergänzungsbedürftige) Gesichtspunkte aufgeführt, die als Merkmale einer rationalen Praxis (also auch der Praxis der Unternehmenspolitik bzw. der politischen Planung) aufgefaßt werden können. Im folgenden möchte ich in der gebotenen Kürze den begrifflichen Übergang von der Betrachtung der Rationalität einer Entscheidung bzw. der Handlungsrationalität zu einer rationalen Praxis aufzeigen, um dann den so gewonnenen Begriff der rationalen (Führungs-)Praxis mit der Konzeption einer Systemrationalität zu konfrontieren. Diese Systemrationalität wird von ihren Vertretern ebenfalls als eine Art "Überwindung" der ausschließlichen Betrachtung der Handlungsrationalität einzelner Aktoren gesehen. In beiden Fällen bleiben freilich Vorstellungen einer Handlungsrationalität Grundlage und kritischer Referenzpunkt.

Ausgangspunkt dieser Überlegungen ist dabei einmal mehr Habermas, der die Rationalität nicht nur mit einzelnen Handlungen bzw. Äußerungen von Aktoren verbindet:

"Schon wenn es darum geht, die Rationalität einzelner Personen zu beurteilen, genügt es nicht, auf diese oder jene Äußerung zu rekurrieren. Vielmehr stellt sich die Frage, ob sich A oder B oder eine Gruppe von Individuen *im allgemeinen* rational verhalten, ob man systematisch erwarten darf, daß für ihre Äußerungen gute Gründe bestehen und daß ihre Äußerungen, sei es in der kognitiven Dimension zutreffend oder erfolgreich, in der moralisch-praktischen Dimension zuverlässig oder einsichtig, in der evaluativen Dimension klug oder einleuchtend, in der expressiven Dimension aufrichtig und selbstkritisch, in der hermeneutischen Dimension verständnisvoll, oder gar in allen diesen Dimensionen `vernünftig' sind. Wenn sich in diesen Hinsichten über verschiedene Interaktionsbereiche und über längere Perioden (vielleicht sogar über den Zeitraum einer Lebensgeschichte) hinweg ein systematischer Effekt abzeichnet, sprechen wir auch von der Rationalität einer *Lebens-*

führung. Und in den soziokulturellen Bedingungen für eine solche Lebensführung spiegelt sich vielleicht die Rationalität einer nicht nur von Einzelnen, sondern von Kollektiven geteilten Lebenswelt." (Habermas 1981a, S. 72; Hervorhebungen im Original)

Vor dem Hintergrund dieses Sprachgebrauchs kann dann von der zunehmenden Rationalisierung einer Lebenswelt bzw. einer Praxis die Rede sein. Stellt man die Einlösung von Geltungsansprüchen durch Argumentationen in den Vordergrund, dann äußert sich diese zunehmende Rationalisierung auch im vermehrten Auftauchen von Argumentationen und damit von besagten hypothesengesteuerten und argumentativ gefilterten Lernprozessen.

Folgende Überlegung mag nun die Vorstellung einer rationalen Praxis vertiefen. Auch wenn alle Teilnehmer einer Praxis durchgängig (zweck-)rational handeln, diese Praxis also ein rationales Handeln fördert, kann das Ergebnis der vernetzten Handlungen nicht befriedigend oder gar katastrophal sein. Und eben dies ist die Grundidee, die mit der Vorstellung einer Systemrationalität verbunden ist. Es geht nicht um die Zweckrationalität einzelner Aktoren, sondern um die Rationalität ganzer Systeme (vgl. Luhmann 1968). Schreyögg erläutert die Konzeption der Systemrationalität (noch vor dem älteren systemtheoretischen Hintergrund Luhmanns) wie folgt:

"Ein *System* ist demzufolge in dem Maße *rational* gesteuert, als es gelingt, die Systemleistungen zu erbringen - abstrakter: externe Komplexität zu absorbieren und die damit einhergehenden internen Probleme zu lösen. Der Einzelbeitrag, die Einzelentscheidung können für sich allein keine Rationalität beanspruchen. Rational können sie demnach nur in bezug auf und nach Maßgabe von Systemreferenzen sein. Das System gibt den Hintergrund für die (begründungsbedürftige) *Rationalitätsbeurteilung*, nicht die Zweckrationalität der Einzelhandlung. Die (kollektive) Systemrationalität läßt sich nicht auf die individuelle Rationalität zurückführen und umgekehrt." (Schreyögg 1984, S. 251; Hervorhebungen im Original; Fußnoten weggelassen)

Man kann nun - in einer Weiterführung dieser Überlegungen - die Reflexion der Systemprobleme im System selbst, d. h. das Hineintragen der Systemprobleme in das System, als Ausdruck einer Systemrationalität interpretieren. Hierin spiegelt sich auch die Fortentwicklung der Systemtheorie zu einer Theorie selbstreferentieller Systeme wider. Das folgende Zitat Luhmanns bringt diesen Bezug der Systemrationalität zur Konzeption selbstreferentieller Systeme zum Ausdruck:

"Der Rationalitätsbegriff formuliert nur die anspruchsvollste Perspektive der Selbstreflexion eines Systems. Er meint keine Norm, keinen Wert, keine Idee, die dem realen System gegenübertritt (was dann jemanden voraussetzt, der sagt, es sei vernünftig, sich danach zu richten). Er bezeichnet nur den Schlußpunkt der Logik selbstreferentieller Systeme. Führt man ihn in das System als Bezugspunkt der Selbstbeobachtung ein, wird er auf eigentümliche Weise ambivalent: Er dient dann als Gesichtspunkt der Kritik aller Selektionen und als Maß der eigenen Unwahrscheinlichkeit." (Luhmann 1984, S. 645 f.)

Durch Prozesse der Selbstbeobachtung (bzw. Selbstbeschreibung) wird letztlich die Einheit des Systems durch das System selbst thematisiert. Luhmann betrachtet diesen Prozeß unter dem Aspekt der "Reflexion":

"Als Reflexion bezeichnen wir (...) den Fall, in dem Systemreferenz und Selbstreferenz zusammenfallen. Ein System orientiert die eigenen Operationen an der eigenen Einheit. Hierfür kommt als Leitdifferenz nicht das Vorher/Nachher der Prozesse in Betracht, sondern die Differenz von System und Umwelt. Nur innerhalb dieser Differenz ist es möglich, entweder das System oder die Umwelt zu bezeichnen und dadurch die Komplexität, die als System oder als Umwelt bezeichnet wird, als Einheit zu thematisieren. Reflexion erfordert, mit anderen Worten, die Einführung der Differenz von System und Umwelt in das System." (Luhmann 1984, S. 617)

Rational sind Systeme dann, wenn sie sich selbst durch ihre Differenz zur Umwelt definieren und dieser System/Umwelt-Differenz im System selbst eine operative Bedeutung zukommen lassen. Ich habe die Idee der Systemrationalität im Kontext meines eigenen Bezugsrahmens heuristisch genutzt. Hierzu waren freilich Anpassungen und Übersetzungen vorzunehmen: Um eine Organisation als System herum entwickelt sich eine organisatorische Lebenswelt, zu der auch die Lebens- und Sprachformen der jeweiligen Führungspraxis gehören. Das, was bei Luhmann als Reflexion des Systems bezeichnet wird, ist in meiner Sicht die Feststellung, daß in dieser organisatorischen Lebenswelt und insbesondere in der Führungspraxis die Organisation selbst, ihre Identität, ihre Systemprobleme usw. thematisiert werden. Die Thematisierung der Systemprobleme wird unterschiedlich ausfallen, je nachdem welche "Organisationssicht" (im Sinne eines Weltbildes) hinter den Regelsystemen der organisatorischen Führungspraxis steht. Und dies führt dann natürlich zu der Frage nach dem zugrundeliegenden Modell der Sinnorientierung. Die Systemprobleme werden vor dem Hintergrund eines Zielmodelles sicherlich anders thematisiert als vor dem Hintergrund eines Überlebens- oder eines Fortschrittsmodelles. Dies geht über das rein formale Festmachen einer Systemrationalität an der Thematisierung der Einheit des Systems durch das System hinaus, wie dies bei Luhmann der Fall ist. Luhmann läßt alle Möglichkeiten zu, wie das System seine Einheit in Form von Selbstbeschreibungen reflektiert. Ich gehe hier bewußt einen Schritt weiter. Ich postuliere, daß im Falle von Organisationen diese organisatorischen Reflexionen auf einige Grundtypen reduziert werden können, und daß sich eine zunehmende Entfaltung der Rationalität auch mit der Entwicklung dieser Selbstthematisierungen im Sinne der angesprochenen Sinnmodelle verbinden läßt. Im Falle des Fortschrittsmodells bedeutet dies, daß die Thematisierungen mit der Wahrung bzw. Herstellung von Bedingungen eines Fortschritts zu tun haben.

Bei der Diskussion des Rationalitätsniveaus R_3 und somit auch im Zusammenhang mit dem Fortschrittsmodell, war auch von einer *evolutionären* Rationalität die Rede. Letztlich geht es hier um die Frage, was als "evolutionsgerecht" anzusehen ist, welche Merkmale eine rationale Praxis also aufweisen sollte, wenn sie im Einklang mit der Basisaussage stehen soll, daß sich Organisationen und ihre sozio-ökonomischen Felder in eine nicht prognostizierbare, "offene" Zukunft hineinbewegen. Hier sehe ich in der von Spinner (1986) diskutierten Unterscheidung von prinzipieller und okkasioneller Rationalität und in dem von Höffe (1984) herausgestellten "bescheideneren Anspruch der Rationalität" interessante Ansatzpunkte. Vor allem gilt aber wohl folgendes: Eine evolutionär-rationale Führungspraxis macht ihre eigene Rationalität vor dem Hintergrund der Thematisierung des Fortschritts als Systemproblem zum Gegenstand rationaler Lernprozesse und reflektiert insoweit auch die Geschichtlichkeit ihres eigenen Rationalitätsverständnisses. Sie ist zu rationalen Lernprozessen über mögliche Dysfunktionen einer überspannten Rationalität fähig, die sich nicht zuletzt auch in einer Überschätzung der Machbarkeit äußert. Und solche rationalen Lernprozesse über Dysfunktionen einer überspannten Rationalität mögen zur Entdeckung von Drittvariablen (Galtung 1978) führen, deren Variation die hinter den Dysfunktionen stehenden Invarianzen möglicherweise zu brechen vermag. Wenn dies aber durch rationale Lernprozesse wenigstens im Prinzip möglich wird, dann wäre freilich die Aufgabe der Vorstellung weitgehender Machbarkeit und damit eine bescheidenere Rationalitätsvorstellung letztlich doch nicht notwendig. Aber dies gilt wiederum nur so lange, als man unterstellt, daß eine Variation von Drittvariablen ausschließlich das Ergebnis eines voluntaristischen, auf die Variation erkannter Drittvariablen gerichteten Handelns auf der Basis rationaler Erkenntnisse ist. Geht man jedoch im Sinne einer evolutionären Sichtweise davon aus, daß "alles im Fluß ist", daß alle Invarianzen gebrochen werden können, aber auch neue Invarianzen auftauchen, ohne daß dies ausschließlich intendiertes Ergebnis von Handlungen ist, dann tut man gut daran, die Bescheidenheit eines evolutionären Rationalitätsverständnisses zu wahren.

Schließlich muß die Konzeption einer evolutionären Rationalität auch Bezug nehmen auf die Idee einer Komplexitätsbejahung und damit auf eine pluralistische Erkenntnispraxis. Und dies führt uns - nunmehr vor dem Hintergrund der Rationalitätsdiskussion - zurück zu der Frage nach der Handhabung komplexer Probleme, in der sich diese pluralistische Erkenntnispraxis zu manifestieren hat. Dies lenkt (zugegebenermaßen: in etwas kurzschlüssiger Weise) die Aufmerksamkeit auf neuere systemtheoretische Ansätze, die das Thema "Evolution" eng mit dem Konzept der "Selbstorganisation" verbinden: "Evolutionsgerechte Rationalität" hat dann etwas mit der Ermöglichung von Selbstorganisation zu tun. Es mag den Leser nicht überraschen, daß ich versuche, das Konzept der Selbstorganisation zunächst in einen engen Bezug zur Handhabung komplexer Probleme und hier insbesondere zur Komplexitätsbejahung setze. Dies bedeutet, daß ich in einem ersten Zugriff den Begriff der Selbstorganisation bewußt relativ eng interpretiere, wohl wissend, daß viele Autoren dazu neigen, die gesamte neuere Systemtheorie als Theorie selbstorganisierender Systeme zu bezeichnen.

Wir finden also relativ breite und relativ enge Interpretationen des Begriffes der Selbstorganisation. Der folgende zweite Teil soll zeigen, daß mit diesen unterschiedlichen Interpretationen theoretisch sehr differenzierend umzugehen ist.

2. Selbstorganisation und Fortschritt

Viele Autoren kennzeichnen die neuere Systemtheorie als Theorie selbstorganisierender Systeme. Andere stellen den Begriff der "Autopoiese" oder den Begriff der "Selbstreferenz" heraus. Mit diesen Termini ist eine Familie von Systemtheorien charakterisiert, die zwar insofern eine erhebliche Familienähnlichkeit besitzen, als sie letztlich auf Arbeiten von Foersters (1985) einerseits und Maturana (1982) andererseits zurückgeführt werden können. Bei genauerer Betrachtung zeigt sich dann aber doch, daß sich in dieser Familie inzwischen eine beträchtliche Vielfalt von Theorieansätzen findet. Entsprechend vielfältig ist auch der Gebrauch der Grundbegriffe, die den Wortteil "Selbst-" oder auch "Auto-" einschließen. Ich möchte meine Darlegungen damit beginnen, den Leser im Anschluß an Teubner (1987) mit dem vielfältigen Begriffsfeld der "Autos" vertraut zu machen.

Das Begriffsfeld der "Autos"

"Selbstbeschreibung", "Selbstreferenz", "Selbstkonstitution", "Selbstbeobachtung", "Selbstorganisation", "Selbsterhaltung", "Selbstabstraktion" sind Beispiele dieses vielfältigen Begriffsfeldes. Hinzu kommen Termini wie "Reflexivität", "Reflexion" und andere, die zwar das "Selbst-" nicht explizit enthalten, aber zu der gleichen Begriffsfamilie gehören. Bei genauer Betrachtung wird jeder dieser Begriffe von den einzelnen Autoren mehr oder weniger anders verwendet. Teubner (1987, S. 94 ff.) konstatiert mit Recht die "heillose Begriffsverwirrung" in der "Galaxie Auto". Er selbst schlägt vor, eine gewisse Ordnung dadurch in diese Begriffswelt zu bringen, daß man einen "Begriffsraum der Selbstreferenz" konstituiert, dessen Dimensionen aus einer Typologie der "Autos", einer Typologie des "Referierens" und einer Typologie der "Referent-Referat-Beziehungen" gebildet werden. "Selbstreferenz" ist dabei bei Teubner der allgemeinste Begriff, der alle diese "Selbst-Termini" umfaßt. Dies bedeutet, daß Selbstreferenz von der Vorstellung einer irgendwie gearteten "operationalen Geschlossenheit", wie sie für das Konzept Autopoiese typisch ist, abgekoppelt ist. Wann immer im wissenschaftlichen Sprachgebrauch in sinnvoller Weise ein Begriff der angesprochenen Familie verwendet wird, liegt also eine "Selbstreferenz" im allgemeinsten Sinne vor.

Teubner geht von der allgemeinen Form "x bezieht sich auf y" aus, die "y" sind die "Autos", die gleichzeitig die "Referate" der Referent-Referat-Beziehung darstellen. Die Art der Beziehung ist in der Typologie des Referierens zu klären, und das konkrete Verhältnis von (y) zu (x) in der Typologie der Referent-Referat-Beziehung.

Betrachten wir zunächst die Referent-Referat-Beziehung. Hier ist rein formal der Sonderfall möglich, daß Referent (x) und Referat (y) identisch sind: Dies ist etwa der Fall, wenn man sagt, die Organisation (x) beziehe sich auf sich selbst als Ganzes (y). Darüber hinaus ist aber auch denkbar, daß eine Referent-Referat-Beziehung besteht, bei der y ein Element der Menge (x) oder ein Teil einer Ganzheit bildet. Wenn etwa die Aussage gemacht wird, die Organisation (x) beschreibe y als eine seiner Komponenten, so liegt eine solche Referent-Referat-Beziehung vor. Eine andere Referent-Referat-Beziehung im Sinne der Typologie läge etwa vor, wenn man sagt, die Komponente (y) der Organisation wirke bei der Erhaltung der Organisation (x) mit. Große Verwirrungen im Begriffsraum treten deshalb auf, weil der Begriff "Selbstreferenz" scheinbar unterstellt, Referent und Referat - also x und y - seien identisch.

Umfaßt das Referat dagegen mehr als den Referenten, dann spricht Teubner auch von einer "überschießenden Selbstreferenz", während eine "partielle Selbstreferenz" dann vorliegt, wenn das Referat nur einen Teilbereich des Referenten darstellt (vgl. Teubner 1987, S. 103). Dabei sei noch einmal daran erinnert, daß mit Selbstreferenz der allgemeinste Begriff genannt ist, der Termini wie Selbstbeschreibung, Selbsterhaltung usw. umfaßt. Wenn z. B. ein Mitglied einer Organisation über ein kognitives Realitätskonstrukt dieser Organisation verfügt, dann ist dies ein Fall von "überschießender Selbstbeschreibung". Denn das Mitglied beschreibt in diesem Realitätskonstrukt ja nicht sich als Mitglied allein, sondern die ganze Organisation, in der dieses Mitglied lediglich ein Teil ist.

Hinsichtlich der Typologie möglicher "Autos" bzw. Referate schlägt Teubner vor, nach Systemkomponenten zu unterscheiden. Hierzu rechnet er Elemente, Struktur, Prozesse, Grenzen, Umwelten, Funktionen, aber auch das System als Ganzes. Systemkomponenten sind also nicht nur die Elemente, sondern im Prinzip alle Aspekte, die in Texten über Systeme und ihre Umwelt vorkommen können. Eine Referent-Referat-Beziehung im Sinne der eingangs angegebenen Typologie liegt also immer vor, wenn Relationsaussagen getroffen werden, die Systemkomponenten in Beziehung setzen. Eine solche Aussage kann also auch lauten: Die Systemelemente y (re-)produzieren die Systemgrenzen x.

Das Wort "reproduzieren" charakterisiert dabei eine bestimmte Art von "referieren" im Sinne der zweiten Typologie. Diese Typologie müßte (unabhängig von der jeweils einschränkenden Charakterisierung der Referate bzw. Referenten) die vielfältigen Begriffe wie "Selbstbeschreibung", "Selbstbeobachtung", "Selbsterhaltung" usw. ordnen. Was dabei mit "Selbst-" gemeint ist und was bzw. wer beschreibt, beobachtet, bzw. erhält, ist im Rahmen der Typologie der "Autos" (Referate) und im Rahmen der Explikation des jeweils spezifischen Referent-Referat-Verhältnisses im obigen Sinne zu klären. Natürlich stellt sich dann insbesondere auch bezüglich des Begriffs der "Selbstorganisation" die Frage, welche Referent-Referat-Beziehung und welche Art des Referierens hierbei angesprochen ist. Der Leser wird nach dem Gesagten nicht mehr überrascht sein, daß hierfür in der neueren Systemtheorie a priori kein eindeutiger Sprachgebrauch zu finden ist. Ich selbst werde im weiteren Verlauf "Selbstorganisation" in einer noch zu klärenden sehr engen Sichtweise verwenden und dort, wo es in einem weiteren Sinne um die "Selbstherstellung" bzw. um die "Selbsterhaltung" eines Systems geht, von dessen Autopoiese sprechen.

Die noch zu erläuternde Unterscheidung von Autopoiese und Selbstorganisation läßt es notwendig erscheinen, die kritische Konfrontation der Konzeption der fortschrittsfähigen Unternehmung mit

Konzeptionen der neueren Systemtheorien in zwei Schritten zu vollziehen. In einem ersten Schritt gehe ich der Frage nach, inwieweit es meine Überlegungen zum Thema "Rationale Praxis und Fortschritt" opportun erscheinen lassen, Unternehmungen (insbesondere wenn es um deren Fortschrittsfähigkeit geht) als autopoietische Systeme zu betrachten. Um das Ergebnis vorwegzunehmen: In dem Maße, wie das Rationalitätsniveau einer fortschrittsfähigen Unternehmung erreicht wird, entwickeln sich Tendenzen, die eine möglicherweise vorhandene Grundtendenz zur Autopoiese konterkarieren. In einem zweiten Schritt gehe ich dann auf die engere Interpretation der Selbstorganisation ein, bringe diese mit der Vorstellung einer Komplexitätsbejahung in Verbindung und gelange zu dem Ergebnis, daß es insbesondere und gerade dem möglichen Auftauchen selbstorganisierender Prozese zuzuschreiben ist, wenn die erwähnte Konterkarierung eventueller Tendenzen zur Autopoiese wirksam wird.

Unternehmen als autopoietische Systeme?

Das Konzept autopoietischer Systeme ist eng mit dem Namen des Neurobiologen Maturana verbunden. Ihm geht es um eine neuartige Erklärung des Phänomens des Lebens, die er auf eine "operational abgeschlossene Organisation" von Prozessen zurückführt, die ihrerseits ausschließlich physikalisch-chemischen Gesetzmäßigkeiten folgen. Maturanas Definition eines autopoietischen Systems lautet wie folgt:

"Es gibt eine Klasse dynamischer Systeme, die - als Einheiten - verwirklicht werden als Netzwerke der Produktion (und Auflösung) von Bestandteilen, welche
a) durch ihre Interaktion in rekursiver Weise an der Verwirklichung des Netzwerkes der Produktion (und Auflösung) der Bestandteile mitwirken, das sie selbst erzeugt, und welche
b) durch die Festlegung seiner Grenzen eben dieses Netzwerk der Produktion (und Auflösung) von Bestandteilen als eine Einheit in dem Raum konstituieren, den sie bestimmen und in dem sie existieren.
Francisco Varela und ich haben solche Systeme *autopoietische Systeme* und ihre Organisation als *autopoietische Organisation* bezeichnet (...). Ein autopoietisches System, das im physikalischen Raum existiert, ist ein lebendes System - oder, etwas genauer, der physikalische Raum ist der Raum, den die Bestandteile lebender Systeme bestimmen und in dem sie existieren (...)." (Maturana 1982b, S. 245; Hervorhebungen im Original)

Diese Konzeption wurde zunächst entwickelt, um Organismen als lebende Systeme zu analysieren. Es hat freilich inzwischen auch nicht an Versuchen gefehlt, die Sichtweise autopoietischer Systeme auf soziale Systeme bzw. auf Organisationen zu übertragen (vgl. z. B. Luhmann 1984, Hejl 1983, Morgan 1986, Probst 1987, zu Knyphausen 1988 und Teubner 1989). Vereinfacht (und ohne daß dies zu einer umfassenden Charakterisierung dieser Ansätze führen würde) kann man zwei große Klassen von Ansätzen unterscheiden: Zum einen gibt es Ansätze, die den Begriff der Autopoiese ohne Modifikation in der Weise verwenden, wie er ursprünglich von Maturana für die Theorie lebender Systeme eingeführt wurde. Für diese Ansätze ist gleichzeitig typisch, daß sie soziale Systeme als Systeme höherer Ordnung auffassen, deren Elemente individuelle lebende Systeme sind. Solche Ansätze führen in der Regel zu der Konsequenz, daß soziale Systeme keine autopoietischen Systeme sind. Zum anderen finden sich Ansätze (der prominenteste ist sicherlich der Ansatz Luhmanns 1984), die zwar an Maturana anknüpfen, dann aber eine Begriffswelt schaffen, die es zuläßt, soziale Systeme als autopoietische Systeme zu charakterisieren. Für diese ist gleichzeitig typisch, daß nicht lebende Systeme, sondern Kommunikationen als Elemente der Systeme angesehen werden. Hierbei gibt es wiederum Autoren (wie etwa Luhmann), bei denen soziale Systeme ex definitione autopoietische Systeme sind (sonst liegt überhaupt kein soziales System in ihrer Sicht vor). Es finden sich aber auch Autoren, die es als eine empirische Frage ansehen, ob soziale Systeme zu autopoietischen Systemen werden bzw. solche Systeme bleiben (z. B. Teubner 1987). Macht man die Autopoiese (oder - wenn man hier unterscheidet - die selbstreferentielle Geschlossenheit) zu einem empirischen Problem, so können - wenn auch etwas unscharf - wiederum zwei Sichtweisen unterschieden werden: In der einen Sichtweise ist die Autopoiese ein in der Realität keineswegs unwahrscheinlicher Fall. Dies ist offenbar die genauere Position Teubners. Zum anderen wird in der Autopoiese ein relativ unwahrscheinlicher Grenzfall gesehen, dem sich reale soziale Systeme freilich empirisch mehr oder weniger nähern können. Die meisten Überlegungen des vorliegenden Textes werden zeigen, daß hier etwa meine eigene Position angesiedelt ist. Diese Position ist freilich sehr stark durch das sogenannte "gradualistische Autopoiesekonzept" Teubners beeinflußt, das es im folgenden kurz zu charakterisieren gilt.

Teubner selbst akzeptiert zunächst die Grundposition Luhmanns, "Kommunikationen" als Elemente eines sozialen Systems anzusehen. Dabei betrachtet Teubner jedoch die Organisation als Subsystem der Gesellschaft. Dies führt bei ihm zu der Konsequenz, daß die Autopoiese ein empirisch erreichbares Merkmal gesellschaftlicher Subsysteme ist; hierin sieht Teubner die höchste Stufe einer Autonomie solcher Subsysteme. Diese Aussage bezieht sich zunächst auf soziale Systeme. Teubner unterbreitet mit seinem Konzept eine Sichtweise, die zur bisher geführten "Alles-oder-Nichts-Diskussion" der Autopoiese sozialer

Systeme eine Alternative darstellt: Allopoiese und Autopoiese sozialer Systeme können über ein gradualistisches Konzept gleichzeitig gedacht werden und ihr heuristisches Potential für die Organisationstheorie entfalten. Was Teubner aber bezüglich sozialer Systeme als Potential entwickelt, kann sich bezüglich Organisationen nicht entfalten, da er zusätzlich festlegt, daß Organisationen ex definitione diesen höchsten Grad der Autonomie aufweisen. Obwohl er in der Autopoiese also ein empirisches Phänomen sieht, sind bei ihm Organisationen dann begriffsnotwendig autopoietische Systeme. Diese zusätzliche Festlegung erscheint freilich nicht denknotwendig.

In seinem Beitrag "Hyperzyklus in Recht und Organisation: Zum Verhältnis von Selbstbeobachtung, Selbstkonstitution und Autopoiese" schlägt Teubner (1987) einen systemtheoretischen Bezugsrahmen vor, vor dessen Hintergrund er folgende These erläutert:

"(1) Gesellschaftliche Teilsysteme gewinnen an Autonomie in dem Ausmaß, wie es ihnen gelingt, die Anzahl ihrer Systemkomponenten in selbstreferentiellen Zyklen zu konstituieren.
(2) Autopoietische Autonomie erreichen sie erst dann, wenn ihre zyklisch konstituierten Systemkomponenten miteinander zu einem Hyperzyklus verkettet werden." (Teubner 1987, S. 91; im Original gesperrt)

Eine Konsequenz des Beitrages ist - wenn ich ihn richtig verstehe -, daß soziale Systeme nicht ex definitione autopoietische Systeme sind. Ob sie eine autopoietische Autonomie erreichen, ist in diesem Bezugsrahmen ein empirisches Problem. Von "Organisationen", also sozialen Subsystemen, spricht Teubner dann aber nur, wie wir noch sehen werden, wenn tatsächlich eine autopoietische Autonomie vorliegt. Insofern wird dann doch die Autopoiese mit dem Organisationsbegriff definitorisch in Verbindung gebracht. Doch dies soll im folgenden näher erläutert werden.

Teubner wählt zunächst die gleiche Position wie Luhmann, derzufolge Gesellschaften (ex definitione) autopoietische Systeme (im Sinne Luhmanns) sind. Es geht ihm jedoch im weiteren um die Autonomie der gesellschaftlichen Subsysteme und damit um die Frage: "Gibt es Autopoiese innerhalb von Autopoiese?" Dabei wird von ihm - ohne genauere Erläuterungen - unterstellt, daß Organisationen solche Subsysteme der Gesellschaft sind. Insoweit weicht er m. E. von Luhmann ab, der Organisationen wohl als soziale Systeme sui generis sieht.

Ebenfalls im Gegensatz zu Luhmann, dessen Ansatz Teubner als "Big-Bang-Theorie" bezeichnet, macht Teubner den Vorschlag, von einer sachlichen und zeitlichen Zäsur zwischen Selbstbeobachtung, Selbstkonstitution und Autopoiese auszugehen. Mit der Begriffsreihe "Selbstbeobachtung", "Selbstkonstitution" und "Autopoiese" will Teubner die (empirisch feststellbare) zunehmende Autonomie gesellschaftlicher Subsysteme erfassen. Es gibt also gleichsam mehrere Eskalationsstufen der Autonomie gesellschaftlicher Teilsysteme, die Teubner zunächst am Beispiel des Rechtssystems (als Teilsystem der Gesellschaft) erläutert, dann aber auch auf formale Organisationen anwendet. Insgesamt unterscheidet Teubner vier Fälle: neben dem Fall des Nicht-Vorliegens von Autonomie, definiert er drei mögliche Abstufungen der Autonomie.

(1) Keine Autonomie weist das Recht innerhalb der Gesellschaft auf, wenn Elemente, Struktur, Prozesse und Grenzen der rechtlichen Auseinandersetzungen und Verhandlungen mit denen der allgemeinen gesellschaftlichen Kommunikation weitgehend identisch sind oder doch durch alltägliche gesellschaftliche Kommunikation geprägt sind.

(2) Eine erste Eskalationsstufe wird erreicht, wenn "Selbstbeobachtungen" vorkommen. Innerhalb der Gesellschaft treten z. B. Rechtsgelehrte und/oder Philosophen auf, die beginnen, über das Rechtssystem und seine Komponenten zu kommunizieren. Teubner spricht davon, daß auf dieser Stufe die Komponenten des Rechtssystems, zu denen dann ja auch die rechtsphilosophischen bzw. rechtswissenschaftlichen Kommunikationen gehören, "selbstreferentiell definiert" sind. Die Berechtigung, von "selbstreferentiell definiert" zu sprechen, leitet sich davon ab, daß eine Relationsaussage zwischen Systemkomponenten möglich ist, derzufolge eine Teilmenge der Elemente des Systems (die Kommunikation der Rechtsgelehrten) die Systemkomponenten des Rechtssystems thematisieren. Auf dieser Eskalationsstufe der (Teil-)Autonomie liegt jedoch noch keine Wirkung dieser rechtswissenschaftlichen Kommunikationen auf die Konstitution des Rechtssystems vor. Kein Richter oder sonst an einem Streit Beteiligter (und auch kein Gesetzgeber) nimmt auf diese "Selbstbeschreibungen" des Rechtssystems Bezug, wenn es um konkrete Konflikte innerhalb des Rechtssystems geht.

(3) Von einer "Selbstkonstitution", die zu einer weiteren Eskalation der (Teil-)Autonomie des Rechtssystems als gesellschaftliches Subsystem führt, spricht Teubner erst, wenn "Selbstbeschreibungen" (im Sinne von (2)) tatsächlich operativ im Rechtssystem Verwendung finden. Dies ist etwa der Fall, wenn rechtsdogmatische Theorien von Richtern herangezogen werden, um Urteile zu begründen. Jetzt erst

wirken (rechtsdogmatische) Kommunikationen der Rechtsgelehrten an der Konstitution und (Re-)Produktion der Kommunikationen innerhalb des Rechtssystems mit. Dennoch sind die Kommunikationen (trotz deren Mit-Konstitution durch (Selbst-)Beschreibungen der Rechtsdogmatik) nach wie vor mit den übrigen Kommunikationen der Gesellschaft eng verwoben. Die Richter argumentieren bei ihren Urteilsbegründungen (trotz teilweiser Bezugnahme auf rechtsdogmatische Kommunikation innerhalb des Rechtssystems) nach wie vor hauptsächlich mit dem "gesunden Menschenverstand" und nehmen auf alltägliche Kategorien bzw. Themen der gesellschaftlichen Kommunikationen Bezug. Aus diesem Grunde liegt auch hier lediglich eine Teilautonomie des Rechts vor.

(4) Erst wenn über die operative Verwendung der (Selbst-)Beobachtungen bzw. (Selbst-)Beschreibungen des Rechtssystems durch Kommunikationen innerhalb des Rechtssystems hinaus die auf diese Weise (selbst-)konstituierten (im Sinne von: durch Systemelemente mitkonstituierten) Komponenten des Rechtssystems "in einem Hyperzyklus (...) als einander wechselseitig produzierend miteinander verkettet werden" (Teubner 1987, S. 102), liegt eine volle Autonomie und damit eine Autopoiese des Rechtssystems als gesellschaftliches Teilsystem vor. Dies ist dann erreicht, wenn alle Richter (und sonstige Beteiligte) nur noch in jenen Kategorien kommunizieren, die durch jene Kommunikationen innerhalb des Rechtssystems geprägt sind, die das Rechtssystem (selbst-)beschreiben. Teubner erläutert dies unter Bezugnahme auf den Begriff der "sekundären Norm". Sekundäre Normen oder Regeln dienen im weitesten Sinne der Anwendung der primären Normen, die die unmittelbaren Pflichten und Rechte definieren. Sekundäre Normen regeln, wie man die relevanten primären Normen identifiziert und nach welchen Verfahren man sie anwendet.

"Juristische Techniken zur Normidentifizierung können ihre Kriterien aus ganz verschiedenen Quellen gewinnen, etwa aus religiösen Texten, göttlichen Offenbarungen, wahren Erkenntnissen der Natur, althergebrachter Überlieferung, gruppenspezifischen Usancen oder schieren Machtprozessen. Man muß in solchen Fällen schon von rechtlicher Selbstkonstituierung der Normen sprechen, da es das Rechtssystem selbst ist, das über `secondary rules' die Kriterien festlegt und mit ihnen operativ umgeht, auch wenn die Normen `inhaltlich' fremdbestimmt bleiben. (...)
Nun ist *ein* Sonderfall der Selbstkonstitution für unsere Zwecke interessant: wenn die Kriterien für die Normidentifizierung nicht auf außerrechtliche Rechtsquellen, sondern auf interne Systemkomponenten verweisen. Autopoiese-Verdacht tritt also etwa dann auf, wenn die Selbstbeschreibungen des Rechts eine Rechtsquellenlehre entwickeln und praktizieren, die die Normgewinnung auf Präjudizien verweist oder auf andere Prozesse rechtsinterner Rechtsbildung. Dann werden

Rechts*normen* durch Verweis auf Rechts*handlungen* definiert, also Systemkomponenten durch Systemkomponenten `produziert'. (...) Rechtsnormen können nur noch auf dem Weg über präzise definierte Rechtsakte, sei es Gesetz, sei es Richterspruch, sei es organisationsinterne Satzung, entstehen." (Teubner 1987, S. 111 f.; Hervorhebungen im Original, Fußnoten weggelassen)

In diesem "Grenzfall" produzieren sich die Systemkomponenten wechselseitig. Das Rechtssystem kommuniziert in seinen eigenen Kategorien und unter Bezugnahme auf Kommunikationen, die selbst im Rechtssystem produziert werden. Kommunikationen über "Sachverhalte" werden nur insoweit relevant, als sie in "Tatbestände" und damit in Kategorien des Rechtssystems übersetzt werden. Und auch hierfür gibt es Regeln innerhalb des Rechtssystems, die im Rechtssystem selbst produziert werden.

Man kann nun diese Sichtweise - in meine eigene theoretische Konzeption übersetzt - für die Organisationstheorie nutzbar machen. Dabei erscheint es sinnvoll, die angesprochene Selbstreferenz (im Sinne Teubners) unmittelbar auf sogenannte Kontextgemeinschaften anzuwenden. Eine Kontextgemeinschaft umfaßt jene Akteure, die eine Lebens- und Sprachform und insofern einen spezifischen Kontext teilen. Demgegenüber ist das Abgrenzungskriterium einer Organisation die Existenz einer Verfassung, in der die Autorisierungsrechte allokiert werden: Eine Organisation umfaßt jene Akteure, die als Mitglieder dem verfassungsmässigen Autorisierungsrecht ihrer Organe unterliegen. Die verschiedenen Grade der Autonomie (oder wie man auch sagen könnte: der "selbstreferentiellen Geschlossenheit") in Anlehnung an Teubner bestimmen sich dann danach, inwieweit sich die Organisation als Kontextgemeinschaft konstituiert, die von den Kontexten der originären Lebenswelt "abgeschlossen" ist.

Die drei Eskalationsstufen der Autonomie von Organisationen können dann etwa wie folgt charakterisiert werden: (1) Die erste Eskalationsstufe der Autonomie ist, wie im Konzept Teubners durch das Auftauchen von Selbstbeobachtungen und Selbstbeschreibungen des Systems charakterisiert. Man kann dies damit in Verbindung bringen, daß sich sekundäre Lebens- und Sprachformen ausdifferenzieren, in deren Kontext über die primäre (alltägliche) Lebensform kommuniziert wird. (2) Die zweite Eskalationsstufe - in der nach Teubner Selbstbeschreibungen operativ verwendet werden - äußert sich darin, daß sich unter dem Einfluß der sekundären Tradition eine derivative Lebens- und Sprachform herausbildet, in deren Kontext "operativ wirksam" argumentiert und gehandelt wird. Die Kontexte der originären Lebenswelt bleiben freilich auf dieser Stufe noch wirksam. (3) Eine vollständige Autonomie (im Sinne der Autopoiese à la Teubner) liegt schließlich vor, wenn die derivative Lebenswelt gegenüber originären Lebens- und Sprachformen abgeschottet bleibt und sich durch kontextspezifische Kommunikationen ausschließlich selbst reproduziert.

Der Begriff der "derivative Lebenswelt" muß jedoch nicht a priori auf einzelne Organisationen bezogen werden. Es gibt auch die Lebenswelt einer Branche, wobei die einzelnen Organisationen der Branche verschiedene Varianten dieser Lebens- und Sprachform bzw. dieser Lebenswelt entwickeln. Die Branche selbst ist dann eine inhomogene Lebenswelt. Auch wenn man nicht die Branche selbst, sondern einzelne Organisationen betrachtet, muß man doch immer von einer branchenspezifischen Lebenswelt ausgehen. Die Lebens- und Sprachform einer fokalen Organisation stellt immer eine mehr oder weniger stark ausgeprägte Variante dieser (mehr oder weniger inhomogenen) Lebenswelt dar.

Diese Ausführungen lassen eine vollständige Autonomie von Organisationen unwahrscheinlich erscheinen, da dies bedeuten würde, daß sich eine "totalitäre" derivative Lebenswelt der Organisation herausbildet. Eine totalitäre Lebens- und Sprachform bzw. Kontextgemeinschaft sehe ich in folgendem Grenzfall, in dem folgende drei Bedingungen erfüllt sein müssen: (1) Der Kontext ist völlig homogen und darüberhinaus gegenüber anderen Kontexten inkommensurabel im starken Sinne. Ein Wechsel des Kontextes ist mit einem echten Gestalt-Switch verbunden. (2) Dieser Kontext kann zusätzlich in der Weise charakterisiert werden, wie in der neueren Wissenschaftstheorie paradigmatische Forschungstraditionen im Gegensatz zu quasi-paradigmatischen oder vorparadigmatischen Traditionen charakterisiert werden. Im Sinne von Sneed (1971) liegt ein wohlstrukturierter Strukturkern vor, der allen Kernerweiterungen der theoretischen Forschungstradition gleichermaßen zugrunde liegt. Charakterisiert man diesen Kern als Regelsystem, so liegt dieser Tradition ein wohldefinierter Kern grammatischer Regeln zugrunde. Man könnte dann auch sagen, daß die entsprechende Kontextgemeinschaft eine wohldefinierte Identität besitzt. (3) Die Mitglieder der Kontextgemeinschaft verhalten sich als "strikte Kontextpartisanen" (vgl. Kirsch 1992, S. 64 f.).

Kontextgemeinschaften, die eine totalitäre Lebenswelt teilen, sind in der sozialen Sphäre grundsätzlich möglich. Alltägliche Kontextgemeinschaften sind jedoch weit davon entfernt, eine solche "Operational Closure" aufzuweisen. Die derivative Lebenswelt einer Organisation weist m. E. diese Merkmale nicht auf. Natürlich kann man sich auch hier einen Grenzfall vorstellen. Man denke an eine Sekte als eine Organisation, die ihre Mitglieder vollständig kaserniert und von anderen Interaktionen isoliert. Es entwickelt sich dann eine Art totalitäre Lebenswelt, die nahezu operational geschlossen ist. Hinder stellt im Zusammenhang mit der Betrachtung der derivativen Lebenswelt die These auf, daß die derivativen

Lebens- und Sprachformen "immer noch auf eine komplementäre Alimentierung durch eine originäre Lebenswelt angewiesen sind, die in die alltäglichen Lebensformen der privaten Lebenswelt eingebettet ist" (Hinder 1986, S. 362). Vor diesem Hintergrund ist eine derivative Lebenswelt totalitär, wenn sie nicht mehr auf eine Alimentierung in diesem Sinne angewiesen ist. Sie sieht für alle auftauchenden Fälle und Probleme Regeln und Kategorien vor. Der Teilnehmer ist sich während seiner Teilnahme an einer solchen totalitären Lebensform nicht mehr der Existenz alternativer Lebensformen bewußt. Hinsichtlich des Grenzfalls einer Sekte, die gleichzeitig ökonomische Dienstleistungen vertreibt, mag eine solche totalitäre Lebensform auch damit verbunden sein, daß ihre Teilnehmer aus ihrer originären Lebenswelt total herausgelöst werden.

In dieser Konzeption sind Organisationen also keineswegs abgeschlossene oder autopoietische Systeme, wie dies Luhmann oder Teubner (freilich in recht unterschiedlicher Weise) postulieren. Die autonome Selbstkonstitution bleibt ein empirisch möglicher Grenzfall, der in der realen Organisation aber wohl nur sehr selten verwirklicht ist. Im Grunde müßte die Organisation gleichzeitig eine Kontextgemeinschaft sein, die eine totalitäre derivative Lebenswelt teilt. Natürlich kann sich eine reale Organisation auch dem Grenzfall soweit nähern, daß sie als beinahe selbstreferentiell geschlossen angesehen werden kann.

Es stellt sich natürlich vor diesem Hintergrund die Frage, ob die Entwicklung einer Organisation hin zu einer vollständigen Autonomie a priori wünschenswert ist. Teubner bewertet es in bezug auf die Betrachtung des Rechtssystems offenbar ausgesprochen positiv, daß moderne Rechtssysteme vollständig autonom im dargelegten Sinne sind. Man kann hier natürlich auch zu einer anderen Bewertung gelangen. Rechtspolitik könnte durchaus zum Beispiel darin bestehen, darüber nachzudenken, wie man verhindern kann, daß ein teilautonomes Rechtssystem tatsächlich zu einem autopoietischen System (im Sinne Teubners) wird. Und genau eine analoge Frage stellt sich für mich in bezug auf die Organisation. Sowohl für die Betrachtung des Rechtssystems als auch für die Betrachtung der Organisation mag es "Selbstbeschreibungen" geben, die eine vollständige Autonomie gerade nicht als wünschenswert herausstellen. Sofern diese Selbstbeschreibungen tatsächlich operativ wirksam werden, mögen sie eventuell vorhandene Tendenzen in Richtung auf eine vollständige Autonomie konterkarieren.

Genau diese Möglichkeit von Selbstbeschreibungen, die dem Autonomiestreben entgegenwirken, verbindet sich nun mit der Konzeption einer fortschrittsfähigen Organisation. Weiter oben habe ich im Zusammenhang mit dieser Konzeption von Modellen der Sinnorientierung gesprochen, die in der Kultur einer Organisation rekonstruierbar sind. Solche Sinnmodelle können als Selbstbeschreibungen im Sinne

Teubners interpretiert werden. In dem Maße, wie das jeweilige Sinnmodell z. B. als Leitbild explizit gemacht ist und im System operativ verwendet wird, liegt eine Selbstkonstitution im Sinne Teubners vor. Durch den Versuch in Organisationen Selbstbeschreibungen der Organisationsmitglieder z. B. durch einen Leitbildprozeß gleichsam zu kanalisieren, wird es durchaus denkbar, daß sich diese Selbstbeschreibungen immer mehr angleichen und Übersetzungen möglich werden. Das Herausbilden einer derivativen Lebenswelt wird dadurch immer wahrscheinlicher und führt somit, insbesondere wenn das Leitbild operativ wirksam wird, zur Steigerung der Autonomie der Organisation. Allerdings ist diese generelle Aussage, wie bereits angedeutet, zu relativieren. Es hängt letztlich von den inhaltlichen Festlegungen der Selbstbeschreibungen ab, ob diese der Autonomie förderlich oder - wie im Falle der Konzeption einer fortschrittsfähigen Organisation - eher konterkarierend sind. So können diese operativ verwendeten Selbstbeschreibungen die Organisation bewußt als nicht-autopoietisch beschreiben. Mit anderen Worten: Im Leitbild fordert man, daß die Organisation gerade nicht völlig autonom in bezug auf die Betroffenen bzw. auf eine definierte Teilmenge der Betroffenen oder auch gegenüber der umfassenden Gesellschaft sein soll. In diesen Fällen müßte eine Teilautonomie im Sinne der Selbstkonstitution in Verbindung mit einer operativen Verwendung der Leitbildgrundsätze im System eigentlich dazu beitragen, daß diese Organisation sich gerade nicht zu einem autopoietischen System entwickelt.

Andererseits sind selbstverständlich auch Sinnmodelle denkbar, die eine derartige Autopoiese geradezu "fordern". Dies ist allerdings ein empirisch-theoretisches Problem. Zum einen ist es fraglich, ob sich tatsächlich - wie in unserer Analogie entwickelt - sekundäre Lebens- und Sprachformen ausdifferenzieren, in deren Kontext über die alltägliche organisatorische Lebenswelt kommuniziert wird, bzw. die Selbstbeschreibungen sich den begrifflichen Abstraktionen der Systemtheorie angleichen, wenn auch das Eindringen wissenschaftlicher Sprachspiele in die Praxis generell wohl nicht auszuschließen ist. Zum anderen ist es auch ein empirisch-theoretisches Problem, ob allopoietische Selbstbeschreibungen die Autonomisierung von Organisationen tatsächlich konterkarieren, insbesondere wenn man bedenkt, daß jede operative Verwendung von Selbstbeschreibungen die "Totalisierung" der derivativen Lebenswelt und somit auch den Autonomieprozeß fördert. Umgekehrt ist auch durchaus der Fall denkbar, daß ein autopoietisches Sinnmodell aufgrund von Forderungen der Umwelt in seiner operativen Verwendung scheitert und entsprechende Autonomietendenzen vereitelt werden (vgl. Kirsch und zu Knyphausen 1991).

Wie dem im Einzelnen auch sei: Die dargestellten Überlegungen verweisen darauf, daß es letztlich nicht zweckmäßig ist, davon auszugehen, daß sich Organisationen gleichsam naturwüchsig auf den Fluchtpunkt der Autopoiese und Autonomie zubewegen. Man muß die Möglichkeit der Konterkarierung der Autonomieentwicklung durch operativ wirksame Selbstbeschreibungen systematisch in den organisationstheoretischen Ansatz einbeziehen. Dabei ist auch die Möglichkeit bislang nicht verwirklichter Entwicklungsniveaus zu beachten. Das Fortschrittsmodell ist hierfür ein Prototyp. Meine Darlegungen sollen den engen Zusammenhang zwischen Fortschritt, rationaler Praxis, Komplexitätsbejahung und Selbstorganisation (in einem engeren Sinne) zeigen. Sie gelangen zu dem Schluß, daß Fortschritt zwar mit der Ermöglichung selbstorganisierender Episoden (Selbstorganisation im engeren Sinne) verbunden zu sein scheint. In dem Maße aber, wie die Verankerung dieser Sichtweise in den organisatorischen Selbstbeschreibungen gelingt, entstehen Tendenzen, die verhindern, daß Organisationen zu völlig autonomen Systemen (und damit zu selbstorganisierenden Systemen im Sinne der weiteren Interpretation des Begriffs) werden. Oder auch anders ausgedrückt: Organisationen können lernen, ihre eigene Autopoiese zu verhindern, wenn (insbesondere moralisch-praktische) Lernprozesse zu der Einsicht führen, daß hierdurch ein Fortschritt eher behindert wird. Solche Lernprozesse sind also *möglich*. Ob sie tatsächlich auftauchen und zur Wirklichkeit werden, ist freilich eine ganz andere Frage.

Der Leser bleibe sich angesichts dieser Schlußfolgerungen freilich bewußt, daß sie auf einer systemtheoretischen Konstruktion beruht, die ein gradualistisches Autonomiekonzept impliziert. Ich habe eingangs darauf verwiesen, daß es hierzu auch (sogar sehr prominente) Alternativen gibt. Andererseits: Wenn man von einer organisationstheoretischen Konzeption ausgeht, wie ich sie im ersten Teil umrissen habe, ist man in besonderem Maße geneigt, die neuere Systemtheorie im Sinne des gradualistischen Konzepts heuristisch zu nutzen.

Das Konzept der Selbstorganisation wurde in den bisherigen Ausführungen in einem weiten Sinne auf die Organisation als Ganzes angewandt, was mich zu der Sichtweise führt, verschiedene Grade der "selbstreferentiellen Geschlossenheit" als empirisch mögliche Fälle zu unterscheiden. Es dürfte deutlich geworden sein, daß man sich damit von den Annahmen der neueren Systemtheorie löst. Die Systemtheorie wird von mir also "lediglich" als Anregung für die kritische Weiterentwicklung meiner eigenen Konzeption vor dem Hintergrund der damit verbundenen Annahmen genutzt.

Diese im ersten Teil angedeutete Konzeption legt es darüber hinaus nahe, das Gedankengut der Systemtheorie noch in einer anderen Weise zu nutzen: Die Handhabung komplexer Probleme (verstanden als Multi-Kontext-Probleme) stellt eine zentrale Frage dar, zu deren Diskussion das Konzept der Selbstorganisation, freilich in einem anderen, engeren Sinne verstanden, ebenfalls herangezogen werden kann. Selbstorganisation steht dann in einem engen Zusammenhang mit einer "Bejahung der Problemkomplexität".

Komplexitätsbejahung und selbstorganisierende Prozesse

Der Begriff der Selbstorganisation nimmt innerhalb der Diskussion der neueren Systemtheorie - wie bereits erwähnt - eine prominente Stellung ein. Obwohl der Begriff der Autopoiese die Konstitution eines Systems, also seine Produktion und Reproduktion zum Inhalt hat, und der Begriff der Selbstorganisation wohl eher mit der Struktur eines Systems in Verbindung gebracht werden kann, gibt es dennoch Ansätze in der wissenschaftlichen Diskussion, diese Termini mehr oder weniger synonym zu verwenden (vgl. z. B. Jantsch 1979). Aus organisationstheoretischer Sicht würde dieses Vorgehen aber bedeuten, daß der Selbstorganisations-Begriff in seiner Anwendung auf Organisationen immer zugleich impliziert, daß diese auch als autopoietisch zu charakterisieren sind. Es stellt sich somit die Frage nach dem Mehrwert des Selbstorganisationsbegriffes, insbesondere in betriebswirtschaftlicher Hinsicht. Hejl (1985) kommt hier zu einer differenzierteren Betrachtung, wenn er versucht, die Begriffe Selbstorganisation und Selbsterhaltung zu trennen. Bevor ich dieser Begriffsstrategie im folgenden weiter nachgehen werde, seien noch einige wichtige allgemeine Aspekte vorangestellt.

Wenn man von der "Selbstorganisation einer Organisation" spricht, so verwendet man den Organisationsbegriff in zweifacher Weise. Diese kann man über eine Gegenüberstellung der Aussagen "die Unternehmung *ist* eine Organisation" und "die Unternehmung *hat* eine Organisation" charakterisieren. Bei der Selbstorganisation geht es um das, was eine Unternehmung "hat". "Organisation" bedeutet dann soviel wie "Ordnung" eines sozialen Systems (zum folgenden vergleiche auch zu Knyphausen 1988). Diese kann über Regelmäßigkeiten in der Oberflächenstruktur, aber auch über rekonstruierte Regeln einer Tiefenstruktur bestimmt werden. Geht man von der Tiefenstruktur aus, so stellen sich unter anderem folgende Fragen: Wie entstehen diese Regeln? Und: Wie werden sie bewahrt?

Regeln können selbstverständlich dadurch entstehen, daß ein Aktor explizite Regelungen entwirft und "erläßt", und diese Regeln auch akzeptiert werden. Diese Akzeptanz kann (im Sprachspiel von Habermas) empirisch oder rational motiviert sein. Solche Überlegungen setzen voraus, daß die von einem Aktor entworfenen Regelungen von den anderen verstanden werden. Geht man von einer prinzipiell nicht behebbaren Unschärfe des Verstehens aus, und legt man fest, daß Kommunikation im Sinne Maturanas lediglich konnotative, nicht aber denotative Wirkungen zeitigt, dann "modulieren" die von einem Aktor entworfenen Regelungen die operational geschlossenen "Empfänger" dieser Regelungen: Es liegt eine Modulation der selbstreferentiellen Prozesse der Gehirne dieser Empfänger vor. In einem solchen Kontext ist es dann lediglich eine (in manchen Zusammenhängen durchaus brauchbare) Fiktion, von "geteilten" Regeln einer Tiefenstruktur zu sprechen.

Die Regeln einer Tiefenstruktur können aber auch spontan entstehen. Individuelle Aktoren stellen Regelmäßigkeiten einer Oberflächenstruktur fest. Dies führt zu Erwartungen, denenzufolge sich diese Regelmäßigkeiten auch in Zukunft zeigen. Im Falle der Enttäuschung dieser Erwartungen werden sie (unterstützt durch Sanktionen) zu Zumutungen für andere Aktoren, die in einem längeren Prozeß von Versuch und Irrtum lernen, sich "erwartungsgemäß" zu verhalten. In dem Maße, wie ihr Handeln durch diese Erwartungen geprägt wird, folgen sie dann Regeln. Eine Menge von Regeln als Ausdruck einer Tiefenstruktur entwickelt sich spontan. Viele bezeichnen diese spontane Entwicklung von Regelsystemen als "Selbstorganisation". Diese Vorstellung der spontan entstehenden Ordnung spielt bei von Hayek (1976) eine zentrale Rolle. Bei ihm ist der Terminus "spontan" gleichsam der Gegenbegriff zu "von Aktoren bewußt geplant".

Hejl schlägt freilich einen Begriff der Selbstorganisation vor, der nicht unmittelbar hierauf anwendbar erscheint. Sein Begriff ist durch eine starke Analogie zu den naturwissenschaftlichen Vorstellungen zur Selbstorganisation geprägt:

"Als *selbstorganisierend* bzw. *selbsterzeugend* kann man Prozesse (oder Systeme) bezeichnen, die aufgrund bestimmter Anfangs- und Randbedingungen *spontan* entstehen als spezifische Zustände oder Folgen von Zuständen. (...)
Ein *Beispiel* dafür ist die sich bildende hochkomplexe dreidimensionale Struktur eines Proteinmoleküls, z. B. eines Enzyms, die spontan entsteht, sobald die notwendigen Komponenten, z. B. Aminosäuren in der benötigten Reihenfolge vorhanden sind. Ein anderes Beispiel ist die bekannte Zhabotinsky-Reaktion.
Ein selbstorganisierendes System ist selber nicht selbsterhaltend. Dies deshalb, weil seine Komponenten während des Prozesses zerfallen oder aufgebraucht werden und weil keine Möglichkeit besteht, sie neu zu bilden oder sie zu ersetzen." (Hejl 1985, S. 5; Hervorhebungen im Original)

Bevor ich auf die Interpretation dieser Definition für die Analyse sozialer Zusammenhänge eingehe, erscheint es zweckmäßig, vor dem Hintergrund der weiter oben eingeführten "Galaxie Auto" (Teubner 1987) einige begriffliche Vorbemerkungen zu machen. Geht man von der allgemeinen und entsprechend formalen Charakterisierung von "Selbstreferenz" durch Teubner aus, dann gilt es, die folgende Relation näher zu präzisieren: x organisiert y, wobei bezüglich des Referenten-Referat-Verhältnisses offenbar behauptet wird, daß dieses Verhältnis das Wort "*Selbst*organisation" rechtfertigt. Rein formal sind dann die Fälle der puren, der überschießenden oder der partiellen Selbstorganisation möglich.

Das Referat y ist zunächst als "Ordnung" eines sozialen Systems oder eines sonstigen sozialen Zusammenhanges zu interpretieren. Geht man von einem methodologischen Individualismus aus, so bezeichnet der Referent x irgendwelche Aktoren innerhalb und außerhalb des betrachteten Systems, die im weitesten Sinne des Wortes "organisierend" tätig sind. In bezug auf eine betrachtete Organisation kann x externe Teilnehmer oder auch (interne) Mitglieder bezeichnen, wobei letztere selbst entweder von der sich entwickelnden Ordnung direkt betroffen sind oder nicht. Schließlich kann x auch eine Gruppierung von internen und externen Aktoren bezeichnen. Nur bei internen Aktoren ist es zunächst gerechtfertigt, von der Selbstorganisation des Systems "Organisation" zu sprechen. Bei externen Aktoren liegt demgegenüber eine Fremdorganisation vor, gleichgültig, worin die organisierenden Aktivitäten dieser Aktoren bestehen.

Worin kann nun die "organisierende" Aktivität bestehen? Vereinfachend kann man wohl drei Eskalationsstufen unterscheiden:

(1) Die organisierende Tätigkeit kann - ganz im Sinne der klassischen Organisationslehre - in der Entwicklung eines detaillierten Planes, d. h. im "Entwurf einer Ordnung" (Gutenberg), und in dessen minutiöser Umsetzung bestehen. Umsetzung hieße dann, daß die (Fremd- oder Selbst-) Beschreibung (symbolisiert im Plan) im System operativ wirksam wird, wobei sich die Mitglieder strikt an die Regelungen des Planes halten.

(2) Die organisierende Tätigkeit kann aber auch in der Beschreibung und Umsetzung eines Grobkonzeptes bestehen, das genügend Spielraum für eine spontane Entwicklung einer effektiven Ordnung gibt.

(3) Schließlich kann sich die organisatorische Tätigkeit auf die Herbeiführung notwendiger und hinreichender "Anfangs- und Rahmenbedingungen" beschränken, die spontane Prozesse auszulösen vermögen.

In den Fällen (1) und (2), in denen detaillierte oder umrißartige Beschreibungen (Pläne) einer gewünschten Ordnung entwickelt werden, ist freilich nicht sichergestellt, daß die tatsächlich entstehende Ordnung den Plänen entspricht. Die Pläne mögen im Extremfall lediglich spontane, von den Planvorstellungen weitgehend abweichende Entwicklungen auslösen. Die Pläne sind dann im Grunde lediglich initiierende "Anfangs- und Randbedingungen" im Sinne des Falls (3). Eine starke empirische Hypothese, die in sehr starkem Maße einen gemäßigten Voluntarismus zum Ausdruck bringt, würde dann besagen, daß der Fall (3) trotz gegenteiliger Beteuerungen der Beteiligten de facto der Normalfall ist. Dies ist wohl implizit gemeint, wenn Malik und Probst (1981) und andere die Selbstorganisation als Kern eines evolutionären Managements besonders hervorheben.

Kehren wir nun zur Charakterisierung selbstorganisierender Prozesse bzw. Systeme durch Hejl zurück. Im Grunde habe ich seine Charakterisierung bereits in analoger Weise auf soziale Systeme bzw. Organisationen angewandt, obwohl Hejl selbst seine Definition als nicht auf soziale Systeme anwendbar ansieht. Seiner Ansicht nach entspricht bei der Bildung von sozialen Systemen nichts jener Spontaneität, die im physikalisch-chemischen Bereich anzutreffen ist und auf die sich die naturwissenschaftlichen Konzepte der Selbstorganisation beziehen:

"Bei der Bildung sozialer Systeme entspricht nichts der Spontanität, die wir im physikalisch-chemischen Bereich in den Prozessen finden, die als selbstorganisierend definiert wurden. Zwar finden wir eine Vielzahl spontan entstehender Sozialsysteme, die Art der Spontanität unterscheidet sich aber erheblich von der im physikalisch-chemischen Bereich. Wenn bei der Bildung eines sozialen Systems auf eine sozial definierte Realität zurückgegriffen werden kann, z. B. auf die Erfahrungen der Teilnehmer in ihren jeweiligen Familien, dann setzt die Konstitution eines neuen Sozialsystems die Erfahrungen in einem anderen voraus. In spontan entstehenden physikalisch-chemischen Systemen gibt es nichts, was diesen Voraussetzungen entspricht." (Hejl 1985, S. 20)

Trotz dieser Einwendungen erscheint es sinnvoll und möglich, den Begriff der Selbstorganisation wenigstens heuristisch zu nutzen. Bei Hejl ist der Begriff der Selbstorganisation unter anderem offenbar mit der Vorstellung einer gewissen "Schnelligkeit" verbunden. Sogenannte "dissipative" Strukturen (Prigogine 1982) bilden sich wohl spontan im Sinne Hejls. Bei der Übertragung des Konzepts auf soziale Zusammenhänge muß freilich Schnelligkeit nicht ausschließlich im Sinne von "Beschleunigung" gemeint sein. Man kann vielmehr auch die Vorstellung von "Echtzeit" einführen: Die Selbstorganisation erfolgt dann in der Echtzeit, d.h. "rechtzeitig" (vgl. zu dem Begriff der "Echtzeit" Kirsch und Gabele 1976).

Die Charakterisierung der Spontaneität in sozialen Systemen durch Hejl (die es in seiner Sicht nicht rechtfertigt, von Selbstorganisation zu sprechen) entspricht wohl jener Art von Spontaneität, durch die auch die sich in mehr oder weniger langwierigen Prozessen entwickelnden Ordnungen (etwa im Sinne von Hayeks) geprägt sind. Hier bedeutet - wie gesehen - "spontan" eher "ungeplant". Die Ordnungen sind zwar Ergebnis von Aktivitäten und Interaktion von Menschen, sie können aber nicht völlig auf deren Intentionen zurückgeführt werden. Wenn sich über eine längere Zeit hinweg in einem evolutionären Prozeß der Interaktionen zwischen Individuen ein sozialer Bereich entwickelt und reproduziert, so kann dies als ein spontaner Prozeß im Sinne von Hayeks angesehen werden. Dann aber argumentiert Hejl offenbar wie folgt: Soziale Systeme sind nicht selbstorganisierende Systeme, weil sich die soziale Ordnung spontan im Sinne von Hayeks, nicht aber spontan im Sinne der naturwissenschaftlichen Konzeptionen entwickeln.

Man kann m. E. aber auch - freilich in heuristischer Analogie - unmittelbar am Hejlschen (und naturwissenschaftlich inspirierten) Begriff der Spontaneität anknüpfen. Dann vertritt man die empirische These, daß in Organisationen (zeitweise) selbstorganisierende Prozesse bzw. Episoden auftreten. Zu dieser These gelangt man, wenn folgenden Gedanken nachgegangen wird:

Menschen (z. B. in Organisationen) geraten bisweilen (unter Umständen immer häufiger) in Situationen, in denen die historisch gebildeten sozialen Ordnungen versagen. Dann versagt aber auch jeder Versuch, das Zusammenwirken dieser Menschen in den betreffenden Situationen in klassischer Weise zu "managen" bzw. zu organisieren. Somit muß man sich auf selbstorganisierende Prozesse verlassen, und Führung besteht dann eventuell darin, die in der Definition von Hejl angesprochenen "Anfangs- und Randbedingungen" versuchsweise herzustellen. Der Zeitfaktor, der bei der Hejlschen Charakterisierung von "spontan" offenbar eine gewisse Rolle spielt, müßte - wie oben schon angedeutet - eventuell über den Begriff der "Echtzeit" eingeführt werden: Da aufgrund versagender sozialer Bereiche bzw. Parallelisierungen keine Chance besteht, in der Echtzeit einer Situation zu gemeinsamen Situationsdefinitionen auf dem in den Sozialwissenschaften (möglicherweise implizit stets unterstellten) "üblichen" Wege zu gelangen, bedarf es selbstorganisierender Prozesse innerhalb dieser "Echtzeit".

Solche selbstorganisierenden Prozesse sehe ich als Episoden, in denen sich das System in einer gleichsam "verflüssigten" Situation mit einem äußerst schlecht strukturierten, bösartigen Problem in einer die Komplexität des Problems grundsätzlich bejahenden Weise auseinandersetzt und dadurch in eine grundsätzlich nicht prognostizierbare und insofern "offene" Zukunft treibt. Wenn man diese "offene Zukunft" als Merkmal evolvierender Systeme ansieht, dann wird so die Auseinandersetzung mit Episoden selbstorganisierender Prozesse zu einem wesentlichen Baustein einer evolutionstheoretischen Perspektive der Organisationstheorie. Gleichzeitig erlaubt dieses Konzept den Anschluß an meine entscheidungstheoretischen Überlegungen zur Handhabung komplexer Probleme: Episoden selbstorganisierender Prozesse sind durch eine Bejahung der Problemkomplexität gekennzeichnet.

Meine bisherigen Überlegungen zur Selbstorganisation sind sicherlich noch unklar und metapherartig. Eine Aufhellung könnte aber erreicht werden, wenn man folgende Überlegungen anstellt: Sowohl bei Luhmann als auch bei Hejl nimmt das, was sie als Interaktionssysteme bezeichnen, einen zentralen Stellenwert ein. Bei Luhmann (1984, S. 263) sind sie relativ einfache, undifferenzierte Sozialsysteme, die keine weitere Systembildung vorsehen und - das ist das Entscheidende - sich durch direkten Kontakt unter Anwesenden über Wahrnehmung konstituieren.

"Sie (die Interaktionssysteme; W. K.) schließen alles ein, was als *anwesend* behandelt werden kann, und können gegebenenfalls unter Anwesenden darüber entscheiden, was als anwesend zu behandeln ist und was nicht." (Luhmann 1984, S. 560; Hervorhebung im Original)

Entwickelt man (in gewisser Analogie zu Luhmann, aber ohne dessen Grundkonstruktion zu akzeptieren) Interaktionssysteme im Sinne von "wechselseitig wahrgenommenen Partizipienten" (das heißt, es wird darüber entschieden, was als "anwesend" zu behandeln ist und was nicht), dann entsprechen sie dem, was im Zusammenhang mit der Theorie der Handhabung komplexer Probleme als Entscheidungsarena bezeichnet wird. Sofern sich solche Entscheidungsarenen in einer Weise entwickeln, daß von einer Komplexitätsbejahung gesprochen werden kann, nimmt der Prozeß der Handhabung komplexer Probleme sehr weitgehend den Charakter eines selbstorganisierenden Prozesses an, wie ich ihn im Anschluß an Hejl, aber unter Einbeziehung des Begriffes Echtzeit weiter oben charakterisiert habe.

Man stelle sich zur Verdeutlichung etwa folgendes vor: Ein Mensch A wird durch seine Umwelt in einer Weise beeinflußt, daß er in seinem Kontext das Vorliegen eines Problems wahrnimmt. Im Zuge der Auseinandersetzung mit diesem Problem bildet er kontextspezifische Hypothesen darüber, wer sonst noch von diesem Problem betroffen sein könnte. Mit einem dieser Betroffenen B tritt A in Interaktion. Dieser B wird durch die Interaktion in einer Weise beeinflußt, die ihn dazu bewegt nun seinerseits ein kontextspezifisches Problem wahrzunehmen. Sowohl A als auch B beschäftigen sich in kontextspezifischer Weise mit dem Problem, wobei sie miteinander interagieren, sich aber zunächst überhaupt nicht bzw. allenfalls nur sehr begrenzt verstehen. Sie produzieren füreinander "Müll" (vgl. die "Mülleimertheorie" kollektiver Entscheidungsprozesse von Cohen et al. 1976). In dem Augenblick, in dem A sich in kontextspezifischer Weise mit möglichen Lösungen seines Problems befaßt, bildet er sich Hypothesen darüber, wer von der einen oder anderen Problemlösung betroffen sein könnte, sofern diese Lösung realisiert würde. Das gleiche gilt für B, wobei A und B sicherlich nicht die gleiche Menge von Betroffenen wahrnehmen.

Wenn nun (aus welchen Gründen auch immer) sowohl A als auch B mit einzelnen der von ihnen kontextspezifisch "definierten" Betroffenen in Interaktion treten, so "öffnen" sie damit die bislang durch ihre Interaktionen konstituierte Entscheidungsarena gegenüber weiteren Partizipienten, die ihrerseits wiederum inkommensurablen "Müll" produzieren. Mit anderen Worten: Über die Ausweitung der Entscheidungsarena, die keineswegs durch einen gemeinsamen Plan vorgesehen ist, wird Komplexität "produziert". Ich habe mich bemüht, den bisher abgelaufenen Prozeß als einen selbstorganisierenden Prozeß zu charakterisieren: Die Entscheidungsarena organisiert sich selbst, freilich zunächst unter Inkaufnahme von rasch zunehmender Komplexität.

Selbstorganisation hat also sehr viel mit Komplexitätsbejahung zu tun. Natürlich kann man sich auch vorstellen, daß ein Mächtiger in seinem Kontext definiert, wer alles betroffen ist. Dieser Mächtige mag sich dann bemühen, eine Entscheidungsarena zu konstituieren, zu der alle von ihm wahrgenommenen Betroffenen eingeladen und zu Anwesenden gemacht werden. Hier liegt aber allenfalls eine begrenzte Komplexitätsbejahung vor. Denn es wird gerade nicht ermöglicht, daß die einzelnen auf diese Weise "eingeladenen" Partizipienten ihrerseits "spontan" wieder andere einladen können, die sie in ihrem Kontext und vor dem Hintergrund ihrer kontextspezifischen Problemsicht als Betroffene wahrnehmen. Nur wenn eine Art "Schneeballsystem" möglich ist, bei dem freilich nicht alle im Laufe der Komplexitätsbejahung immer wieder neu definierten Betroffenen letztendlich zur Arena gehören müssen, liegt ein selbstorganisierender Prozeß vor. Die Art der Selbstorganisation kann also bewirken, daß die Menge der Partizipienten ebenfalls beschränkt bleibt. Nur ergibt sich diese Beschränkung aus dem selbstorganisierenden Prozeß selbst, nicht jedoch aus den Entscheidungen eines Mächtigen.

Natürlich wird in solchen selbstorganisierenden Episoden nicht nur Komplexität produziert, sondern im weiteren Verlauf auch reduziert. Man kann sich etwa vorstellen, daß bereits Interaktionen laufen, die "Übersetzungen" zwischen den betroffenen Kontexten leisten. In diesem Falle würden einzelne dieser Interaktionen unter Umständen den Charakter verständigungsorientierter Handlungen annehmen. Im Extremfall (und wenn die Echtzeit sehr groß ist) kann dies zu einer Fusion der verschiedenen Kontexte führen: Das zunächst komplexe Problem wird innerhalb der sich selbstorganisierenden Arena zu einem simplexen Problem. Dies ist freilich nur ein Grenzfall, wenngleich im Zuge der Selbstorganisation via Übersetzungen sehr wohl Problemkomplexität reduziert wird.

Es können aber auch in diesem selbstorganisierenden Prozeß Interaktionen auftreten, die in die Arena Elemente eines "Partisan Mutual Adjustment" (Lindblom 1964) einbringen. Außerdem ist nicht ausgeschlossen, daß sich in dieser sich selbstorganisierenden Entscheidungsarena eine Führung herausbildet. Unter Umständen übernimmt einer der Aktoren "Leadership". Dies ist insbesondere dann vorstellbar, wenn Partizipienten aufgrund der wildwuchernden Komplexitätsbejahung eine totale "Verflüssigung" der Situation wahrnehmen. Vielleicht sind sie gerade dann "aufnahmefähiger" für das Einschlagen von "Pflöcken" durch einen charismatischen Führer. Zumindest bezüglich der Echtzeit mag sich auf diese Weise ein Konsens herausbilden. Das selbstorganisierende System mündet in eine Menge von Handlungen, die das komplexe Problem in irgendeiner Art handhaben und als Handlungen möglicherweise einer Organisation zugerechnet werden können.

Wie solche spontanen Prozesse der Selbstorganisation entstehen und sich entfalten, welchen Verlauf sie nehmen und zu welchem Ergebnis sie führen, kann sicherlich nicht allgemein charakterisiert werden. Das obige Beispiel sollte auch nicht so aufgefaßt werden. Mir ging es in erster Linie darum, den engen Bezug einer echten Komplexitätsbejahung und einer selbstorganisierenden Arena plausibel zu machen. In einem Nebensatz wurde auch auf die "Mülleimer-Theorie" von Cohen et al. (1976) angespielt. Die bei Hejl im Zusammenhang mit der Charakterisierung der Selbstorganisation unter anderem angesprochenen "Anfangsbedingungen" können nun möglicherweise auch mehrdeutige Relevanz- bzw. Zugangsstrukturen sein, auf die in dieser "Mülleimer-Theorie" Bezug genommen wird. Selbstorganisierende Prozesse setzen also keineswegs Strukturlosigkeit voraus. Aber die Strukturen sind mehrdeutig, womit das Phänomen auftritt, daß Situationen entstehen, in denen die Anwendung von Regeln den Beteiligten unklar ist.

Will man nun erklären, wie der selbstorganisierende Prozeß verläuft, aber auch, unter welchen Bedingungen er zu einem Ende kommt, dann wird es sicherlich eine Rolle spielen, daß die Beteiligten über die Wahrnehmung eines gemeinsamen Problems wohl auch eine rudimentäre "Beschreibung" des sich entwickelnden Interaktionssystems erarbeiten: Es umfaßt jene, die aus der Sicht der Beteiligten betroffen sind und sich am Problem aktiv interessiert zeigen. Diese Beschreibungen sind sicherlich wiederum kontextspezifisch. Es existiert also eine Menge solcher Systembeschreibungen, die keineswegs kongruent sein müssen. Es handelt sich aber um Beschreibungen des Systems, die von Partizipienten dieses Systems selbst stammen (und sich ja immer auch auf den jeweiligen Partizipienten als Element des Systems selbst beziehen). Man könnte nun sagen, daß hiermit eine Menge von Selbstbeschreibungen des Systems - wenn auch nicht im strengen Sinne - vorliegt, die im Zuge des Prozesses zu einer gewissen "Parallelisierung" gelangen.

Eine solche Parallelisierung ist also nicht a priori gegeben. Auch in meinen beispielhaften Ausführungen oben gehe ich zunächst nur davon aus, daß A einen anderen B als Betroffenen definiert. Er tritt daraufhin mit diesem B in Interaktion. Würde sich B in seinem Kontext (trotz dessen Beeinflussung durch A) nicht nachhaltig als Betroffener definieren, so wird der Interaktionszusammenhang von A und B sicherlich nicht fortgesetzt, sofern nicht ein Mächtiger den B betroffen macht. Der A muß erst (in seinem Kontext) lernen, daß sich B offensichtlich tatsächlich als Betroffener definiert und sich darüberhinaus als Interessierter zeigt. Erst im Zuge dieses Lernprozesses beginnt A, sich selbst als Element eines Interaktionssystems zu beschreiben, das sich mit der Handhabung eines gemeinsamen Problems befaßt. Ähnliches kann unter Umständen auf Seiten des B (und später bei beliebigen X und Y) auftreten. Die Tatsache, daß die Interaktionen fortgesetzt werden und insofern immer wieder auch Anschlußinteraktionen auslösen, ist wohl unter anderem auf die Existenz solcher (parallelisierter) Systembeschreibungen der Beteiligten zurückzuführen.

Während eines selbstorganisierenden Prozesses ist es also nicht ausgeschlossen, daß sich die Systembeschreibungen der Beteiligten im Zuge der Interaktionen parallelisieren. Ob dann aber sogar von einer (nahezu) kongruenten *Selbst*beschreibung ausgegangen werden kann, ist ein erklärungsbedürftiges Phänomen. Die Echtzeit mag hierfür nicht ausreichend sein.

Bei meinen Spekulationen zu den Systembeschreibungen habe ich ebenfalls eine Annahme genannt, die weiterer Erläuterungen bedarf. Ich sagte, daß B den Interaktionszusammenhang möglicherweise nur dann fortsetzt, wenn auch er sich in seinem Kontext als Betroffener definiert. Ich habe ferner erwähnt, daß möglicherweise ein dritter "Mächtiger" die ursprünglich nicht wahrgenommene Betroffenheit "herstellt". Es könnte sein, daß mit dieser Annahme zwei Alternativen relevant werden: Entweder geraten damit in den Prozeß Elemente einer Fremdorganisation. Dies erscheint in Organisationen durchaus realistisch. Oder man sieht hierin eine jener "Anfangsbedingungen", die Hejl in seiner Charakterisierung selbstorganisierender Prozesse erwähnt. Möglicherweise liegen aber gar keine Alternativen vor. Vielleicht besteht "evolutionäres Management" (unter anderem) darin, fremdorganisierend "Anfangsbedingungen" herzustellen, die selbstorganisierenden Prozessen förderlich sind, diese Prozesse aber auch beeinflussen.

Offenbar fällt es schwer, die Möglichkeit einer Selbstorganisation ohne die Annahme fremdorganisatorischer Eingriffe zu denken, und vielleicht ist Fremdorganisation auch nur denkbar, weil es selbstorganisierende Prozesse gibt. Eine Fortentwicklung der Theorie der Selbstorganisation hat deshalb - so jedenfalls der Vorschlag zu Knyphausens (1990) - von einer entsprechenden Komplementarität auszugehen.

Schlußbetrachtung

Meine spekulativen Überlegungen zu der Möglichkeit selbstorganisierender Episoden in Organisationen legen nun insgesamt eine Sichtweise der Organisationstheorie nahe, die eine gewisse metatheoretische Analogie zwischen "selbstorganisierenden Prozessen" auf der einen Seite und "kommunikativem (bzw. verständigungsorientiertem) Handeln" auf der anderen Seite impliziert. Beides kommt in der klassischen Organisationstheorie nicht vor. Man kann sogar sagen, daß die evolutionäre Errungenschaft "Organisation" vor dem Hintergrund des Mediums "Autorisierungsrecht" eine doppelte Idee beinhaltet: Das Medium "Autorisierungsrecht" (das gerade das Recht zu generellen Regelungen im Sinne des Organisierens einschließt) entlastet Handlungszusammenhänge von den Erfordernissen eines kommunikativen Handelns und schafft wohlgeordnete Vernetzungen von Handlungen, die die Aktoren nicht den "Unsicherheiten" selbstorganisierender Prozesse aussetzen. Natürlich finden sich auch in zutiefst bürokratischen Organisationen "informale Organisationsstrukturen". Habermas interpretiert diese Elemente als Reste der Lebenswelt (vgl. Habermas 1981b, S. 453 ff.). In der üblichen Organisationstheorie werden sie dagegen "immer schon" als Ergebnis selbstorganisierender Prozesse gesehen. "Informale Organisation" verweist aber zunächst nur auf diese zuletztgenannten spontan (im Sinne von Hayeks) entstehenden Ordnungen, nicht jedoch darauf, daß sie in ganzen Episoden der Selbstorganisation entstehen, wie ich sie skizziert habe. Bezüglich der empirischen Relevanz hat sich inzwischen der Gedanke durchgesetzt, daß formale Organisationsstrukturen immer häufiger versagen und informale Organisation erforderlich machen.

Man kann aber auch noch einen Schritt weitergehen. Geht man von einem Fortschrittsmodell aus, so kann es geradezu eine Voraussetzung der Fortschrittlichkeit einer Organisation sein, daß auch etablierte Sichtweisen in Frage gestellt und "verflüssigt" werden können. Damit verbunden ist dann eine andere Grundhaltung des Managements. Und mit einer solchen geänderten Einstellung verliert die Unterscheidung von formaler und informaler Organisation ihre Bedeutung. Es ist inzwischen nichts Außergewöhnliches mehr, wenn man einen Wandel in Richtung der Ermöglichung auch von Episoden der Selbstorganisation feststellen kann.

Kehren wir zum Ausgangspunkt meiner Überlegungen zurück. Ich habe die sich "langfristig" vollziehenden Entwicklungen und Reproduktionen der Ordnung als Grundtatbestand akzeptiert und organisatorische Aktivitäten im Sinne des Entwurfes und der Umsetzung solcher Ordnungen als nur begrenzt wirksam angesehen, wenngleich ich sie nicht als völlig irrelevant betrachte. Die sich entwickelnden Ordnungen können freilich in spezifischen Situationen "versagen" und somit Episoden selbstorganisierender Prozesse auslösen, die Ähnlichkeiten zu jenen spontanen Prozessen aufweisen, die Hejl mit dem Begriff Selbstorganisation belegt. Unter normativen Gesichtspunkten habe ich sogar in Erwägung gezogen, daß man bisweilen geradezu Ordnungen außer Kraft setzt, um über Episoden spontaner Selbstorganisation zu Innovationen zu gelangen. Solche Episoden (oder auch ganze Serien von Episoden) der Selbstorganisation führen dann unter Umständen zu Entwicklungsschüben im evolutionsfähigen System "Organisation", die in relativ beschleunigter Form in neue Ordnungen münden. Diese sind dann wiederum dem langwierigen Prozeß der Reproduktion und Fortentwicklung ausgesetzt. Selbstorganisierende Prozesse sehe ich also als Episoden, in denen sich das System mit einem äußert schlechtstrukturierten, bösartigen Problem in komplexitätsbejahender Weise auseinandersetzt, weil es sich in einer Art quasi "verflüssigten Situation" befindet. Und solche selbstorganisierenden Prozesse tragen dazu bei, daß die Organisation in eine grundsätzlich "offene Zukunft" treibt. Die Analyse selbstorganisierender Prozesse wird somit zu einem wesentlichen Baustein einer Organisationstheorie, die sich auf das Phänomen der "offenen Zukunft" systematisch einläßt und sich hierbei auf einem Rationalisierungsniveau entfaltet, das ich mit dem Konzept der fortschrittsfähigen Unternehmung verbinde. Meine Spekulationen geben auch Hinweise darauf, daß es möglicherweise Ausdruck einer "evolutionsgerechten Führung" ist, sich auf das Setzen von Anfangs- und Randbedingungen zu konzentrieren, innerhalb derer dann selbstorganisierende Prozesse ablaufen. Solche selbstorganisierenden Prozesse sind dann Ausdruck einer Komplexitätsbejahung und einer Responsiveness der Organisation, wie sie für die fortschrittsfähige Unternehmung typisch ist.

Der Verweis auf die Responsiveness zeigt, daß es hier geradezu zum Programm erhoben wird, sich gegenüber dem Feld der Organisation zu öffnen. Dies ist einer der Gründe, warum ich eine Konzeption der neueren Systemtheorie, die in die definitorische Festsetzung, daß Organisationen "autopoietische" und damit "selbstreferentiell vollständig abgeschlossene" Systeme sind, für wenig fruchtbar halte. Eine Anwendung des Konzeptes der Selbstorganisation auf die Organisation als Ganzes sollte sich m. E. von einer solchen Organisationssicht lösen. Dies bedeutet freilich dann gleichzeitig, daß das Konzept der Selbstorganisation in einem weiten Sinne interpretiert nicht direkt auf Organisationen übertragen, sondern heuristisch genutzt werden sollte. Diese heuristische Nutzung des weiter gefaßte Begriffes der "Selbstorganisation", der häufig mit dem Begriff der "Autopoiese" gleichgesetzt wird, mündet dann in einem "gradualistischen" Konzept, nach dem Organisationen verschiedene Grade der "selbstreferentiellen (Ab-)Geschlossenheit" aufweisen können. Ich habe bereits die Vorstellung umrissen, daß die Verwirklichung des mit dem Fortschrittsmodell verbundenen Rationalisierungsniveaus eine möglicherweise vorhandene Tendenz zur Autopoiese (im Sinne des höchsten Grades der Autonomie bzw. der selbstreferentiellen Abgeschlossenheit) konterkariert. Und dieses Rationalitätsniveau äußert sich unter anderem darin, daß selbstorganisierende Prozesse der Komplexitätsbejahung auftreten.

Dies gelangt ins Blickfeld, wenn man von einem Rationalitätsverständnis ausgeht, das der (betriebswirtschaftlichen) Organisationstheorie freilich weitgehend unbekannt ist. Das Aufgreifen der neueren Rationalitätsdiskussion, wie sie insbesondere von Habermas, Luhmann und Spinner befruchtet wurde, führt dann letztlich dazu, daß man sich von einem "klassischen", an der Entscheidungslogik orientierten Rationalitätsverständnis löst und zu einem "evolutionären" Rationalitätsverständnis gelangt. Ein solches Rationalitätsverständnis ist insbesondere dadurch geprägt, daß man versucht möglichst "rational" (in einem dargelegten Sinne) mit der Evolution umzugehen, was insbesondere auch mit einem weitaus "bescheideneren Anspruch" hinsichtlich der Führung verbunden ist. Dies wird auch durch die Herausstellung selbstorganisierender Prozesse, die nur bedingt unter der Kontrolle Einzelner steht, deutlich. Andererseits wird durch die Konzeption einer fortschrittsfähigen Organisation jedoch auch eine Sichtweise umrissen, die Organisationen als entwicklungs*fähig* begreift. Neben der Entfaltung der Rationalität äußert sich eine gesteigerte Entwicklungsfähigkeit durch die Entfaltung der drei Basisfähigkeiten "Handlungsfähigkeit", "Responsiveness" und "Lernfähigkeit". Der Umgang mit selbstorganisierenden Prozessen mag auch Ausdruck der Entfaltung dieser drei Fähigkeiten sein.

Literaturverzeichnis:

Bader, V. M. (1983), Schmerzlose Entkoppelung von System und Lebenswelt? Engpässe der Theorie des kommunikativen Handelns von Jürgen Habermas, in: Kennis en methode 7/1983, S. 329-355

Berger, J. (1982), Die Versprachlichung des Sakralen und die Entsprachlichung der Ökonomie, in: Zeitschrift für Soziologie 11/1982, S. 353-365

Brantl, S. (1985), Management und Ethik, Unternehmenspolitische Rahmenplanung und moralisch-praktische Rationalisierung der Unternehmensführung, München 1985

Cohen, M. D./March, J. G./Olsen, J. P. (1976), Peoples, Problems, Solutions, and the Ambiguity of Relevance, in: March, J. G/Olsen, J. P. (Hrsg.), Ambiguity and Choice in Organizations, Bergen u. a. 1976, S. 24-37

Foerster, H. v. (1985), Organisierende Systeme und ihre Umwelten, in: Foerster, H. v., Sicht und Einsicht, Versuche zu einer operativen Erkenntnistheorie, Braunschweig 1985, S. 115-130

Galtung, J. (1978), Methodologie und Ideologie, Frankfurt/M. 1978

Habermas, J. (1981a), Theorie des kommunikativen Handelns, Band 1: Handlungsrationalität und gesellschaftliche Rationalisierung, Frankfurt/M. 1981

Habermas, J. (1981b), Theorie des kommunikativen Handelns, Band 2: Zur Kritik der funktionalistischen Vernunft, Frankfurt/M. 1981

Hayek, F. A. v. (1976), Individualismus und wirtschaftliche Ordnung, 2. Aufl., Salzburg 1976

Hejl, P. M. (1983), Kybernetik 2. Ordnung, Selbstorganisation und Biologismus-verdacht. Aus Anlaß der Kontroverse um das "Evolutionäre Management", in: Die Unternehmung 37/1983, S. 41-62

Hejl, P. M. (1985), Konstruktion der sozialen Konstruktion, in: Gumin, H./Mohler, A. (Hrsg.), Einführung in den Konstruktivismus, München 1985, S. 85-115

Hinder, W. (1986), Strategische Unternehmensführung in der Stagnation, München 1986

Höffe, O. (1984), Sittlichkeit als Rationalität des Handelns? in: Schnädelbach, H. (Hrsg.), Rationalität. Philosophische Beiträge, Frankfurt/M. 1984, S. 141-174

Jantsch, E. (1979), Die Selbstorganisation des Universums, München 1979

Kirsch, W. (1988), Die Handhabung von Entscheidungsproblemen. Einführung in die Theorie der Entscheidungsprozesse , München 1988

Kirsch, W. (1990), Unternehmenspolitik und strategische Unternehmensführung, München 1990

Kirsch, W. (1992), Kommunikatives Handeln, Autopoiese und Rationalität. Sondierungen zu einer evolutionären Führungslehre, München 1992

Kirsch, W./Bamberger, I. (1976), Strategische Unternehmensplanung, Rationalität und Philosophie der politischen Planung, in: Kirsch, W., Unternehmenspolitik: Von der Zielforschung zum Strategischen Management, München 1981, S. 153-176

Kirsch, W./Gabele, E. (1976), Aktionsforschung und Echtzeitwissenschaft, in: Bierfelder, W. (Hrsg., 1976), Handwörterbuch des öffentlichen Dienstes. Das Personalwesen, Sp. 9-30, Berlin 1976

Kirsch, W./Knyphausen, D. zu (1988), Unternehmen und Gesellschaft. Die "Standortbestimmung" des Unternehmens als Problem des Strategischen Managements, in: Die Betriebswirtschaft 48/1988, S. 489-507

Kirsch, W./Knyphausen, D. zu (1991), Unternehmungen als "autopoietische" Systeme? in: Staehle, W:/Sydow, J. (Hrsg.), Managementforschung 1, Berlin / New York 1991, S. 75-101

Knyphausen, D. zu (1988), Unternehmungen als evolutionsfähige Systeme. Überlegungen zu einem evolutionären Konzept für die Organisationstheorie, München 1988

Knyphausen, D. zu (1990), Paradoxien und Visionen einer paradoxen Theorie der Entstehung des Neuen, Aufsatz, erscheint demnächst

Lindblom, C. E. (1964), The Science of "Muddling Through", in: Leavitt, H. J./Pondy, L. R. (Hrsg.), Readings in Managerial Psychology, Chicago u. a. 1964, S. 61-78

Luhmann, N. (1968), Zweckbegriff und Systemrationalität. Über die Funktion von Zwecken in sozialen Systemen, Tübingen 1968

Luhmann, N. (1984), Soziale Systeme. Grundriß einer allgemeinen Theorie, Frankfurt/M. 1984

Malik, F. (1984), Strategie des Managements komplexer Systeme, Bern u. a. 1984

Malik, F. und Probst, G. J. B. (1981), Evolutionäres Management, in: Die Unternehmung 35/1981, S. 121-140

Maturana, H. (1982), Erkennen: Die Organisation und Verkörperung von Wirklichkeit. Ausgewählte Arbeiten zur biologischen Epistemologie, Braunschweig u. a. 1982

Morgan, G. (1986), Images of Organization, Beverly Hills u. a. 1986

Pautzke, G. (1989), Die Evolution der organisatorischen Wissensbasis. Bausteine zu einer Theorie des organisatorischen Lernens, München 1989

Prigogine, I. (1982), Vom Sein zum Werden. Zeit und Komplexität in der Naturwissenschaft, 3. Aufl., München/Zürich 1982

Probst, G. J. B. (1987), Selbstorganisation. Ordnungsprozesse in sozialen Systemen aus ganzheitlicher Sicht, Berlin/Hamburg 1987

Schreyögg, G. (1984), Unternehmensstrategie. Grundfragen einer Theorie strategischer Unternehmensführung, Berlin/New York 1984

Schütz, A./Luckmann, T. (1979/1984), Strukturen der Lebenswelt, 2 Bände, Frankfurt/M. 1979/1984

Simon, H. A. (1964), On the Concept of Organizational Goal. in: Administrative Science Quarterly 9/1964, S. 1-22

Sneed, J. D. (1971), The Logical Structure of Mathematical Physics, Dordrecht 1971

Spinner, H. F. (1986), Grundsatzvernunft und Gelegenheitsvernunft. Die prinzipielle Rationalität des "okzidentalen Rationalismus" und die okkasionelle Rationalität der "Modernen": Rationalismusvergleich als interdisziplinäres theoretisches und empirisches Forschungsprogramm, unveröffentlichtes Arbeitspapier, Mannheim 1986

Teubner, G. (1987), Hyperzyklus in Recht und Organisation. Zum Verhältnis von Selbstbeobachtung, Selbstkonstitution und Autopoiese, in: Haferkamp, H./Schmid, M. (Hrsg.), Sinn, Kommunikation und soziale Differenzierung. Beiträge zu Luhmanns Theorie sozialer systeme, Frankfurt/M. 1987, S. 87-128

Teubner, G. (1989), Recht als autopoietisches System, Frankfurt/M. 1989

Wiesmann, D. (1989), Management und Ästhetik, München 1989

Wittgenstein, L. (1953), Philosophische Untersuchungen, Oxford 1953

Dieter Lenzen:

Reflexive Erziehungswissenschaft am Ausgang des postmodernen Jahrzehnts

oder

Why should anybody be afraid of red, yellow and blue?

0. Postmoderne als analytischer Begriff

Von einem postmodernen Jahrzehnt zu sprechen, ist eine riskante Sache. Das gibt Anlaß zu Mißverständnissen, besonders wenn von dessen Ausgang die Rede ist. Da mag der eine empört sein, daß das, was als Epoche gedacht war, auf diese Weise zur Mode heraberklärt werde, die sich überlebt habe und diejenigen, die sich vorsichtshalber gar nicht erst damit befaßt haben, da sie, zumindest in der Pädagogik, ohnedies nichts anderes erwarten als Theoriemoden, diese mögen triumphieren und sich in ihrer intellektuellen Abstinenz gerechtfertigt sehen. Keine dieser Einstellungen soll gerechtfertigt werden, wenn vom Ausgang des postmodernen Jahrzehnts die Rede ist.

Das, was wir in den letzten zehn bis fünfzehn Jahren zur Kenntnis nehmen konnten, wenn wir aufmerksam sein wollten, war doch dieses: Das Unbehagen an der großen Theorie, an den Meta-Erzählungen, wie Lyotard sie nannte, eine Ernüchterung über die Implikationen des sogenannten Fortschritts von Tschernobyl bis zum Archipel Gulag, ein diffuses Lebensgefühl, die Unerträglichkeit des uniformen rechten Winkels in der Architektur, diese und andere Irritationen in unserer Kultur hatten einen Namen gefunden, der als eine Art Passepartout-Begriff fungierte. Aber mit dem Begriff Postmoderne wurden nicht nur eine Kulturanalyse gekennzeichnet, sondern auch, gewissermaßen konstruktiv, die Konsequenzen, die sich für die Menschen aus dem Verlust des Glaubens an die Legitimität wie die Machbarkeit des Unternehmens Moderne ergaben: Ein Bekenntnis zur Pluralität der Lebensstile, die Suche nach Individualität statt Identität, die Selbstinszenierung, die Bereitschaft, verschiedene Identitäten in der einen Person zu realisieren, die Forderung nach Konfliktfähigkeit und Toleranz gegenüber den Individualitäten der anderen.

Wir sehen: Mit dem Begriff der Postmoderne wurden Erscheinungen und Absichten mehr angedeutet als charakterisiert, die keineswegs von einem auf den anderen Tag entstanden waren, sondern teilweise bis in die erste Hälfte dieses Jahrhunderts zurückreichten. Die eigentliche Provokation bestand aber darin, daß diese Erscheinungen, anders als noch 1968, nicht mehr kultur- oder gesellschaftskritisch gebrandmarkt wurden, sondern daß aus der Analyse nicht die Forderung nach Veränderung, vielmehr nach Affirmation resultierte.

Wer sich deshalb als Wissenschaftler damit befaßte, lief unmittelbar Gefahr, ein Label angeheftet zu bekommen: reaktionär. Die Aufnahme nur der analytischen Ergebnisse postmodernen Arbeitens brachte manchem bereits den Verdacht ein, dem Luxusbauchschmnerz einer kleinen Clique von Intellektuellen zu frönen, und ein aufrechter Kritiker wie Laermann ging sogar so weit, metaphorisch zur Bücherverbrennung und zum Forschungsverbot für Postmoderne aufzurufen (Laermann 1985). Spätestens in diesem Augenblick mußte dem Beobachter klar sein, daß es um mehr ging als ein Modephänomen. Modeschöpfer verbrennt man nicht.

Folgerichtig blieb der Versuch, die Diskussion auch in die Erziehungswissenschaft zu tragen, von ähnlichen Begleiterscheinungen nicht unverschont. Einer kurzen Phase des Totschweigens folgte eine solche der Ausgrenzungsversuche, und vielleicht ist es besonders den unübersehbaren Ereignissen zwischen Elbe und Ural sowie den jetzt ans Licht tretenden Ungeheuerlichkeiten jenes Unternehmens zu verdanken, daß die Einsicht dafür wuchs, ein und dasselbe theoretische Projekt könnte im Zusammenhang mit den Entsetzlichkeiten westlicher wie östlicher Provenienz stehen. Nachdem es also möglich geworden ist, nun auch in der Pädagogik in breitem Maße über Modernisierung und Modernitätskritik zu sprechen, ist vielleicht auch über mögliche Folgerungen aus den Irritationen des postmodernen Jahrzehnts nachzudenken. Denn was mit ihm endet, ist sicher der Effekt der Überraschung, die Provokation, das zu sagen, was man sieht, - nicht jedoch sind die beschriebenen Erscheinungen zu einem Ende gekommen. Sie stehen vielmehr in einem Kontinuum der Moderne, das es im übrigen wohl verbietet, den Postmoderne-Begriff als Epochenbezeichnung anzusetzen. Vielleicht verhält es sich damit so ähnlich wie mit dem Expressionismus: eine zeitlich begrenzte Artikulation, deren Substanz indessen präsent geblieben ist.

Mir scheint es deshalb für die Erziehungswissenschaft angemessen zu sein, den Postmoderne-Begriff als einen kulturanalytischen zu verwenden und nach der "condition postmoderne" in der Erziehung zu fragen. Die daraus zu gewinnenden Folgerungen sind aber nicht Bestimmungsstücke einer postmodernen Pädagogik, - das scheint mir eine affirmative Irreführung zu sein. Ich möchte vielmehr für einen Typus von Pädagogik optieren, den ich vorläufig "Reflexive Erziehungswissenschaft" nenne und der als ein Typus neben anderen Konsequenzen nicht nur aus der condition postmoderne zu ziehen wäre, sondern vielmehr deshalb nötig scheint, weil zu dieser condition die Vielfalt der pädagogischen Theorien gehört, die nicht wieder in Frage gestellt werden sollte. Reflexive Erziehungswissenschaft wäre deshalb eine auf die anderen Pädagogiken wie auf die Erscheinungen von Erziehung rückbezügliche, sich im wörtlichen Sinn rückbeugende Befassung mit Erziehung und den ihr korrespondierenden Wissenschaftsfragmenten.

Angesichts der, um einen Terminus von Marquardt anzuwenden, offensichtlichen "Unvermeidlichkeit" der Erziehungswissenschaft bedarf es einer wissenschaftlichen Befassung mit den Implikationen, die diese unvermeidliche Pädagogik besitzt. Reflexive Erziehungswissenschaft ist also keine Handlungswissenschaft, die darüber Auskunft gäbe, was erzieherisch zum gegenwärtigen historischen Zeitpunkt in dieser Kultur getan werden soll, sondern sie setzt in realistischer Einschätzung der institutionellen Faktizitäten von Erziehungswissenschaft deren Existenz bereits voraus. Auf sie und auf die von ihr angeleiteten Wirklichkeitssegmente bezieht sie sich.

1. Zwei Dimensionen Reflexiver Erziehungswissenschaft - ein Hinweis

Ich gehe davon aus, daß sich eine solche reflexive Beschäftigung auf drei Dimensionen des Wissens beziehen muß, die sie nach der sogenannten realistischen wie der kritischen Wende als in den letzten dreißig Jahren entstanden vorfindet. Sie muß sich beziehen auf Erziehung, die sich als Technik versteht und deren korrespondierendes Wissenschaftsverständis ein technologisches ist. Sie muß sich beziehen auf ein im philosophischen Sinne praktisches Verständnis der Erziehungsaufgabe wie der Erziehungswissenschaft, und sie muß sich auf das beziehen, was seit 1968 entstanden ist, auf Erziehung als "Erziehung zur Emanzipation" und ihr theoretisches Pendant, auf Kritische Erziehungswissenschaft.

Die Herkunft dieser drei Dimensionen ist unverkennbar (vgl. Habermas 1968). Sie ist nostalgisch und nicht argumentativ. Gleichwohl haben viele von uns sich angewöhnt, in diesen Dimensionen zu denken, so daß wir uns bei ihrer Reflexion auf sie beziehen dürfen. Fundamentale Prämissen aller drei Dimensionen sind ins Gerede gekommen. Die ihnen korrespondierenden Metaerzählungen von der technischen Beherrschung der Natur, von der Orientierung der Sozialität durch Wissenschaft und von der Emanzipation der Gattung wie des einzelnen haben an Zustimmungsfähigkeit verloren. Dieser Verlust äußert sich in Krisenmomenten insbesondere der handlungsorientierten Wissenschaften. Sie haben auch vor der Pädagogik nicht haltgemacht.

So spiegelt sich in der ersten Dimension der Verfall der Kategorien wissenschaftlicher Wahrheit und empirischer Kausalität erziehungswissenschaftlich in dem Eindruck, daß etliche Ergebnisse erfahrungswissenschaftlicher Pädagogik kontingent seien. Zumindest für den uneingeweihten Verbraucher pädagogischen Wissens ist das Prinzip derartiger wissenschaftlicher "Wahrheit" als solches zweifelhaft geworden, wenn er z.B. von Vertretern desselben Faches hören muß, daß Begabung vornehmlich genetisch determiniert sei oder - im Gegenteil - ein fast ausschließliches Sozialisationsprodukt: daß Koedukation die Bildungschancen für Mädchen verbessere bzw. umgekehrt verschlechtere: daß größere Schulsysteme mit einem großen Angebot den Zwergschulen vorzuziehen seien bzw. daß das Gegenteil der Fall sei, weil Zwergschulen mehr menschliche Intensität gewährleisten oder: daß Legasthenie eine angeborene Schwäche sei bzw. vielmehr das Produkt eines komplizierten Sozialisationsprozesses. Wenn wir nur das scheinbar harmlose Phänomen der Legasthenie heranziehen, sehen wir im übrigen sofort, daß Pädagogik "gefährlich" sein kann. Denn je nachdem, ob Bildungspolitiker sich dafür entscheiden, den für genetisch gehaltenen Defekt aus grundrechtlichen Erwägungen aus den Selektionskriterien der Schullaufbahn herauszuhalten oder ihn, wie in Berlin, als eine vom einzelnen zu verantwortende Leistungsschwäche anzusehen und ihn auf Zeugnisnoten, Versetzung und Schulerfolg durchschlagen zu lassen, hängt ein Stück des Lebenslaufes von menschlichen Individuen an den so oder so hervorgebrachten, vermeintlich objektiven Forschungsresultaten. Für lese-rechtschreibschwache Kinder in Berlin ist die Existenz einer diesen Effekt den Betroffenen zuschreibenden Erziehungswissenschaft schlicht riskant. Ihre Lebensqualität hängt zumindest partiell davon ab. Erziehungswissenschaft erzeugt Risiken und ethische Probleme, nicht nur in ihren Resultaten, sondern auch im Forschungsprozeß selbst. Während es zum Beispiel in der medizinischen Forschung inzwischen durch die Tätigkeit von Ethik-Kommissionen schwierig geworden ist, kranken Menschen neue Medikamente vorzuenthalten, weil sie einer Kontrollgruppe zugeordnet werden, die nur Placebos erhalten, machen sich Erziehungswissenschaftler normalerweise keine Gedanken darüber, wenn sie in Modellversuchen ausgewählten Kindern eine ja wohl für besser gehaltene Form des Unterrichts oder der Betreuung zukommen lassen als denen, die an einem solchen Versuch nicht teilnehmen. Insofern ist es zumindest nicht abwegig, über eine freiwillige Selbstkontrolle erziehungswissenschaftlicher Forschung nachzudenken, und zwar sowohl im Hinblick auf die unmittelbaren Begleiterscheinungen dieser Forschung als auch in Hinsicht auf die Risiken vorschnell für wahr erklärten Verfügungswissens über Erziehungswirklichkeit. In der ersten Dimension ist Reflexive Erziehungswissenschaft deshalb eine Form von Pädagogik, die sich, analog zur Technikfolgenabschätzung, mit der Definition, Abschätzung, Vermeidung und schlimmstenfalls Verteilung der Risiken bzw. Implikationen von Erziehung und Pädagogik befaßt.

In der zweiten Dimension geht es nicht um erfahrungswissenschaftliche Pädagogik, sondern um Systematische Erziehungswissenschaft. Der offen ausgesprochene Verdacht, Allgemeine oder Systematische Erziehungswissenschaft erwecke gelegentlich den Eindruck, als ob sich ihre Theorien nicht mehr auf eine Wirklichkeit, auf Erziehung bezögen, sondern nur noch auf sich selbst, findet heute nicht mehr nur Kritiker, sondern auch Zustimmung, zumindest bei den Menschen der sogenannten Praxis, die sich mit einem Orientierungsanspruch ihrer Berufsdisziplin konfrontiert sehen, den sie in ihrer Berufstätigkeit gar nicht einlösen können. So fühlen sie sich in einer Art Beziehungsfalle, in der ihnen einerseits Emanzipationsverpflichtungen für die nachwachsende Generation im Weltmaßstab (Höherbildung der Menschheit) auferlegt werden, ohne daß sie andererseits den Eindruck haben, die so fordernden Erziehungstheoretiker wüßten noch, wovon sie redeten angesichts wuchernder Staatspädagogik in allen Lebensbereichen, angesichts gleichzeitig steigender Klassenfrequenzen, verschwindender Erziehungsrechte der Eltern und angesichts der ganz banalen Erfahrung, daß Kinder sich, Motivation hin, Selbstbestimmung her, in aller Regel niemals 13 Jahre lang freiwillig in einer Lernanstalt kasernieren ließen. Trotz dieses Gewaltverhältnisses wird, bisweilen anthropologisierend, von einer universalen Erziehungstatsache gesprochen, aus der nicht nur der Orientierungsanspruch einer entsprechenden Erziehungswissenschaft universal abgeleitet wird, sondern noch allerlei andere vermeintliche anthropologische Konstanten oder doch wenigstens soziale Kryptokonstanten und mit ihnen verknüpfte Forderungen an den Bildungsprozeß. Vorstellungen von der tabula rasa, die das Kind sei, gehören hierhin ebenso wie solche von der notwendigen Verfrühung des Lernens, die von ihrer Lebenslänglichkeit (life-long-learning) der Schüler, der "Mensch als Nachfolger" (imitatio), der Lehrer als Vater oder wenigstens als Agent des Vaters Staat, die Familie als wenn nicht kriminelle so doch erziehungsunfähige Vereinigung, Erziehung als ein Vorgang, der schon durch seinen bloßen Besserungsanspruch für die Gattung reichlich Legitimation bezieht.

Reflexive Erziehungswissenschaft hätte in dieser zweiten Dimension in historisch-anthropologischer Einstellung nach den Mythen zu fragen, von denen (nicht nur) erziehungswissenschaftlich systematische Theorie geprägt ist, um ihren Universalitätsanspruch zu problematisieren, um zu verhindern, daß unter Berufung auf vermeintliche Konstanten oder doch Quasi-Konstanten des Menschseins pädagogische Operationen gefordert werden, die historisch benötigt werden, ohne anthropologisch notwendig zu sein. Während also pädagogisches Risikowissen Antworten auf die Frage nach den zukünftigen Implikationen technischen Verfügungswissens gibt, soll eine Mythologie der Erziehung Antworten auf die Frage nach den vergangenen mythischen Implikationen gegenwärtigen Orientierungswissens geben.

Ich begnüge mich für die erste und zweite Dimension Reflexiver Erziehungswissenschaft mit diesen Andeutungen, weil ich sie an anderer Stelle ausführlich dargestellt habe (vgl. Lenzen 1991). Ich halte noch einmal fest, daß reflexive, sich beugende, zurückbeugende Pädagogik keinen Dominanzanspruch enthalten kann, daß sie einem liberalen Wissenschaftsverständnis folgt, welches von der Existenz und deren Berechtigung einer erziehungswissenschaftlichen Vielfalt ausgeht, in die Zukunft gedacht, warnt, statt steuern zu wollen und, in die Vergangenheit projiziert, auf Spurensuche geht, statt universalistisch zu rechtfertigen.

2. Zu einer dritten Dimension

Die dritte Dimension einer Reflexiven Erziehungswissenschaft stellt den Kern der folgenden Überlegungen dar. Ihr will ich mich ausführlicher widmen, weil mir hier bislang nur eine Denkrichtung vorschwebte, die ich ein wenig weiter verfolgen möchte. In dieser Dimension wendet sich Reflexivität um in die Diskussion der Frage, was denn zu tun sei. Gibt es, so könnte man auch fragen, einen an der Postmoderne-Diskussion geschulten Typus von Erziehung, der noch bleibt, oder muß eine reflexive, analytische Erziehungswissenschaft sich mit Aufklärung über Risiken einerseits und Geschichtsklitterung andererseits begnügen?

2.1 Pädagogische Methexis

In einer Annäherung an dieses Problem möchte ich tentativ eintreten für eine Tätigkeit oder mehr für einen Habitus, die oder den ich als pädagogische Methexis bezeichne. Ich möchte mir wünschen, daß über die bisweilen aggressive Desillusionierung bezüglich der Risiken und Implikationen unseres Tuns hinaus hier ein begütigender Weg sichtbar würde, der den Erwartungen unserer Kultur an Freiheit und Toleranz gemäß ist. Es ist der Weg der vernachlässigten Ästhetik. - Methexis bedeutet bei Platon "Teilhabe". Der Mensch hat Teil an der Idee des Menschen, nicht dadurch, daß der Erzieher den Zögling zu einem Abbild der Idee macht, wie uns die Aufklärung in säkularisierter imago-dei-Pose glaubhaft machen will, sondern er ist dieser Teil immer schon. Keine Institution, die Theologie und ihre Nachfolgerin, die Pädagogik nicht, ist berechtigt, für sich Leistungen der Beihilfe zur Menschwerdung zu beanspruchen. Eine Aktivität, die auf solcherart Ansprüchen gründet, kommt nämlich kaum darum herum, Normen des Menschseins zu formulieren, auf die hin ihre Objekte, die Zöglinge, auszurichten seien. Die nach Nietzsche noch einmal provozierende postmoderne Rede davon, daß nicht nur Gott, sondern auch der Mensch tot sei, will nichts anderes besagen, als daß das Projekt Mensch als Finale von Höherbildungsansinnen substantiell nicht mehr begründet werden kann.

Über eine in diese Richtung weisende Teileinsicht verfügte bereits die Kritische Erziehungswissenschaft, soweit sie sich nicht kritisch-konstruktiv verstand und damit bereits den Boden der Kritischen Theorie verließ (vgl. z.B. Klafki 1976 oder Schaller 1979). So bestand Blankertz nachhaltig darauf, daß das "Bessere" nicht inhaltlich vorweggenommen werden dürfe (vgl. Blankertz 1979, S. 38), und Mollenhauer verzichtete bei seiner Rezeption des Symbolischen Interaktionismus auf die Entwicklung einer pädagogischen Handlungstheorie. Ich erinnere mich noch sehr gut daran, wie wir mit dem Ansatz didaktischer Strukturgitter versucht haben, den Lehrern und Schülern Kriterien an die Hand zu geben, mit denen Inhalte des Unterrichts so strukturiert werden sollten, daß die Schüler selbst würden in der Lage sein, die kritische Dimension der Themen des Unterrichts zu entdecken und wie wir uns gegenüber den Lehrern des Modellversuchs Kollegschule hartnäckig weigerten, eine Positivsetzung von Inhalten und Themen des Unterrichts vorzunehmen, weil wir - in völliger Übereinstimmung mit den Grundlagen der älteren Kritischen Theorie - der festen Überzeugung waren, daß man Emanzipation von unnötigen sozialen Zwängen nicht werde positiv herstellen können, sondern daß es lediglich die Aufgabe von Unterricht und Erziehung sein dürfe, in ideologiekritischer Absicht, objektiv überflüssige Herrschaft als solche zu kennzeichnen, in der bei Habermas aufgesogenen Überzeugung, daß die Vernunft über eine Kraft der Selbstdurchsetzung verfüge, die dann alles weitere veranlassen werde: Emanzipation der Schüler, der Menschen, Besserung der Verhältnisse, wo nicht sozialistische Revolution so doch wenigstens sozialdemokratische Reform. Machen wir uns nichts vor, diese Vision ist gescheitert. Eine Revolution fand nicht statt, die gehabten Reformen sind nicht das Produkt negativer Kritik, sondern ein solches der kritisch-konstruktiven Wendung und deshalb aber eben Produkte des Staatsapparates und nicht der Betroffenen. Wir dürfen uns nicht beklagen. Wir sind gewarnt worden. Jörg Ruhloff hatte auf den Zirkel folgenloser Ideologiekritik (vgl. 1979, S. 186ff.) hingewiesen, und Dietrich Benner hatte seine "Anleitung der Positivsetzung" gegen bloße negative Kritik der Kritischen Erziehungswissenschaft gehalten (Benner 1973, S. 337).

Aber dadurch wäre das Problem nicht zu lösen gewesen. Die theoretischen Aussichten waren nicht eben rosig. Es schien, als hätten wir keine andere Wahl denn diejenige zwischen dem Verharren in bloßer negativer Kritik, mit dem guten Gefühl, den Menschen die Richtung ihrer Emanzipation nicht auch wieder vorschreiben zu wollen oder im Gegenteil, aus Angst vor der Folgenlosigkeit, die Menschen bei der Hand zu nehmen. Wenn man so will, waren dieses zwei Varianten des Theorie-Praxis-Problems. Indessen ist diese von Pädagogen bevorzugte Codierung und der mit ihr insgeheim häufig einhergehende Vorwurf, die eine tue nicht genug für die andere, irreführend. Diese Codierung geht nämlich davon aus, daß es einen nicht irritierbaren referentiellen Zusammenhang zwischen dem Reden über eine Sache (Theorie) und der Sache selbst (Praxis) gibt. Genauer: Es wird so getan, als gäbe es eine Wirklichkeit, eine Erziehungswirklichkeit, die einerseits mit wissenschaftlichen Methoden erforscht und beschrieben und andererseits umgekehrt aufgrund so gewonnener Erkenntnisse von außen beeinflußt werden könnte. Kurzum: Als wir in den 70er Jahren glaubten, vor der so gekennzeichneten Alternative aus negativer Kritik oder positiver Einflußnahme zu stehen, lag die postmoderne Provokation noch vor uns. Wir glaubten, auch wenn wir Kant gelesen hatten, daß die sogenannte Wirklichkeit unabhängig von unserem Bewußtsein existiere und folglich objektiv zu beschreiben sei, und wir glaubten, daß die Zeichen unserer Rede und unseres unablässigen Schreibens über pädagogische Sachverhalte in einer ungebrochenen Referenz zu jener Wirklichkeit standen. Diejenigen unter uns, die Baudrillard noch nicht kannten, waren noch nicht von der Idee berührt worden, es könnte so sein, daß die Zeichen unserer Rede nicht nur nicht mehr auf etwas Reales, sondern schon nicht einmal mehr auf andere Zeichen verwiesen, sondern vielmehr begönnen, sich nur noch auf sich selbst zu beziehen. Natürlich, das war eine Provokation, eine Unverschämtheit vielleicht und existentiell bedrohlich, wenn man diesen Gedanken auf Theorieprodukte Allgemeiner Pädagogik bezog. Könnte es sein, daß dieser Typus von Metatheorie gar nicht mehr versuchte, sich auf erzieherische Wirklichkeit zu beziehen, sondern daß er nur noch in sich selbst kreiste? Welche Form der Selbstreflexion diese Provokation auch immer nach sich ziehen mochte, mir scheint, daß sie den Weg dafür frei gemacht hat, darüber nachzudenken, welche Konsequenzen aus dem unübersehbaren Referenzverlust zu ziehen seien. Eine frühe, noch in der Schematik des Theorie-Praxis-Problems befangene Lösung schien das Konzept der "Alltagswende" zu sein. Es lief toto grosso darauf hinaus, die Theorie zu verändern, und zwar so, daß sie der Wirklichkeit wieder näherzukommen drohte. Handlungsforschung war ihre methodologische Tochter, Alltagsorientierung, insbesondere in der Sozialpädagogik, ihr vielleicht reformpädagogischer, in jedem Fall aber hemdsärmeliger Habitus. Dieser Rettungsversuch in der letzten Stunde der 70er Jahre war ein typisch pädagogischer, weil er so gutwillig war.

2.2 Autopoiese und Selbstorganisation

Dabei geriet eine Möglichkeit der Lösung nicht in das Gesichtsfeld, die in einer Vielzahl anderer Wissenschaften Aufmerksamkeit erregte: zu akzeptieren, daß ein Referenzverlust besteht, diesen nicht durch eine Wirklichkeitsanreicherung der Theorie auszugleichen, sondern ihn als ein prinzipielles Datum menschlicher Erkenntnis zu bewerten. Ich rede von dem, was man als den Diskurs des Radikalen Konstruktivismus bezeichnet, meine innerhalb dessen den kognitionstheoretischen oder auch erkenntnistheoretischen Konstruktivismus und weise auf folgende Grundüberlegungen dieses Konzepts hin, das ursprünglich aus der Neurophysiologie und -biologie stammt, mit philosophischen Vorstellungen von Kant, Peirce und Wittgenstein verknüpft, sowie mit der Piagetschen Kognitiven Psychologie und dem Modell autopoietischer Systeme assimiliert wurde:

1. Das menschliche Gehirn ist operational und semantisch abgeschlossen. Es kann Wirklichkeit nicht repräsentieren, sondern nur konstruieren.
2. Bei der Herstellung von Wahrnehmung als Interpretation und Bedeutungszuweisung interagiert das Gehirn mit seinen inneren Zuständen.
3. Beobachtung ist aus Unterscheidungen assimilierte, sprachliche Beschreibung.
4. Die Realität als wissensunabhängiger Bezugsgegenstand ist eine Fiktion. Die kognitiven Konstruktionen der Beobachter sind nicht hinsichtlich ihres empirische Gehalts (Wahrheit), sondern hinsichtlich ihrer Orientierungsleistung für menschliches Leben zu beurteilen (vgl. Knorr-Cetina 1989, S. 88f.).

In den Worten Luhmanns: "Der Schritt zum 'Konstruktivismus' wird nun mit der Einsicht vollzogen, daß es nicht für Negationen, sondern schon für Unterscheidungen und Bezeichnungen (also: für Beobachtungen) in der Umwelt des Systems keine Korrelate gibt. Das heißt nicht (um es immer wieder zu sagen): die Realität der Außenwelt zu bestreiten" (Luhmann 1990, S. 40).

Und: "Kognitiv muß daher alle Realität über Unterscheidungen konstruiert werden und bleibt damit Konstruktion. Die konstruierte Realität ist denn auch nicht die Realität, die sie meint; und auch dies ist erkennbar, aber wiederum nur mit Hilfe eben dieser Unterscheidung erkennbar. Für die Erkenntnis ist nur das, was jeweils als Unterscheidung fungiert, eine Realitätsgarantie, ein Realitätsäquivalent. Präziser könnte man auch sagen: daß die Unterscheidung Realität garantiert, liegt in ihrer eigenen operativen Einheit; aber gerade als diese Einheit ist die Unterscheidung ihrerseits nicht beobachtbar - es sei denn mit Hilfe einer anderen Unterscheidung, die dann die Funktion der Realitätsgarantie übernimmt" (ebd., S. 50f.).

Die konstruktivistische Konzeption ist aber nun nur auf den ersten Blick eine Angelegenheit der reinen Erkenntnistheorie. So schreibt Maturana in "Die Organisation und Verkörperung von Wirklichkeit":

"Erkennen wird dadurch gleichbedeutend mit Leben, es besteht nicht mehr darin, eine Außenwelt zu erfassen. Erkennen heißt in einem Beschreibungszusammenhang zu leben, nicht Gegenstände zu beschreiben, sich in operationalem Konsens mit anderen zu bewegen, nicht eine vom Erkennenden unabhängige Wahrheit zu erwerben" (Maturana 1985, S. 28). Oder noch pointierter: "Erkennen hat es nicht mit Objekten zu tun, denn Erkennen ist effektives Handeln; und indem wir erkennen, wie wir erkennen, bringen wir uns selbst hervor" (Maturana/Varela 1987, S. 262). - Mit anderen Worten: Der Prozeß der Konstruktion von Wirklichkeit ist zugleich ein Prozeß der Selbsterschaffung, der Autopoiese, wie Maturana es nennt, oder der Selbstorganisation.

Es leuchtet unmittelbar ein, daß eine solche Vorstellung für den Prozeß, mit dem Pädagogen es zu tun haben, bedeutsam sein muß. Wir fragen uns sogleich, wie sich Selbstorganisation zu Erziehung oder Sozialisation verhält und haben inzwischen von Luhmann und seinen Rezipienten in der Erziehungswissenschaft auch eine Reihe diesbezüglicher Auskünfte erhalten.

Aber zunächst einmal: Wenn der Lebensprozeß als Vorgang ständiger Selbstorganisation oder Autopoiese gedacht wird, und wenn Leben mit Erkennen als Konstruktion als Wirklichkeit identisch ist, dann erscheint Leben in einem Beschreibungszusammenhang als eine notwendige Voraussetzung für Selbstorganisation. Noch schärfer: Es ist eine hinreichende Voraussetzung, denn die Teilhabe an einem solchen Zusammenhang gewährleistet bereits Selbstorganisation. Ich erinnere an meine Bemerkung von vorhin, daß es keiner pädagogischen Aktivität bedarf, um einen solchen Prozeß in Gang zu setzen. Selbstorganisation findet bei jedem lebenden Organismus immer schon statt, wenn er methektisch mit Wirklichkeit, im Falle der Sozialisation: mit Kultur, verbunden ist.

Und noch etwas: Autopoietische Einheiten sind als autonome gedacht: "Ein System ist autonom, wenn es dazu fähig ist, seine eigene Gesetzlichkeit beziehungsweise das ihm Eigene zu spezifizieren" (Maturana/Varela 1987, S. 55). Wir entdecken hier eine Nähe zu Schelling, für den Leben ein irreduzibles Vermögen der Individuierung besaß. Daraus resultiert produktive Freiheit, als in der Natur fundiert. Diese Auffassung überbietet noch die Sicht Kants, der den Prozeß der Selbstorganisation aber immerhin expressis verbis bereits sah: "In einem solchen Produkte der Natur wird ein jeder Teil, so, wie er nur durch alle übrige da ist, auch als um der andern und des Ganzen willen - existierend, d.i. als Werkzeug (Organ) gedacht: welches aber nicht genug ist (denn er könnte auch Werkzeug der Kunst sein, und so nur als Zweck überhaupt möglich vorgestellt werden); sondern als ein die andern Teile (folglich jeder den andern wechselseitig) hervorbringendes Organ, dergleichen kein Werkzeug der Kunst, sondern nur der allen Stoff zu Werkzeugen (selbst denen der Kunst) liefernden Natur sein kann: und nur dann und darum wird ein solches Produkt, als organisiertes und sich selbst organisierendes Wesen, ein Naturzweck genannt werden können" (Kant 1790, B291f.).

Die Vorstellung vom Kinde als einer tabula rasa, die man als Pädagoge nach Gusto gestalten könnte, ist mit dieser Konzeption nicht vereinbar. Der Organismus besitzt immer schon eine ihm durch Erbe oder Geburt zugewachsene inhärente Kraft, die autopoietisch tätig wird. Das bedeutet aber nicht, daß der Prozeß der Selbstorganisation in seinem Ergebnis bereits vorgeprägt wäre. Es ist vielmehr entscheidend, mit welcher Wirklichkeit das autopoietische System konfrontiert wird, um diesen Input gemäß der ihm eigenen Regeln zu verarbeiten. Insofern bildet ein psychisches System eine Individualität heraus, die sich aus beidem speist: aus selbstorganisatorischen Verarbeitungsregeln und aus den Angeboten der umgebenden Wirklichkeit.

2.3 Begrenzung der Selbsterschaffung: Das Erzählen der Grausamkeit

Daran schließt sich die Frage, welches Autonomiemaß denn dem autopoietischen System zur Verfügung steht. Sozialisationstheoretisch vorgebildet, pflegen wir, besonders wenn wir schon in den 70er Jahren Erziehungswissenschaft betrieben, zu sagen, daß dieses sehr beschränkt sei, und wir denken an den schichtspezifischen Sprachcode und ähnliche Determinationen. Dagegen schreibt Luhmann: Sozialisation hat es nicht einfach mit einer Übertragung von Konformitätsmustern zu tun, sondern mit der durch Kommunikation ständig reproduzierten Alternative von Konformität oder Abweichung, Anpassung oder Widerstand. Luhmann geht davon aus, daß die Abweichung die größeren Individualisierungschancen biete (vgl. Luhmann 1987a, S. 181).

Sozialisation ist für ihn immer Selbstsozialisation aus Anlaß von sozialer Kommunikation. Zur letzteren gehört auch die Veranstaltung Erziehung als absichtsvolle Kommunikation. Dieses Unternehmen sei aber nicht geeignet, Sozialisation abzulösen. Zwar habe es auch Effekte, doch stimmten diese kaum mit den beabsichtigten Zielen überein (vgl. Luhmann 1987b, S. 68). Diese Skepsis ist vor dem Hintergrund der theoretischen Prämissen natürlich berechtigt, denn der Verlauf des Selbstorganisationsprozesses ist grundsätzlich nicht prognostizierbar. Die Verarbeitungsregeln des Organismus sind nur die seinigen und nur ihm verfügbar. Das Dilemma, in welchem Erziehung deshalb nach Luhmann steckt, ist dieses, daß Erziehung immer noch davon ausgeht, sie könne planbare Effekte zeitigen. Zu diesem Zweck behandele Erziehung den Menschen wie eine Trivialmaschine, die auf einen bestimmten Input einen bestimmten Output liefere. Dieser Zwang impliziert eine Trivialisierung des Freiheitsbegriffs. Freiheit ist danach nur noch "Einsicht in Notwendigkeit, Bereitschaft, das Notwendige aus eigenem Entschluß zu tun, also Mitwirkung des Selbst unter Verzicht auf eine Störung des Programms" (Luhmann 1987a, S. 193). Und in der Tat, wenn wir die Geschichte der Bildungsidee verfolgen, dann sehen wir, daß dem Pädagogischen dieser Gedanke lange inhärent war, Autonomie als relative zu denken und die Menschen zu lehren, die Sachzwänge zu akzeptieren.

Vor diesem Hintergrund dürfte die Aufgabe von Erziehung weniger darin liegen, von den Menschen etwas Bestimmtes zu wollen, als vielmehr zuzulassen, daß sie, als selbstorganisierende Organismen gedacht, Autopoiese durch eine Teilhabe an der Fülle der Wirklichkeit vollziehen können und so den Raum der Individualisierungsmöglichkeiten zu erweitern. Zwar wird man ohne Sorge sein können, daß die Menschen durch Erziehungsprozesse, und seien sie auch noch so ausgeklügelt, ausnahmslos als Mimikry ihrer Erzieher sich organisieren, weil ihre Selbstorganisationsregeln zunächst einmal jeweils einzigartig sind. Da diese Regeln aber nicht nur genetisch sind, sondern auch ein Produkt der jeweiligen Individualgeschichte und damit der Begegnungen mit der ihnen angebotenen Umwelt, wird der Individualisierungsspielraum durch erzieherische Bemühungen vor allem im Kultur- oder Gesellschaftsmaßstab zunehmend eingeengt. Die Frage, die sich heute stellt, ist also nicht mehr die, wie ich Freiheit bei dem Zwange kultiviere, sondern ob und wie wir autopoietische Prozesse ohne Zwang zulassen wollen. Mit dieser Auffassung ist der Boden der Überlegungen Luhmanns bereits verlassen, denn er geht immerhin noch davon aus, "daß derjenige, dem Erzogenwerden zugemutet wird, aus dieser Paradoxie des Pädagogischen (...) Möglichkeiten bezieht, und sei es auch nur, sich der Zumutung zu entziehen" (Oelkers 1987, S. 192). Das erscheint mir offengestanden als eine Zumutung, Zwang zu erzeugen, um zu lehren, wie man sich dem Zwang entzieht. - Für eine Entscheidung in dieser Frage ist die Auskunft "Methexis" noch unzureichend, sie ist vielmehr eine Art Diskussionsbasis, die verkürzt heißt: Zulassen statt Machen; Teilhaben lassen statt Fremdgestalten.

Wer bis hierhin mitzugehen bereit war, wird sich mit Recht fragen, wie es denn angesichts dieser Perspektiven um das Subjekt bestellt sei, und ob das Zulassen denn keine Grenze erfahren müsse, ob es keine Haltelinie für ein ja immerhin mögliches Expansionsstreben einzelner autopoietischer Systeme gebe, das etwa zu Lasten anderer gehe.

Zunächst zur Frage des Subjekts, sie ist leicht zu beantworten. Eine Theorie autopoietischer Systeme ist eine Theorie des Individuums, nicht des Subjekts. Im Gegensatz zu Oelkers (ebd., S. 193) bin ich der Auffassung, daß mit dem Verzicht auf den Gedanken einer den Organismen innewohnenden gemeinsamen menschlichen Substanz nicht mehr von Subjekten geredet werden kann. (So argumentiert auch Gripp-Hagelstange 1991, S. 88). Ich halte das aber auch nicht für beunruhigend, soweit es den Lebensverlauf der einzelnen Individuen betrifft. Ob sie dieses Leben als ein mehr oder weniger gelungenes deshalb erachten, weil es einen Beitrag zur Höherbildung der Menschheit geleistet hat, oder weil es einfach nur Individualisierung ohne allgemeine Richtung war, ist für die Betroffenen einigermaßen belanglos, denn auch der vermeintliche Beitrag zur Höherbildung der Menschheit ist nur ein individueller und als ein Resultat, das erst nach der Geschichte meßbar wäre, für den einzelnen allenfalls eine vage Zuversicht, eine Tröstung, die ihn vielleicht mit der Todestatsache zu versöhnen in der Lage war, als man weniger an ein Leben diesseits des Todes denn an ein solches jenseits glaubte. Um es noch einmal klar zu sagen: Ein Selbstorganisationsprozeß ist hinsichtlich seines Gelingens nicht nach Kriterien zu beurteilen, die von außerhalb kommen. Das ist etwas anderes als in autopoietischen Systemen wie denen, die ein wirtschaftliches Unternehmen ausmachen. Die ihm inhärente Ordnung mag nach dem Grad des erreichten Wohlstands beurteilt werden (vgl. Weizsäcker 1989, S. 51f.). Wenn überhaupt ein Urteil über das Gelingen eines psychischen Selbstorganisationsprozesses sensu Leben möglich ist, dann steht es ausschließlich dem Individuum selbst zu. Es kann vielleicht einschätzen, ob es in seinem Prozeß der Selbstorganisation alle Möglichkeiten der Differenzierung genutzt hat. Aber wir sehen schon: Auch das ist nicht umstandslos zu postulieren. Denn dieses Maß: Maximum der möglichen Differenzierung läuft darauf hinaus, Komplexitätssteigerung (und nicht -reduktion, wie wir bei Luhmann noch vor seiner autopoietischen Wende lernten) positiver zu beurteilen als Konservierung oder Reduktion von Komplexität. Und wir fingen wieder an, Gebildete von weniger Gebildeten zu unterscheiden und zählten uns selbst natürlich zu den ersteren, hätten darob ein schlechtes Gewissen und verlangten erneut, daß alle Menschen gleich gebildet werden sollten, wohl wissend, aber nicht aussprechend, daß wir dieses nicht wirklich befürchten müssen.

Vermutlich tun wir gut daran, dem einzelnen nicht auch noch die Erwartung aufzubürden, er solle gewissermaßen vor einer Komplexitätsnormenkontrollbehörde darüber Rechenschaft ablegen, ob er auch hinreichend differenziert habe. - "Die Skepsis", so schreibt Odo Marquardt in einer hierauf anwendbaren Überlegung, "wünscht sich zwar den vermeidlichen Einzelnen: die gebildete Individualität. Aber sie rechnet mit dem unvermeidlichen Einzelnen: das ist jeder Mensch, weil er ›unvertretbar‹ sterben muß und ›zum Tode‹ ist. Dadurch ist das Leben des Menschen stets zu kurz, um sich von dem, was er schon ist, in beliebigem Umfang durch Ändern zu lösen: er hat schlichtweg keine Zeit dazu" (Marquardt 1981, S. 16f.).

Es kommt noch ein anderes Bedenken hinzu, welches dagegen spricht, Komplexitätssteigerung zum grenzenlosen Ziel menschlicher Selbstorganisation zu erheben: Komplexitätssteigerung setzt Freiheit voraus. "Sie kann bei schrankenlosem Individualismus zu einer totalen Zerstörung der Gesellschaft führen und damit der Freiheit durch das eigene Überschlagen den Boden entziehen. Denn ohne eine Gesellschaft," so findet zumindest Friedrich Cramer, "in die der Mensch eingebettet ist und durch die er kontrolliert wird, ist er nicht frei (...) Der enorme Zuwachs an Komplexität durch Freiheit, der andererseits der menschlichen Gesellschaft nützlich ist - eine sich frei entfaltende Gesellschaft ist effektiver als eine reglementierte -, diese Komplexität muß dennoch irgendwie reduziert werden" (Cramer 1989, S. 299). - Gibt es also eine Grenze für Selbsterschaffung und finden wir für sie eine geeignetere Definition als die kryptische Formulierung von der erforderlichen Einsicht in die Sachzwänge, die Schleiermacher mit Helmut Schmidt vereint?

Es läge natürlich nahe, eine Ethik der Selbstorganisation zu fordern, die diese Grenzen definiert. So ist als ethischer Imperativ unlängst vorgeschlagen worden: "Handle im Bewußtsein, daß von Deinem Tun das Gedeihen des Ganzen abhängt!" (Mocek 1990, S. 172). Wir sehen, sofort, daß dieser ethische Weg nicht gangbar ist. Er läuft auf ein funktionales Äquivalent zur Höherbildung der Menschheit hinaus und ist als solcher nicht begründbar. - Mir scheint demgegenüber ein Weg näher zu liegen, den Richard Rorty vorgezeigt hat:

In seinem Buch "Kontingenz, Ironie und Solidarität" (Rorty 1989) optiert der Neopragmatist Rorty für Ironie und Solidarität, eine auf den ersten Blick bizarre Kombination aus Einsicht in die Kontingenz der Sprache, des Selbst und des Gemeinwesens. Neben der Kontingenz der Sprache, auf die ich jetzt nicht weiter eingehen möchte, sieht Rorty eine Kontingenz des Selbst. Freud, so meint er, habe es vermocht, die Kontingenz unseres Bewußtseins auf die Kontingenz unserer Erziehung zurückzuverfolgen. Das war eine epochale Idee, insofern mit ihr jeder Versuch abgewiesen werden mußte, eine Allgemeinheit des Moralgefühls zu postulieren. Es ist idiosynkratisch. Freud habe uns eine Moralpsychologie an die Hand gegeben, die es erlaube, den starken Dichter als einen Archetyp des Menschlichen zu sehen. Ich denke, daß diese Idee eine sehr gute Anknüpfungsmöglichkeit zur Theorie der Selbstorganisation bietet, aber auch zu dem heute erforderlichen Übergang von Wissenschaft auf Kunst. Da Wissenschaft sich demzufolge nicht mehr auf eine Allgemeinheit von Moralität verpflichten läßt, verbindet sich über die Selbsterschaffungsidee Wissenschaft hin zur Kunst.

Warum soll das Leitbild des starken Dichters vor uns stehen? - "Wir werden das bewußte Bedürfnis des starken Dichters, das darin besteht, zu zeigen, bekanntzugeben, daß er keine Kopie und keine Replik ist, als eine Form des jedem von uns eigenen unbewußten Bedürfnisses sehen, sich mit der blinden Prägung zu versöhnen, die der Zufall ihm gegeben hat, sich durch Neubeschreibung dieser Prägung in Ausdrücken, die, wie marginal auch immer, doch seine eigenen sind, ein Selbst zu schaffen" (ebd., S. 83).

Aber hier entsteht natürlich noch eine zweite Frage, die nach der Art der Relativierung des Selbsterschaffungsprozesses. Noch einmal: Die Kontingenz der Sprache und die Kontingenz des Bewußtseins sind geradezu Aufforderungen, diese Zufälligkeit nicht hinzunehmen, sondern in die eigene Hand, aber: diese Kontingenz bedarf der Begrenzung. Eine Begrenzung ist jedoch nur denkbar, wenn die Gestalt der Sozialität selbst nicht determiniert, sondern in der Hand ihrer Mitglieder ist. Wir müssen also voraussetzen können, daß als drittes auch das liberale Gemeinwesen kontingent ist.

Rorty möchte, daß die Unterscheidungen zwischen Absolutismus und Relativismus, zwischen Rationalität und Irrationalität, zwischen Moralität und Zweckdenken zunächst einmal außer Kraft gesetzt werden, denn sie schaden dem, was Voraussetzung für die Zulässigkeit von Selbsterschaffung ist, nämlich die Entwicklung der Demokratie. Rorty meint damit die liberale Demokratie und knüpft insoweit an Dewey an. Liberal ist eine Gesellschaft dann, "wenn sie sich damit zufrieden gibt, das 'wahr' zu nennen, was sich als Ergebnis solcher Kämpfe (der Worte, D.L.) herausstellt" (ebd., S. 96). Eine zweite Voraussetzung der liberalen Gesellschaft, beziehungsweise besser eine Neubeschreibung des Liberalismus sieht Rorty darin, "daß die Hoffnung, Kultur im ganzen könne 'poetisiert' werden, den Platz der aufklärerischen Hoffnung einnimmt, Kultur könne 'vernünftig' gemacht oder 'verwissenschaftlicht' werden" (ebd., S. 98).

Liberalität als Einsicht in die Kontingenz und deshalb als Eröffnung der Möglichkeit zur poetischen Selbsterschaffung. Und dann kommt die Begrenzung: "Eine Gesellschaft ist dann liberal, wenn ihre Ideale durch Überzeugung statt durch Gewalt, durch Reform statt durch Revolution, durch freie, offene Begegnungen gegenwärtiger sprachlicher und anderer Praktiken mit Vorschlägen für neue Praktiken durchgesetzt werden. Das heißt aber, eine liberale Gesellschaft hat kein Ideal außer Freiheit, kein Ziel außer der Bereitwilligkeit abzuwarten, wie solche Begegnungen ausgehen, und sich dem Ausgang zu fügen" (ebd., S. 109f.).

Rorty denkt an eine poetisierte Kultur, in der die Gestalt des Dichters, genauer: die des Romanschreibers, zu einer Art Leitbild wird. Ihm weist er einen spezifischen Ort zu: "So haben die Opfer von Grausamkeit, die Menschen, die leiden, nicht viel Sprache. Deshalb gibt es so etwas wie 'die Stimme der Unterdrückten' oder 'die Sprache der Opfer' nicht. Die Sprache, die die Opfer vorher benutzten, paßt nicht mehr, und sie leiden zu viel, um neue Wörter zusammensuchen zu können. Deshalb muß jemand anderer für sie die Arbeit übernehmen, ihre Situation in Worte zu fassen. Dazu eignen sich liberale Romanschreiber, Dichter oder Journalisten gut, liberale Theoretiker im allgemeinen gar nicht" (ebd., S. 160).

Die Selbsterschaffung ist also keine Selbstbespiegelung, sondern Erschaffung am anderen. Das Bild des Dichters unterscheidet sich indessen nun deutlich von dem Bild des Literaten, der den Aufklärungstheoretikern vielleicht gut und billig war. Es geht nicht darum, ihn mit einer Aura zu versehen. Er hat keinen Nachfolger, er sucht nicht das Schöne, sondern das Erhabene.

"In Kasbeam machte mir ein sehr alter Frisör einen sehr mittelmäßigen Haarschnitt: Er plapperte von einem Baseball spielenden Sohn und spuckte dabei mit jedem Explosivlaut auf meinen Nacken und rieb sich immer wieder die Brille an meinem Frisierumhang sauber, oder er unterbrach seinen zittrigen Scherenschnitt, um verblichene Zeitungsausschnitte hervorzuholen, und, so unaufmerksam war ich, daß ich plötzlich erschrak, als er auf seinen Tisch zeigte, und ich erkannte, daß der bärtige junge Baseballspieler auf dem Bild schon seit 30 Jahren tot war." -

Diese kurze Episode aus "Lolita", von der Nabokov schrieb, daß sie ihn einen Monat gekostet habe, ist für Rorty die kondensierte Form des Problems, um welches es ihm geht: Wie kann man verhindern, daß es eine Grausamkeit gibt, die ich nicht wahrnehme? - Die Antwort heißt: Es ist die Aufgabe der Romane und der Kunst im allgemeinen, uns vor der uns innewohnenden Tendenz zur Grausamkeit zu warnen, die droht, wenn wir nach Autonomie streben. Auf sie kann man nicht theoretisch aufmerksam machen wie auf eine soziale Ungerechtigkeit, sondern von ihr ist zu erzählen.

2.4 Das Erhabene

Nun gibt es aber keine Wahrheit außerhalb der Sprache, von der aus man beweisen könnte, daß Freundlichkeit besser als Folter ist. Das ist eine unumwundene Konsequenz pragmatistischer Theorie. Was also tun? - Man müßte versuchen, so meint Rorty, "ohne etwas jenseits von Geschichte und Institutionen auszukommen" (ebd., S. 306). Jenseits, das heißt ohne die Vorstellung, daß wir mit allen anderen Menschen solidarisch seien, weil auch sie vernünftig sind. Diese Idee Kants reicht wohl nicht. Wir wissen längst, daß die Solidarität mit denen am größten ist, die uns nahe sind. Alle Menschen des Globus können das nicht sein. Sie ist eine Säkularisierung der Idee von der Einswerdung mit Gott. Es sind Selbstzweifel angebracht an der eigenen Sensibilität für die Schmerzen und Demütigungen anderer, Zweifel daran, daß gegenwärtige institutionelle Arrangements angemessen mit diesen Schmerzen und Demütigungen umgehen können.

Deswegen kommt rorty zu einer überraschenden Schlußfolgerung: Wer denkt, die Selbstschaffung im Bilde des Romane schreibenden Literaten sei die Alternative für menschliche Autonomie schlechthin, der sieht sich getäuscht. Rorty fordert dazu auf, das Verhindern von Grausamkeit und Schmerz noch über das Erhabene zu stellen. Er behauptet, daß dieses nicht begründbar sei, dieses aber ebensowenig, so sagt er, wie Nietzsches Auffassung, daß genau das Sklavenmoral sei. Und so kommt er zurück zu seiner eingänglichen Mahnung, öffentliche von privaten Fragen zu unterscheiden. Man müsse nämlich differenzieren zwischen der "Frage 'Glaubst und wünschst Du, was ich glaube und wünsche?'", also zwischen einer gemeinsamen Metaphysik, und der "Frage 'Leidest Du?'", einer ganz untheoretischen Konkretheit jenseits des Erhabenen (ebd., S. 320). - Für Solidarität gibt es eben keine Gründe, sondern sie entsteht allein dadurch, daß man sich für sie entscheidet.

Der Rückgriff auf Rortys neopragmatistische Konzeption scheint für die notwendige Erweiterung des Selbstorganisationskonzepts nun folgende Erträge zu bringen:

Erstens eine Transgression von Wissenschaft in die Richtung der Kunst, welche zweitens durch das Bild des starken Dichters in die Vorstellung von Selbstschaffung als eines poietischen Prozesses aufgenommen wird, welches drittes eine Differenzierung des poetischen Produkts nach sich zieht in Erhabenheit und im Vorrang zu ihr in die Erzählung der Grausamkeit. Wir lassen damit eine Rekursion hinter uns, auf die eine rein systemtheoretische Selbstorganisationstheorie verwiesen bleibt, die sich, die wenigen Einlassungen Luhmanns zur Kunst beweisen es, mit der Differenzierung von Kunst und Nicht-Kunst, von schön und nicht-schön und mit Fragen der Stildifferenzierung begnügen muß (vgl. Luhmann 1984 und 1986), allesamt Fragen, die dem Kunstverständnis außen bleiben, welches ich unterlegen möchte, wenn ich mit Rorty über die Narration der Grausamkeit oder das Erhabene rede. Nirgendwo wird die Differenz zwischen Luhmann und Rorty so deutlich wie in dem Diktum des ersteren: "Keine Wissenschaft kann menschliches Leid als dritten Wert neben Wahrheit und Unwahrheit einsetzen; aber man kann Forschungsprogramme entwerfen, die sich mit den Formen und Ursachen menschlichen Leidens befassen" (Luhmann 1987a, S. 200). - Das, so sieht es Rorty, führt zu nichts, und deshalb gerade ist menschliches Leid nicht der dritte Wert neben anderen, sondern der erste. Demokratie hat deshalb Vorrang vor Objektivität.

Wir möchten nun wissen, was das bedeuten könnte, Erhabenheit und Erzählung der Grausamkeit. Lesen wir zunächst ein Gedicht von Sugawara Katsumi aus dem Jahre 1955:
Der Stuhl war umgefallen.
Als ich hineinging
wurde gerade jemand abgeführt.
Ein Mann mit aufgekrempelten Hemdsärmeln
lehnte sich an einen großen Tisch
und trank Tee.
Sobald der Stuhl wieder aufgestellt war
setzte ich mich darauf.
Jetzt war ich an der Reihe.

Dieses Gedicht des japanischen Kommunisten spielt auf eine Inhaftierung aus dem Jahre 1935 an, etwas das wir wissen. Aber auch ohne diese Information erkennen wir unmittelbar, daß es sich um ein Verhör handelt, dem der Träger des lyrischen Ich unterzogen wird. Das Gedicht ist lakonisch und deutet nur an. Aber in der extremen Zurückhaltung deutet es auf einen Gewaltakt, es erzählt eine Grausamkeit: In diesem Raum hat ein Verhör stattgefunden, bei welchem Gewalt ausgeübt wurde, ein Stuhl war umgefallen, ein Mann hat seine Ärmel aufgekrempelt und trinkt im Angesicht des Delinquenten Tee, nur er. Eine kurze Pause zur Wiederherstellung der Arbeitskraft des Inquisitors. Der nächste ist gefesselt, er kann den Stuhl, auf den er sich setzen soll, nicht selbst aufstellen, dieses wird getan. Er ist ein Element einer Reihe, an der der Teetrinkende, Hemdsärmelige sein Amt ausübt.

Ein zweites Beispiel für die Darstellung der Grausamkeit: Die rechte Tafel des Triptychons "Kreuzigung 1965" von Francis Bacon. Wir sehen eine irgendwie am Boden gekrümmte Figur, die vielleicht die Kreuzabnahme zitiert, vielleicht aber auch einen Mitgekreuzigten. Links davon im Hintergrund zwei männliche Gestalten vor einer Art Betgestühl oder Bar, Trinker, Agenten, Dunkelmänner? Und dann das Auffällige: Die geschundene Kreatur im Vordergrund trägt eine Hakenkreuzbinde und eine französische Kokarde. Diese Embleme sind Anlaß für vielerlei Spekulationen über die politische Botschaft des Bildes gewesen, die Bacon selbst heftig dementiert hat. Worum es ihm gehe, so hat Bacon gemeint, das sei einzig und allein die Entfernung von Schutzschirmen, die Entstellung der gewohnten Erscheinung, in der eine gewalttätige Wirklichkeit zum Ausdruck komme. - Darstellung der Grausamkeit.

Und dann das Erhabene: Es geht um das Bild "Who's afraid of red, yellow and blue III" von Barnett Newman. Es gehört zu einer Serie von insgesamt vier Bildern gleichen Titels des amerikanischen Malers Barnett Newman, entstanden 1966/67. Es ist 2,45 m hoch und 5,44 m breit. Newman hat mit diesem Bild explizit die Absicht verfolgt, durch eine Unüberschaubarkeit des Bildes das Faktum des begrenzten Bildfeldes sowohl zu bestätigen (asert) als auch zu überwinden (overcome). Im Gegensatz zur europäischen Tafelmalerei, die sich durch eine begrenzte Zahl von Blickpunkten charakterisiert, ist die Zahl der Blickpunkte in diesem Bild unbegrenzt. Es soll desorientierend sein, das Kontinuum des Rot soll Fülle, Expansion, Energie und prinzipielle Indifferenz gegenüber aller Begrenztheit, Form und Bestimmtheit zum Ausdruck bringen. Die Farbkomposition ist gezielt als eine Kritik an Mondrian gedacht, der nach Newmans Meinung in europäischer Manier versucht habe, die polaren Buntfarben Rot, Gelb und Blau zu domestizieren und zu beschlagnahmen, indem er eine in sich ausbalancierte Komposition anstrebte. Mondrian habe als Europäer mathematische Äquivalente der Natur gesucht, wohingegen der Amerikaner Newman für sich beansprucht, mit seinen Bildern eine völlig andersartige Wirklichkeit zu schaffen. "Sie beginnen", so schreibt Max Imdahl (1989, S. 250), "mit dem Chaos der reinen Phantasie und des reinen Gefühls, das heißt, sie beginnen mit nichts, was auf physikalische, visuelle oder mathematische Gewißheiten zurückverweist, und sie bringen aus dem Chaos der Emotion Bilder hervor, welche diese intangiblen Emotionen realisieren."

Für Barnett Newman ist das Bild "Who's afraid of red, yellow and blue III" Ausdruck des Erhabenen, insofern es "reduced to the primaries" ist (Newman 1990, S. 192). Es folgt dem Impuls der modernen (!) Kunst, das Schöne zu zerstören (ebd., S. 172).

Mit diesen beiden Hinweisen spiele ich auf zwei gewichtige Motive für Jean-François Lyotard an, dieses Bild als Ausdruck oder besser Inbegriff dessen zu werten, was ihm für eine postmoderne Ästhetik vorschwebt. "Mit dem Namen Postmoderne belege ich (...) einen sehr wichtigen Gedanken, nämlich, daß der Modernismus, nicht die Moderne, nicht mehr möglich ist, nämlich eine Kunst, die ein allgemeines Emanzipationsprojekt begleitet, unterstützt und illustriert" (Lyotard 1989, S. 326). Das bedeutet, daß eine Indienstname der Kunst nicht in Betracht kommt, die zu fatalen Folgen für das ursprünglich Kantische Projekt des Erhabenen geführt hatte. Es war mit einem "bombastischen Geistbegriff" (Welsch 1989, S. 187) verbunden und gefolgt entweder von unfreiwilliger Komik, oder, was schlimmer war, von einer Überlagerung oder Gleichsetzung mit dem Schönen, welches seine Instrumentalisierung im Faschismus erlaubte.

Heute ist die Vorstellung von Erhabenheit davon abzulösen. - "Das Ästhetische will nicht zur Macht kommen, sondern das Prinzip der Macht demaskieren" (Lenk 1991, S. 21). Schon bei Adorno ist das Erhabene zur Matrix des Schönen geworden, weil er gesehen hat, daß das Kunstwerk die Versöhnung nicht mehr leisten kann (vgl. Welsch ebd., S. 190f.). Auf "Harmonie und Ganzheit des Differenten" (Welsch 1990, S. 164) zielte das Schöne, das Erhabene im postmodernistischen (nicht-modernen) Sinne will "Anerkennung des Differenten, Verbot von Übergriffen, Aufdeckung impliziter Überherrschung, Widerstand gegen strukturelle Vereinheitlichung, Befähigung zu Übergängen ohne Gleichmacherei" (ebd., S. 165). Insofern ist eine Ästhetik des Erhabenen ein Pendant zu einer Kultur, die durch Pluralität gekennzeichnet ist und durch den Verlust der Möglichkeit und der Bereitschaft, die eine Form oder den einen Inhalt gegenüber allen anderen durchzusetzen. Die Wirklichkeitsformen sind plural. Sie können es gar nicht anders sein, wenn wir die Idee der Selbstorganisation ernstnehmen. Denn: Jedes Individuum bringt seine Wirklichkeit hervor, und es gibt keine Theorie, deren Rechtfertigungskapazität ausreichen würde, um die Wirklichkeit des oder der einen gegenüber derjenigen des oder der anderen vorzuziehen.

Das ist indessen keine Option für Beliebigkeit. Den überraschten Kritikern der Postmoderne, die postmodernes Philosophieren mit "anything goes" gleichsetzen und in jeder Zeile das Aufkeimen des Faschismus wittern, zeigt Lyotard, daß das Erhabene immer beides ist, Abrücken vom Modernismus und Einstellen in die Kontinuität der Moderne.

"Die moderne Ästhetik ist eine Ästhetik des Erhabenen, bleibt aber als solche nostalgisch. Sie vermag das Nicht-Darstellbare nur als abwesenden Inhalt anzuführen, während die Form dank ihrer Erkennbarkeit dem Leser oder Betrachter weiterhin Trost gewährt und Anlaß von Lust ist. Diese Gefühle aber bilden nicht das wirkliche Gefühl des Erhabenen, in dem Lust und Unlust aufs innerste miteinander verschränkt sind (...). Das Postmoderne wäre dasjenige, das im Modernen in der Darstellung selbst auf ein Nicht-Darstellbares anspielt; das sich dem Trost der guten Formen verweigert, dem Konsens eines Geschmacks, der ermöglicht, die Sehnsucht nach dem Unmöglichen zu teilen; das sich auf die Suche nach neuen Darstellungen begibt, jedoch nicht, um sich an deren Genuß zu verzehren, sondern um das Gefühl dafür zu schärfen, daß es ein Undarstellbares gibt" (Lyotard 1982, S. 140).

Das Erhabene, das Undarstellbare läßt sich nur umschreiben. In seinem Interview mit Christine Pries spricht Lyotard von dem von der Einbildungskraft empfundenen Schmerz und er meint, es sei "absolut nicht vorschreibbar, welcher Zusammenhang (...) zwischen dieser Schuld und der Gerechtigkeit, kurz: zwischen der Ethik und der Ästhetik besteht. Ich sehe sehr wohl den gemeinsamen Punkt, aber nicht genug den Unterschied. Der gemeinsame Punkt ist das 'Nicht-Vergessen', der Kampf gegen die Amnesie, die wahrscheinlich immer das Verbrechen ist."

Mit dieser Auskunft können wir zu Rorty zurückkehren und zu seinem Primat der Darstellung von Grausamkeit vor dem Erhabenen. Ich denke, es ließ sich sowohl anschaulich, an den Bildern von Bacon oder an dem Gedicht von Katsumi wie auch in den theoretischen Passagen Lyotards zeigen, daß die Differenzierung des Erhabenen und der Darstellung der Grausamkeit nicht zwingend ist. Es ist möglich, ja es kommt vielmehr darauf an, das Erhabene so zu konstituieren, daß die Darstellung der Grausamkeit gegen das Vergessen in ihm ist. Die Notwendigkeit einer Hierarchisierung ergibt sich dann nicht, und es läge uns mit dem Erhabenen ein bestimmtes Unbestimmtes vor, welches eine Antwort wäre, wenn wir gefragt werden: Sind Selbstorganisationsprozesse beliebig? Wir könnten dann sagen: sie sind plural, aber nicht beliebig. Die Gestalt des starken Dichters, der im Erhabenen den undarstellbaren Schmerz, die Grausamkeit wider das Vergessen zur Darstellung bringt, ist das Bild von Selbsterschaffung, von dem wir glauben, daß es diesem historischen Zeitpunkt angemessen scheint, daß es aus pragmatischen, nicht letztbegründbaren Erwägungen das Bild vor unseren Augen sein könnte, wenn wir erzieherische Methexis anstreben. Unsere Aufgabe ist es dann nämlich, die Hindernisse dafür wegzuschaffen, die Teilhabe in einer Freiheit in Frage stellen, welche es den jungen Menschen allererst erlaubt, ihre Selbstorganisation nach dem Bild des Erhabenen zu vollziehen, jenes Bild, das wir nicht ausfüllen können, das jeder für sich zu gestalten versuchen wird. Hier ist ein Mißverständnis denkbar, welches in eine Richtung ginge, die im 18. Jahrhundert bereits falsch angelegt war. So können wir bei Carl Grosse in seinen Ausführungen über das Erhabene aus dem Jahre 1788 lesen:

"Und daher ist es Pflicht der Erziehung, bey jeder jugendlichen Seele, die der Wärme noch empfänglich ist, das Gefühl des Schönen und Erhabenen zu einer thätigen Empfindung zu bilden, sie nach diesem Gefühle zu leiten, und ihr die Bahn zu eröffnen, auf der sie sich immer zu hohen Thaten erwärmt, zu Thaten, die ein Abguß schäzbarer Tugenden sind (...)" (Grosse 1990, S. 73).

Nein, das gerade nicht: nicht bilden, nicht leiten, keine hohen Taten und kein Abguß von Tugenden. Das ist bei aller Beteuerung des Gegenteils Bevormundung, Richtungsweisung und Mimesis. Was soll man dann tun, damit Erhabenheit auch gewährleistet sei als Widerstand gegen das Vergessen, als darstellende Erinnerung der Grausamkeit? Es gibt keine Gewährleistung und nichts ist zu machen, sondern viel zu unterlassen. Zulassen. Und vielleicht dieses: Geben wir denen etwas, die sich selbst erschaffen: geben wir ihnen Rot, Gelb und Blau und seien wir - mit Newman - ohne Sorge: "Why should anybody be afraid of red, yellow and blue" (Newman 1990, S. 192)?

Literatur

Benner, D.: Hauptströmungen der Erziehungswissenschaft. München 1973.

Blankertz, H.: Kritische Erziehungswissenschaft. In: Schaller, K. (Hrsg.): Erziehungswissenschaft der Gegenwart. Bochum, 1979, S. 28-45.

Cramer, F.: Chaos und Ordnung. Die komplexe Struktur des Lebendigen. Stuttgart 1989.

Gripp-Hagelstange, H.: Vom Sein zur Selbstreferentialität. Überlegungen zur Theorie autopoietischer Systeme Niklas Luhmanns. In: Deutsche Zeitschrift für Philosophie 39 (1991), 4.1, S. 80-94.

Grosse, C.: Über das Erhabene. St. Ingbert 1990. (Erstdruck 1788)

Habermas, J.: Erkenntnis und Interesse. Frankfurt/M. 1968.

Imdahl, M.: Barnett Newman. Who's afraid of red, yellow and blue III. In: Pries, Chr. (Hrsg.): Das Erhabene. Zwischen Grenzerfahrung und Größenwahn. Weinheim 1989, S. 233-252.

Kant, I.: Kritik der Urteilskraft. Berlin 1790.

Klafki, W.: Aspekte kritisch-konstruktiver Erziehungswissenschaft. Weinheim 1976.

Knorr-Cetina, K.: Spielarten des Konstruktivismus. In: Soziale Welt, 40 (1989), 1/2, S. 86-96.

Laermann, K.: Das rasende Gefasel der Gegenaufklärung. Dietmar Kamper als Symptom. In: Merkur 34 (1985), 3, S. 211-220.

Lenk, E.: Ethik des Ästhetischen. Bern 1991.

Lenzen, D.: Pädagogisches Risikowissen, Mythologie der Erziehung und pädagogische Methexis. Auf dem Weg zu einer reflexiven Erziehungswissenschaft. In: Zeitschrift für Pädagogik, 27. Beiheft. Weinheim/Basel 1991, S. 109-125.

Luhmann, N.: Das Kunstwerk und die Selbstreproduktion der Kunst. In: Delfin 3 (1984), S. 51-69.

Luhmann, N.: Das Medium der Kunst. In: Delfin 7 (1986), S. 6-15.

Luhmann, N.: Soziologische Aufklärung 4. Beiträge zur funktionalen Differenzierung der Gesellschaft. Opladen 1987a.

Luhmann, N.: Strukturelle Defizite. Bemerkungen zur systemtheoretischen Analyse des Erziehungswesens. In: Oelkers, J./Tenorth, H.-E. (Hrsg.): Pädagogik, Erziehungswissenschaft und Systemtheorie. Weinheim/Basel 1987b, S. 57-75.

Luhmann, N.: Soziologische Aufklärung 5. Konstruktivistische Perspektiven. Opladen 1990.

Lyotard, J.-F.: "Beantwortung der Frage: Was ist postmodern?" In: Tumult 4 (1982), S. 131-142.

Lyotard, J.-F.: Das Undarstellbare - wider das Vergessen. Ein Gespräch zwischen Jean-François Lyotard und Christine Pries. In: Pries, Chr. (Hrsg.): Das Erhabene. Zwischen Grenzerfahrung und Größenwahn. Weinheim 1989, S. 319-348.

Marquardt, O.: Abschied vom Prinzipiellen. Philosophische Studien. Stuttgart 1981.

Maturana, H.R.: Erkennen: Die Organisation und Verkörperung von Wirklichkeit. Braunschweig/Wiesbaden 1985. (2. durchges. Auflage)

Maturana, H.R./Varela, F.J.: Der Baum der Erkenntnis. Die Biologischen Wurzeln des menschlichen Erkennens. Bern/München 1987.

Mocek, R.: Einsicht statt Voraussicht - Aspekte einer Ethik der Selbstorganisation. In: Selbstorganisation. Jahrbuch für Komplexität in den Natur-, Sozial- und Geisteswissenschaften, hrsg. v. U. Niedersen, Bd. 1. Berlin 1990, S. 163-177.

Newman, B.: Selected Writings and Interviews. New York 1990.

Oelkers, J.: System, Subjekt und Erziehung. In: Ders./Tenorth, H.-E. (Hrsg.): Pädagogik, Erziehungswissenschaft und Systemtheorie. Weinheim/Basel 1987, S. 175-201.

Rorty, R.: Kontingenz, Ironie und Solidarität. Frankfurt/M. 1989.

Ruhloff, J.: Zur Kritik der emanzipatorischen Pädagogik-Konzeption. In: Stein, G. (Hrsg.): Kritische Pädagogik. Hamburg 1979, S. 181-194.

Schaller, K.: Pädagogik der Kommunikation. In: Ders. (Hrsg.): Erziehungswissenschaft der Gegenwart. Bochum 1979, S. 155-181.

Weizsäcker, Chr. v.: Ordnung und Chaos in der Wirtschaft. In: Ordnung und Chaos in der unbelebten und belebten Natur. Verhandlungen der Gesellschaft Deutscher Naturforscher und Ärzte. Stuttgart 1989, S. 43-58.

Welsch, W.: Adornos Ästhetik: eine implizite Ästhetik des Erhabenen. In: Pries, Chr. (Hrsg.): Das Erhabene. Zwischen Grenzerfahrung und Größenwahn. Weinheim 1989, S. 185-216.

Welsch, W.: Ästhetisches Denken. Stuttgart 1990.

Anschrift des Autors:
Prof. Dr. Dieter Lenzen
Mozartstr. 9
D-12307 Berlin

Alfred K. Treml / Gabi Strobel-Eisele:

Erziehung und Selbstorganisation
Zur evolutionären Logik und historischen Entfaltung eines Paradigmas

Die neue Sprache, in der das Paradigma der "Autopoiesis" daherkommt, darf nicht darüber hinwegtäuschen, daß "Selbstorganisation" der Sache nach in der Pädagogik ein vertrautes Prinzip ist. Im folgenden werden wir den Spuren dieses Prinzips in der Pädagogik systematisch und historisch nachgehen. Dabei gehen wir nicht von einer Hermeneutik der Theorie selbstreferentieller Systeme aus - das würde in Anbetracht der uneinheitlichen Semantik und des heterogenen und unübersichtlichen Diskussionverlaufs ein eigenes umfangreiches Arbeitsvorhaben bedeuten, sondern beginnen stattdessen mit der Analyse des Phänomens bzw. des Begriffs der Erziehung. Wir betrachten "Erziehung", idealtypisch verdichtet im "pädagogischen Verhältnis" von Erzieher und Zögling, im Lichte der alltagssprachlichen Unterscheidung von "fremdorganisiert" und "selbstorganisiert" und versuchen dabei, die Logik selbstorganisierter Prozesse im Erziehungsbegriff zunächst phänomenologisch zu rekonstruieren (Teil I). In einem zweiten Schritt verfolgen wir die Spuren eines pädagogischen Denkens, das sich der Unentrinnbarkeit selbstorganisierter Prozesse bewußt ist, im historischen Verlauf an einigen ausgewählten charakteristischen Beispielen (Teil II). In einem dritten Teil werden wir versuchen, die neue "Theorie selbstreferentieller Systeme" (bzw. das neue Paradigma der Selbstorganisation) in ihren (bzw. seinen) Grundlinien zu rezipieren und auf das Ausgangsproblem zu beziehen (Teil II). Schließlich wollen wir abschließend einige zusammenfassende Thesen über die evolutionäre Funktion und Logik einer pädagogischen Semantik der Selbstorganisation zur Diskussion stellen (Teil III). Es versteht sich von selbst, daß dieses anspruchsvolle Programm in einem Aufsatz nur umrißhaft und ansatzweise verwirklicht werden kann.

I.

Um die Analyse zu vereinfachen, gehen wir von einer einflußreichen idealtypischen Verdichtung des Erziehungsbegriffes aus, vom **pädagogischen Bezug** (zwischen einem Educandus und einem Educator). Selbstverständlich ist der sog. "pädagogische Bezug" - gelegentlich auch "pädagogisches Verhältnis" genannt - eine artifizielle semantische Fiktion, ganz im Sinne von Max Weber ein "Idealtypus": "Er wird gewonnen, durch einseitige **Steigerung eines** oder **einiger** Gesichtspunkte und durch Zusammenschluß einer Fülle von diffus und diskret, hier mehr, dort weniger, stellenweise gar nicht, vorhandenen

Einzelerscheinungen, die sich jenen einseitig herausgehobenen Gesichtspunkten fügen, zu einem in sich einheitlichen **Gedanken**bilde (...) das in seiner begrifflichen Reinheit (...) nirgends in der Wirklichkeit empirisch vorfindbar (ist)" (Weber 1968, S. 191). Trotzdem ist es legitim, mit solchen idealtypischen Kategorien zu beginnen, denn sie geben Auskunft über die Art und Weise, wie einflußreiche Semantik (hier der pädagogischen Zunft) Komplexität reduziert.

Auffällig an der semantischen Konstruktion des pädagogischen Bezugs ist zunächst die Reduktion auf die **Sozialdimension**. Das didaktische Dreieck ("Lehrer - Inhalt - Schüler"), das selbst schon eine fiktive Reduktionsform der Komplexität ist, wird noch einmal verkürzt auf das Verhältnis Educandus - Educator; der pädagogische Bezug ist per definitionem ein personales Verhältnis. En passant wird die Sozialdimension noch einmal verkürzt auf das Verhältnis **eines** Educandus zu **einem** Educator - eine selbst in der Familienerziehung, auf die in diesem Zusammenhang immer verwiesen wird, ursprünglich recht seltene Konstellation. Wie um diese Reduktionen zu kompensieren, wird gleichzeitig der pädagogische Bezug normativ (und emotional) überhöht und mit idealen Ansprüchen überfrachtet, wie z.B. Liebe des Zöglings, gegenseitiges Vertrauen, (natürliche) Autorität des Educators und "freie" Unterwerfung des Educandus unter den Willen des Educators, pädagogischer "Takt" u.a.m. Wie auch immer im einzelnen die Ausgestaltung des pädagogischen Bezugs sein mag, sie impliziert in ihrer Logik die Einheit einer Differenz (mindestens) zweier Menschen. Ein Erzieher steht einem Zögling gegenüber, ihr Verhältnis zueinander ist also asymmetrisch: Der Erzieher erzieht, der Zögling wird erzogen; der Lehrer lehrt, der Schüler lernt. Diese Differenz wird aber gleichzeitig überhöht durch eine Einheitsunterstellung: Erziehung ereignet sich gerade in der **Einheit** dieser asymmetrischen **Differenz**.

Beobachten wir den pädagogischen Bezug mit Hilfe der binären Schematisierung von "Fremdorganisation" und "Selbstorganisation", dann wird unmittelbar deutlich, daß beide Kategorien gleichermaßen Eingang in die Logik dieses Erziehungsbegriffes gefunden haben. Wenn der Erzieher zu erziehen versucht, erscheinen seine Handlungen aus Sicht des Educandus als "Fremdorganisation". Erziehungsversuche eines Erziehers sind hier externe, d.h. fremdorganisierte Interventionsversuche in das mentale System des Educandus. Sie sind etwas anderes als die selbstorganisierte Struktur dieses mentalen Systems (Denken, Fühlen und Wollen), die beim Educandus immer schon vorausgesetzt werden muß - auch dort, wo sie perfektioniert werden soll. Diese, für jede Pädagogik unhintergehbare, Voraussetzung erscheint aus Sicht des Erziehers als Selbstorganisation des Educandus und deshalb als Differenz zur eigenen Selbstorganisation.

In der pädagogischen Tradition wird diese Selbstorganisation des Educandus - zumindest dort, wo der Begriff nicht zur bloßen Chiffre für "das Menschliche im Menschlichen" gerinnt - häufig mit dem Begriff der "**Personalität**" bezeichnet. Die Personalität des Menschen, hier des Educandus, wird dabei durchaus auch sprachlich als "Selbst-Organisation" beschrieben, als "Selbststand" (!): "Im Hinweis auf die Person wird, angesichts all dieser Einschränkungen und Verunsicherungen des menschlichen Lebens, die Möglichkeit des Menschen zur Behauptung und Verwirklichung seiner Menschlichkeit angesprochen; daß er Selbststand habe und suche, daß er sich selbst gehöre und aus einem von außen unzerstörbaren Zentrum immer wieder die Möglichkeit zu einem Neuanfang gewinne, daß er in diesem Kern der Person einmalig und unverwechselbar sei, daß daraus seine Würde und seine unaufhebbare Verantwortung entspringen" (Speck 1970, S. 289).

Deutlich wird aus diesem Zitat, daß Selbstorganisation hier als die spezifische menschliche Fähigkeit erscheint, ein "Selbst" in Differenz zum Andern auszubilden. Das setzt sich selbst schon voraus, denn ohne "Selbststand" keine Selbstbewegung. Es ist das von außen "unzerstörbare Zentrum", das nicht nur immer wieder die Möglichkeit des eigenen Neuanfangs enthält, sondern auch die Individualität selbst bestimmt. Es ist bemerkenswert, daß im semantischen Sprachspiel des pädagogischen Bezugs diese Personalität in aller Regel als **Ziel** jeder Erziehung erscheint und damit engeführt wird auf den Educandus. So nennt Erich Weniger - und er steht hier nur stellvertretend für viele andere - als Ziel der Erziehung die "Person", die "gereift für sich selber entscheiden und in solchen Entscheidungen zur Persönlichkeit werden" kann (Weniger o.J., S. ++). Von der Logik des pädagogischen Bezugs her gedacht, ist Personalität aber zunächst kein Ziel, sondern (qua "Selbststand") unhintergehbare **Voraussetzung** jeglicher Erziehung. Personalität ist die individuelle Selbstorganisation des Menschen, sei er nun Schüler/Educandus oder sei er Lehrer/Educator. Sie erscheint (aus der Perspektive des Erziehers/des Lehrers) als Widerstand, als Unberechenbarkeit, als Störung, als Faulheit, als Disziplinproblem, aber auch als Überraschung, als Eigeninteresse, als Spontaneität, als Aufgewecktheit und last, but not least: als Scheitern, als Mißlingen der Erziehungsversuche. Insbesondere im Topos von den "Grenzen der Erziehung" lebt das Bewußtsein von der Selbstorganisation in der Fremdorganisation geplanter Erziehung.

Die semantische Unklarheit, die hier durchschimmert, spiegelt die mangelhafte theoretische Durchdringung und der nur gering ausgebildete Abstraktionsgrad des Redens vom "pädagogischen Bezug" wider - angesichts dessen, daß er nicht selten geradezu als das Proprium der Pädagogik betrachtet wird, ein erstaunliches Desiderat. Weder ist klar, was nun das "Selbst" sein soll, noch wie die

Verschränkung zweier "Selbste" qua Erziehung theoretisch denkbar ist. Die Selbstorganisation wird wohl durchaus gesehen, aber häufig auf den Educandus eingeschränkt und auf das Ziel von Erziehung verkürzt. Daß natürlich auch der Educator eine Person ist, die durch "Selbststand" und "Selbstorganisation" charakterisierbar ist, fällt häufig unter den Tisch (oder wird mit dem Begrif des "geborenen Erziehers" aus der Reflexion ausgeblendete).

Immerhin versteckt sich die Kategorie der Selbstorganistion als unhintergehbare Voraussetzung von Erziehung auf Seiten des Schülers im Begriff der **Begabung** und im Begriff des (kindlichen) **Eigenwillens**.

Begabung erscheint als dasjenige, was der Edudandus in das pädagogische Verhältnis als Prädisposition mitbringt; sie wird entweder statisch als inhaltliche Festlegung von Fähigkeiten und Fertigkeiten oder aber, und das ist die moderne Interpretation, als formale Disposition eines internen Systems gedacht, die erst im Kontext einer externen Umwelt sich inhaltlich ausprägen kann. Dieser dynamische Begabungsbegriff (im Unterschied zu einem bloß statischen Verständnis) impliziert paradoxerweise, daß der Pädagoge so handeln muß, **als ob** es keine Begabungsgrenzen des Educandus gibt. Nur so können die abstrakten Dispositionen möglicherweise entwickelt werden. Der **"Eigenwille"** des Educandus erscheint als Widerstand gegen die pädagogische Intention des Educators und ist, weil diese per se als "gut" apostrophiert wird, prinzipiell problematisch. Der Eigenwille des Zöglings muß - in der Schwarzen Pädagogik - gegebenenfalls "gebrochen" werden, wenn Erziehung gelingen soll (vgl. Rutschky 1977). In allen Varianten einer "Pädagogik vom Kinde aus" erscheint der Eigenwille dagegen in einer bemerkenswerten Kongruenz zum Erzieherwille: Das subjektive Interesse des Kindes ist objektiv identisch mit dem pädagogischen Interesse (wenngleich es situativ und subjektiv durchaus differieren kann) und darf deshalb unter Umständen sogar manipuliert werden, denn der dabei angewendete Zwang geschieht ja im übergreifenden objektiven Interesse des Kindes selbst. Die Freiheit des Educandus darf allerdings nur im Interesse einer Vergrößerung dieser Freiheit zeitweise eingeschänkt werden: "Der Zweck des Zwanges ist die Freiheit" (Menze 1980, S. 22). Dieses advokatorische Moment generiert sich nicht selten als "pädagogische Verantwortung" und begründet die Autonomie eines bestimmten Pädagogikverständnisses. Die Asymmetrie des pädagogischen Verhältnisses wird durch diese pädagogische Verantwortung nicht nur ausgestaltet, sondern auch legitimiert.

Die hier nur angedeuteten Strukturen von Selbstorganisation im pädagogischen Bezug und ihre theoretischen Schwierigkeiten der Erfassung multiplizieren sich, wenn man die diversen Selbstbeschränkungen dieser idealtypischen Denkfigur aufhebt. Berücksichtigt man etwa, daß Erziehung sich häufig in familiären und/oder unterrichtlichen Kontexten mit einer Vielzahl von Kindern/Schülern abspielt, dann muß die personale Dimension des erzieherischen Verhältnisses auf eine soziale Dimension ausgeweitet werden. Die Selbstorganistionsstrukturen werden in einer Familie mit mehreren Kindern oder in einer Schulklasse schnell unübersichtlich, weil sie sich nicht nur anteilmäßig der darin agierenden Personen vervielfachen, sondern durch die diversen Beziehungen zwischen (Unter-)Gruppen (sozialen Systemen) explosionsartig vermehren. Berücksichtigt man dann zusätzlich noch die Sachdimension (im Didaktischen Dreieck: der Lehrstoff), dann wird deutlich, daß die unterschiedlichen Arten, wie Schüler selbstorganisiert sich dem Unterrichtsstoff gegenüber verhalten können, die Sache noch einmal verkomplizieren. Es ist dabei nicht nur die Anlage und der Eigenwille, sondern auch die situativen, zeitlichen und sozialen Umstände, die hier einen komplexen Zusammenhang konstituieren, innerhalb dem das "Selbst" sich organisieren kann.

Immerhin hat die pädagogische Tradition trotz ihrer verbreiteten Neigung zu Metpaphern und wolkiger Semantik ein deutliches Wissen von der Selbstorganistions im pädagogischen Verhältnis ausgebildet, und es ist charakteristisch, daß dies vor allem in ihrer Sprache zum Ausdruck kommt. Auffällig ist, daß es wohl heute noch den (transitiven) Begriff des "Erziehers" bzw. der "Erzieherin" (selbst als Professionsbezeichnung) gibt, wir aber in der deutschen Sprache keinen intransitiven Ausdruck für den Educandus mehr haben. "Educandus" ist lateinisch, "Zögling" veraltet. Selbst als Verb wird "erziehen" nur aus einer relativ großen zeitlichen und sachlichen Distanz heraus gebräuchlich. Man kann nicht sagen: "Evelin wird gerade erzogen" oder "Der Vater erzieht jetzt (in diesem Augenblick) seinen Sohn". Der Erziehungsbegriff wird entweder als Absichtsbegriff gebraucht (und kann dann durchaus eine Profession bezeichnen), oder er findet als Produktbegriff, aus einer zeitlichen und sachlichen Distanz heraus, Verwendung - z.B.: "Das Kind wurde vor allem von seine Mutter erzogen". Als Prozessbegriff, der die Einheit der Differenz zeitlich auf einen einheitlichen Vorgang bündelt, können wir den Erziehungsbegriff gar nicht mehr sinnvoll anwenden. Hier verbietet die Selbstorganisationsstruktur des Educandus eine wie auch immer theoretische und/oder begriffliche Fixierung.

Nicht immer ist dieser theoretische und/oder begriffliche Rückzug möglich. Überall dort, wo man handlungsnah operieren muß, etwa in der Didaktik, muß man einen andern Weg gehen. Man bringt die durch Fremdorganisation und Selbstorganisation bestimmte asymmetrische Erziehungsstruktur durch unterschiedliche Begriffe zum Ausdruck und deutet die Einheit dieser Differenz durch die Konjunktion an: **Lehren und Lernen**. Lehren ist die Fremdorganisation, Lernen die Selbstorganisation aus Sicht des Schülers. Erziehung besteht dann aus dieser Sicht aus der Verlegenheit, beides miteinander synchronisieren zu sollen, d.h. Fremdorganisation in Selbstorganisation übersetzen zu müssen. Andererseits gilt aber auch: Lehren ist die Selbstorganisation, Lernen die Fremdorganisation aus Sicht des Lehrers. Wenngleich diese Sichtweise exotisch sein mag, so ist sie doch in der Logik von Selbst- und Fremdorganistionsprozessen konsequent. Dann aber bedeutet Erziehung aus dieser Sicht zunächst einmal, die Selbstorganisation (des Lehrers) so zu gestalten, daß die Fremdorganisation des Schülers qua Selbstorganisation tätig wird. Ziel bleibt auf jeden Fall die Identität von Selbstorganisation des Lehrers (qua pädagogischer Intention) und Selbstorganisation des Schülers (qua Lernprozess). Das Lehren soll zum Lernen führen.

In dem Maße, wie in der Pädagogik auf Wärmemetaphern verzichtet, die die Einheit der dabei unterstellten Differenz (von Erziehen und Erzogenwerden, von Lehren und Lernen) semantisch nur beschwören, wird zunehmend die Frage gestellt, wie Erziehung angesichts zweier voneinander unabhängigen Selbstorganisationsprozesse überhaupt möglich ist. Es ist bemerkenswert, daß das Nachdenken darüber schon sehr alt ist und - unabhängig von der neueren Diskussion um Autopoiesis - zu erheblichern theoretischen Anstrengungen geführt hat.

II.

Der historische Rückblick muß notwendigerweise stark selektiv und unvollständig bleiben. Ein paar wenige, aber charakteristische Beispiele müssen genügen.

Beginnen wir mit der **ägyptischen Hochkultur**. Mit der Erfindung der Schrift in Mesopotamien und Ägypten vor über 5000 Jahren entsteht die Schule und damit die organisierte intentionale Erziehung qua Unterricht. Das Lehren der Keilschrift und der Hiroglyphen konnte nicht mehr auf funktionales, ab einem bestimmten Zeitpunkt auch nicht mehr auf famulierendes Lernen gründen, sondern mußte entsagungsvoll durch absichtliche Lehrorganisationen vermittelt werden, deren Struktur und Charakter zweifelsfrei für den Schüler fremdorganisiert waren (vgl. Brunner 1957). Der Selbstorganisation mußte von nun an künstlich mit der strukturellen Fremdorganisation der Schreibschüler synchronisiert werden.

Das Problem der sekundären Motivation entstand. Die Lösung hieß: Entwicklung bestimmter funktional äquivalenter Unterrichtsmethoden, und diese heißen: Ermahnung, Appell, Wettbewerb, Lockung mit einer glücklichen Zukunft, Lob, Vorbild, vor allem aber immer wieder: Prügel, Drohungen und Freiheitsstrafen (vgl. Brunner 1957, S. 56 ff.). Die dominante Bedeutung der Prügelstrafe, als eine extreme Form fremdorganisierter Erziehung, wird vor allem darin deutlich, daß alle Wörter für "Erziehung" mit dem (nachggestellten) "Schlagenden Mann" bzw. dem "Schlagenden Arm" symbolisiert wurden (dito).

Aber nicht nur beim Unterricht des Schreibernachwuchses entstand ein allgemeines Bewußtsein der Fremdorganisation von Erziehungsprozessen, auch in der Kinder- und Jugenderziehung allgemein muß von nun an das gemeinsame Erziehungsziel komplexer abgesichert werden. Die funktionale Erziehungskraft wird zunehmend ergänzt durch bewußte Maßnahmen intentionaler Erziehung. Eine Vielzahl von Schriftspuren beweisen: Das gemeinsame Erziehungsziel - die "Ma-at", die göttliche Ordnung des Überkommenen - muß nun explizit eingeklagt werden. Das Bewußtsein seiner Kontingenz läßt sich, trotz aller Versuche seiner religiösen Verankerung, nicht mehr vollständig verbieten. Das Gute muß jetzt explizit vom Bösen abgegrenzt und ausgewählt werden: "Der Leib des Menschen ist weiter als ein Staatsspeicher, er ist voll aller möglichen Antworten. Du aber sollst das Gute auswählen und (nur) das Gute aussprechen ..." (zit. nach Brunner 1988, S. 66). Deshalb entsteht auch ein Bewußtsein von mißglückten Erziehungsergebnissen: der "Heiße". Das Produkt einer geglückten Erziehung ist "der rechte Schweiger", der sich den kulturellen Muster vorbehaltlos (schweigend) anpaßt:

"Der Heiße im Tempel, er ist wie ein Baum, der im Freien (wild) wächst. (...)
Aber der rechte Schweiger hält sich ferne davon.
Er ist wie ein Baum, der im Garten wächst (...)

heißt es in einem überlieferten Text der Lehre des Amenemope (verm. 2. Dynastie). Er beweist, daß die Überführung von Fremdorganisation in Selbstorganisation, von Erziehung in Erzogenwerden, von Lehren in Lernen, von nun an expliziten Problem kultureller Pflege (im Garten der Kultur), zum pädagogischen Problem wird. Grenzen der Erziehung wurden also nicht nur in der unterschiedlichen Veranlagung, in der (göttlichen) Prädestination und in einer starken Behinderung (der "Krumme") gesehen, sondern auch im Mißglücken der Erziehungskunst durch den "törichten" Widerstand des Schülers: "Der Törichte aber, der nicht gehorcht, der kann sich nichts erwerben ..." (zit. nach Brunner a.a.O., S. 112). Der Ort dieses Gehorsams ist das "Herz" - wir würden heute wohl "Vernunft" sagen. Das Herz ist im Altägyptischen das Organ, das sowohl aus der Transzendenz (Gott) als auch aus der Immanenz (Erzieher) angesprochen wird. Dort wo es hört, ereignet sich Erziehung: das "hörende Herz" (intransitiv buchstabiert!) ist gleichzeitig Prozeß und Produkt einer geglückter Erziehung (vgl. Brunner 1988, insb. Kap. 1 und 2). Aber diese "selbstorganisierte" Erziehung bedarf der Fremdorganisation durch Gott und den Menschen.

Ab jetzt läßt sich die Differenz zwischen Fremdorganisation und Selbstorganisation nicht mehr in der Einheit kultureller Rahmenbedingungen und durch ein Abstoppen jeglichen Kontingenzbewußtseins durch Ritualisierung und Tabuisierung latent halten. Jetzt entstehen nicht nur Methoden ihrer Synchronisierung durch geplante Erziehung, jetzt entstehen auch die ersten pädagogischen Reflexion über dieses Problem. Am deutlichsten wird diese neue Stufe des pädagogischen Nachdenkens im antiken Griechenland, das für Europa so etwas wie ein Variationspool für deren anschließende soziale und geistige Evolution werden sollte.

(...)

Formal ganz in der Tradition der sokratischen Lehrdialoge stehend, ist auch unser nächstes Beispiel: Augustinus vermutlich 389 n.Chr. geschriebener Dialog "De Magistro liber unus" (Der Lehrer). Augustinus berichtet hier von einem Gespräch, das er offenbar zwei Jahre zuvor mit seinem Sohn Adeodatus in Cassiciacum (bei Mailand) geführt hatte (Augustinus 1959). Im Unterschied zu den Sokratischen Dialogen, deren artifizielle Dialektik augenfällig ist, haben wir es hier mit einem ganz realen (und gleichzeitig idealtypischen) "pädagogischen Bezug" zu tun. Ein Vater spricht mit seinem hochbegabten fünfzehnjährigen Sohn (der übrigens kurze Zeit nach diesem Gespräch sterben sollte), und er lehrt ihm, um das Ergebnis gleich vorwegzunehmen, eine paradoxe Erkenntnis: Es gibt kein (menschliches) Lehren, es gibt nur Lernen. Belehrt kann der Mensch nur durch eine selbstorganisierte innere "Belehrung" werden.

Systematischer Ausgangspunkt dieses Gesprächs ist die Frage nach der Möglichkeit von Lehren und Lernen. Weil bei der Vermittlung zwischen Lehren und Lernen "gewöhnlich das gesprochene Wort" dient, geht die Untersuchung vom Wort oder von der Rede aus und mündet schließlich in der Erkenntnis, daß belehrende Worte bestenfalls dazu animieren können, "eine Sache selbst zu suchen" bzw. sich an sie zu erinnern. Lernen ist (Wieder-Erinnerung an diese selbstorganisierte Bewegung des) Selbst-Lehrens: "Über die Dinge in ihrer Gesamtheit aber, die wir verstehen sollen, befragen wir nicht eine von außen her zu uns dringende, sondern die von innen her unseren Geist regierende Wahrheit, und Worte können uns höchstens zu dieser Befragung anleiten" (38). Belehrende Worte sind so gesehen nur eine spezifische Umwelt für das selbstorganisierte Lernen des Educandus - in den Worten des "Lehrers" Augustinus: "was ich ihm sage, erfährt er durch seine vergeistigte Anschauung und nicht durch meine Worte. Wenn ich ihm also Wahres sage, lehre ich ihn schon nicht mehr die Wahrheit, denn er betrachtet sie ja selbst; er wird daher nicht durch meine Worte zu belehren sein, sondern durch die Dinge selbst, die er sieht, weil sie ihm Gott innerlich enthüllt hat" (40).

Im Rahmen der von Augustinus vertretene Illuminationstheorie wird das innere "Selbst", das die Einheit von Lehren und Lernen verbürgt, selbst noch einmal als Differenz interpretiert: Gott ist der Lehrer des Selbstlernens, seine Erleuchtung des Geistes und der Sinne ermöglicht ein Lernen, das immer nur Erinnerung an Bekanntes ist. Christus wird zu einem erkenntnistheoretischen Begriff: Er ist die Differenz, die im Lernen die Figur des "Lehren und Lernens" noch einem dupliziert und dadurch erkenn- und erklärbar macht. Wir sehen hier die klassische Figur des "re-entry" vor uns, das Wiedereintreten einer Unterscheidung in die eine unterschiedene Seite (vgl. Spencer-Brown 1984, S.). Dadurch wird die Kategorie der Selbstorganisation entparadoxiert - allerdings um den Preis, daß nun die **Fremdorganisation** des menschlichen Erziehers nur noch paradox beschrieben werden kann. Daß ein Mensch von einem andern etwas durch Lehren lernen kann, wird als Irrglaube desavouiert - und zwar von einem Lehrer! Theoretische Möglichkeit und praktische Legitimität von Lehren und Erziehung werden damit gleichermaßen fragwürdig. Analog zu Matth. 23, 10 kann und darf sich kein Mensch mehr "Lehrer" nennen: "Denn (nur) einer ist euer Lehrer, der Christus". Alle Erziehung wird jetzt zur bloßen Anregung für die Erinnerung an die inneren göttlichen Wahrheiten. Sie stellen in dieser Denkfigur der geistigen Selbstorganisation das einzige Moment von Fremdorganisation dar, und dieses ist alleine Gott reserviert. Pädagogik wird damit radikal auf Selbstorganisation gestellt, deren Möglichkeit allerdings die Fremdorganisation Gottes ist.

Über 1300 Jahr nach Augustinus sollte **Leibniz** diese Denklogik noch einmal radikalisieren. In seiner Monadologie (1714) führt Leibniz mit dem metaphysischen Begriff der "Monade" eine weitere Abstraktion in das durch Selbstorganisation gekennzeichneten Geistprinzip ein (Leibniz 1958, S. 130 ff.). Die innere Welt des menschlichen Geistes (als "Zentralmonade") wird nun als unteilbare und vollkommen autonome Einheit interpretiert, als absolute Individualität. Damit wird sie auch, wenn es sie erst einmal gibt, als selbst von Gott, ihrem Schöpfer unabhängig gedacht. Diese absolute individuelle Autonomie kann die Monade nur dadurch erhalten, daß sie als vollkommen "geschlossen" definiert wird, als "fensterlos". Es gibt deshalb auch "keine Möglichkeit, zu erklären, wie eine Monade in ihrem Inneren durch irgendein anderes Geschöpf beeinflußt oder verändert werden könnte, da man offenbar nichts in sie hinein übertragen, sich auch keine innere Bewegung in ihr vorstellen kann, die innerhalb ihrer hervorgerufen, geleitete, vermehrt oder vermindert werden könnte, wie das bei den zusammengesetzten Dingen möglich ist, bei denen es Veränderungen im Verhältnis der Teile untereinander gibt. Die Monaden haben keine Fenster, durch die etwas in sie hinein- oder aus ihnen heraustreten könnte" (dito § 7).

Diese These wurde immer wieder als ungeheure Zumutung empfunden, weil sie den modernen Individualismus geradezu als eine Form des Autismus zu bestimmen scheint. Aber fruchtbar wurde dieser metaphysische Gedanke gerade dadurch, daß Leibniz das Individuelle **im System** (bzw. im Zusammenhang), also die gegenseitige Unabhängigkeit (qua Ausdifferenzierung) **und** die gegenseitige Abhängigkeit der Monaden (qua Inklusion) gleichzeitig zu denken erlaubt. Dazu genügt es nicht, die Geistmonade des Menschen als Entelechie (durch Appentition) zu bestimmen, also durch die in ihr schon angelegte Kraft zur Vollendung des in ihr teleologisch angelegten Möglichen). Dazu muß ein Prinzip gedacht werden, das alle Monaden mit ihren je unterschiedlichen Appentitionen in einer gemeinsamen, wechselseitig abgestimmten Ordnung bringt. Dieses Prinzip heißt bei Leibniz ganz klassisch: Gott. Durch Gottes Ratschluß sind alle autonomen Monaden in einer "prästabilierten Harmonie" miteinander verbunden, also auch der Lehrer mit dem Schüler.

In der Leibnizschen Metaphysik wird, und das macht sie für die Moderne so anschlußfähig, diese prästabilierte Harmonie nun nicht statisch, sondern dynamisch interpretiert. Sie ist im Bereich der Vernunftwahrheiten wohl notwendig, im Bereich der (menschlichen) Tatsachenwahrheiten aber kontingent. Der Mensch ist in seiner individuellen Entfaltung also frei; er kann seine in ihm angelegte Appentention entfalten oder aber verfehlen. Und dabei ist und bleibt er selbstbestimmt, selbstorganisiert. Erziehung wird aus dieser Sicht zu einer fremdoranisierten Arrangement eines Kontextes, in dem der Schüler **selbst** lernt. Geglückte Erziehung aber ist immer nur Selbsterziehung (vgl. Treml 1991; Wiater 1992).

Wir haben hier die ersten Spuren einer radikalen "Pädagogik vom Kinde aus". Sie eilt der realen Verwirklichung im Erziehungssytem der Neuzeit weit voraus (diese war und ist bis hinein in unsere Zeit eine Pädgogik der Fremdorganisation). Aber die in einer Pädagogik der Selbstorganisation angelegte Paradoxie, läßt sich auf in der Frage zuspitzen: Wie ist Erziehung (qua Fremdorganisation) überhaupt möglich, wenn Lernen ausschließlich Selbstorganisation ist? Bei Leibniz wird durch die metaphysische Annahme einer göttlichen "prästabilierten Harmonie" verlagert - verlagert auf die Paradoxie des Gottesbegriffes. Die Möglichkeit von Erziehung, trotz monadologischer Grundstuktur von Lehren und Lernen, wird in der göttlichen Ermöglichung gesehen. Die zugrundeliegende Logik lautet: Im Detail ist alles Selbstorganisation, aber das Große und Ganze ist göttliche Fremdorganisation. Mit diesem Topos hat Leibniz das Prinzip der Selbstorganisation weiter abstrahiert und ihre Abhängigkeit von der Fremdorganisation Gottes auf den einmaligen Akt der Schöpfung beschränkt. Die moderne Pädagogik kann sich nun, etwa mit Comenius, der "emendatio rerum humanarum", der Verbesserung aller menschlichen Dinge durch Erziehung zuwenden (vgl. Treml 1991b). Der Mensch wird im göttlichen Auftrag zum Vollender der göttlichen Schöpfung.

Mit der Aufklärung kann diese letztlich theologische Verankerung des pädagogischen Grundproblems nicht mehr akzeptiert werden. Bei **Kant**, um jetzt kurz auf unser letztes Beispiel einzugehen, finden wir eine der wohl einflußreichsten Versuche, die Verknüpfung von Fremdorganisation und Selbstorganisation durch Erziehung ohne Rekurs auf den Gottesbegriff zu erklären. Seine Lösung ist bei Lichte besehen zunächst nur eine Säkularisierung der ursprünglich theologischen Logik der Problementfaltung. Die binäre Schematisierungen von Selbst- und Fremdbestimmung bleibt erhalten, ja selbst die Differenz von Transzendenz und Immanenz lebt weiter, nun allerdings ohne inhaltliche Verankerung in eine transzendenten Gottesbegriff. An die Stelle der Unterscheidung "Gott - Mensch" tritt die Differenz von "intelligibler Welt" und "empirischer Welt". Als transzendentales Subjekt ist der Mensch Teil der intelligiblen Welt und alleine durch "Freiheit", also durch absolute Selbstbestimmung (resp. Selbstorganisation) bestimmt. Gleichzeitig ist er Teil der empirischen Welt und dort der Kausalität durch "Natur", also der Fremdbestimmung (resp. Fremdorganisation), untertan. Die intelligible Welt ist "frei" in einem doppelten Sinne: frei als Agens seiner selbst ("Freiheit für") - Freiheit ist die Gesetzgebung der eigenen Vernunft, und frei von allen Bestimmungen, die aus der empirischen Welt stammen ("Freiheit von") - frei von aller Naturkausalität. Deshalb kann man sie auch gar nicht erkennen ("Ding an sich"/"Noumenon"); erkennbar ist nur die Welt in der wir empirisch leben ("Ding für uns"/"Phänomenon"). Unser intelligibles Subjekt ist in seiner Möglichkeit nur "denkbar", aber nicht erfahr- oder beweisbar.

Damit trennt Kant beide Welten nicht weniger radikal als die Theologen sich den Hiatus zwischen Gott und Welt gedacht haben mögen. "Kein Hauch der Berührung" darf es zwischen diesen beiden Welten geben. Kant löst mit dieser rigiden Trennung wohl das Grundproblem seiner Theoretischen Philosophie

(Erkenntnistheorie) und vermeidet das traditionelle Schisma von Idealismus und Realismus dadurch, daß er für jede Erkenntnisart eine unterschiedliche Sphäre reserviert. Sie können sich jetzt nicht mehr in die Quere kommen und zu grundlagentheoretischen Antinomien führen (vgl. das Antinomiekapitel in der KrV B 435 ff.). Aber diese, viel diskutierte, "Lösung" des erkenntnistheoretischen Grundproblems ist auf die Praktische Philosophie nicht übertragbar. Hier kann man gerade nicht Selbstorganisation und Fremdorganisation getrennten Sphären zuweisen und jede Vermischung per definitionem verbieten, geht es in ihr doch gerade um eine menschliche Praxis, die die Einheit dieser Differenz auszeichnet. Hier soll ja, etwa durch Erziehung, Freiheit durch Fremdintervention ermöglicht, also durch äußeren Zwang (Erziehung) die innere Freiheit (Moralität) gefördert werden. Das zunächst gelöste Problem kommt also an anderer Stelle wieder zum Ausbruch, nämlich in der Frage, wie empirisches und transzendentales Subjekt in der menschlichen Praxis zueinander stehen. Kant ist sich dieses Problems, auch und gerade in bezug auf die Pädagogik, durchaus bewußt gewesen. Er spitzte es selbst zu auf die klassische Frage: "Wie kultiviere ich die Freiheit bei dem Zwange?" (Kant 1964, S. 711).

Kant gibt auf diese Fragen keine eindeutige Antwort, sondern mehrere verschiedene Antworten an verschiedenen Stellen seines Werkes. Die Bandbreite der Antworten reicht vom Eingeständnis der eigenen Nichtwissens über die Postulierung eines ontogenetischen Stufenganges der Erziehung (zur Moralität) bis hin zum Postulat der Praktischen Vernunft, wonach dem Menschengeschlechte eine Entwicklung zur Verbesserung aller Dinge (bis hin zur Moralität) phylogenetisch immanent sei. Diese (und andere) Antworten auf die Ausgangsfrage, werden hinsichtlich ihrer Tragfähigkeit von den Kant-Exegesen bis heute nicht einheitlich bewertet (vgl. z.B. Vogel 1989; Treml 1991a). Ohne hier näher auf die diversen Lösungsofferten inhaltlich eingehen zu können, beweist doch schon die Tatsache, daß Kant sich selbst zu keiner einheitlichen Antwort fähig sah, wie schwierig die Ausgangsfrage (im Kantischen Sprachspiel) ist. Berücksichtigt man noch die selbst für Spezialisten kaum noch überblickbare Sekundärliteratur zu dieser Frage, dann wird offenkundig, daß die Fruchtbarkeit des Kantischen Ansatzes hier weniger in der Antwort, als in der Fragestellung liegen dürfte.

Die heterogene Diskussion beweist zumindest eines, nämlich daß es keine Einigkeit über die Frage gibt, wie in der Kantischen Philosophie die Möglichkeit von Erziehung - qua Einheit von Fremdbestimmung und Selbstbestimmung - gedacht werden könne. Wie Pädagogik, die sich immer in der natürlichen, empirischen Welt abspielt, den "Sprung" in die intelligible Welt des moralischen Gesetzes schaffen soll, das bleibt auch nach einer über zweihundertjährigen Kanthermeneutik und -rezeption unbeantwortet.

III.

In Anbetracht dieser problematischen Traditionslinie, darf man neugierig sein, ob und wie die neuere Diskussion um "Selbstorganision" das alte pädagogische Grundproblem einer Lösung näherbringt. Auch hier müssen wir uns auf ein paar wenige Anmerkungen zu einer aktuellen Diskussion beschränken, zumal die einschlägige interdisziplinäre Debatte und "Autopoiesis" und "Selbstorganisation" in der Pädagogik bislang noch wenig Resonanz gefunden hat und wir deshalb nicht auf einschlägige Vorarbeiten zurückgreifen können.

Auffällig ist zunächst, daß die entscheidenden Anstöße zu dieser nahezu alle Wissenschaftsdisziplinen umfassenden neuen Sichtweise aus den (empirischen) **Naturwissenschaften** kamen. Ilya Prigogine, der die Theorie dissipativer Strukturen prägte, und Manfred Eigen, der die Theorie autokatytischer Hyperzyklen entwickelte, sind beide **Chemiker**, Hermann Haken, von dem Begriff und Theorie der Synergetik stammt, ist **Physiker**, die "Entdecker" der Chaostheorie sind **Mathematiker, Physiker** und **Meterologen**, die radikalen Konstruktivsten um Heinz von Foerster sind **Physiker, Biologen** und **Mathematiker** und die Theorie autopoietischer Systeme geht in erster Linie auf zwei **Neurobiologen** Humberto R. Maturana und Francisco J. Varela zurück (vgl. Paslack 1991, insb. S. 91 ff.). Auch wenn sich das neue Paradigma inzwischen von dieses empirischen Herkunft weitgehend emanzipiert hat und sich zu einer interdisziplinären allgemeinen Forschungslogik entwickelte, die auch in den Sozialwissenschaften, und selbst in den Geisteswissenschaften, zunehmend Resonanz findet, wird doch schon in der allgemeinen Form des Zugriffs auf das Thema ersichtlich, wie das Verhältnis von Selbstorganisation und Fremdorganisation neu justiert wird. Die Differenz von Selbst- und Fremdorganisation wird nun nicht wie bisher durch eine Re-entry-Schleife auf Seiten der Selbstorganisation des menschlichen Geistes, sondern durch das Wiedereintreten dieser Differenz auf Seiten der Fremdorganisation der menschlichen Natur entparadoxiert. Aus dieser Perspektive entpuppt sich die neue Sichtweise durchaus als eine "neue "kopernikanische Wende" für die Wissenschaft insgesamt" (Paslack 1991, S. 1). Selbstorganisation ist nun das Produkt der fremdorganisierten Natur des Menschen und nicht - wie bislang - ausschließlich Ausdrucksform der autonomen Vernunft eines **Subjekts** (heißt es nun "Gott", "Monade" oder "transzendentales Subjekt". Selbstorganisation findet man nun im **Objekt** der empirischen Forschung vor, beispielsweise im Laserlicht, in oszillierenden chemischen Reaktionen zwischen Nukleinsäuren und Proteinen, in Großwetterlagen, in fraktalen Festkörperstrukturen und in den neuronalen Reizleitungen menschlicher Gehirne.

Der Kantische Naturbegriff, der alles Natürliche als Folge von (kausaler) Fremdorganisation, bestimmt, wird hier scheinbar geradezu in sein Gegenteil verkehrt und ein alter, fast vergessener Naturbegriff rehabilitiert: Natur als das, was von selbst geschieht. Weil der Kantische Naturbegriff allerdings kategorial durch das erkennende Subjekt bestimmt wird, ist der Unterschied in Wirklichkeit gar nicht so groß. Wohl sind die modernen Vertreter der Selbstorganisation keine transzendentale Idealisten mehr, aber sie verstehen sich in der Mehrzahl als (erkenntnistheoretische) **Konstruktivisten**. Natur, die von selbst geschieht, ist im Gegenstandsbereich der empirischen Erkenntnis die Konstruktion eines erkennenden Subjekts. Die Umwelt, die der Wissenschaftler wahrnimmt, ist seine "Erfindung" (Foerster 1985). Dieser radikal konstruktivistische Standpunkt von empirisch arbeitenden Wissenschaftlern ist nur auf den ersten Blick erstaunlich, auf den zweiten aber konsequent, denn er folgt logisch aus der Beobachtung empirischer Selbstorganisationsprozesse.

Selbstorganisation ist, das weiß man eigentlich schon seit Darwin, Folge von Fremdorganisation. Aus dem ursprünglichen Chaos entsteht die Ordnung selbst; in evolutionären Sprüngen "fulguriert" höhere Ordnung aus niederer. Die neuen Ordnungsstrukturen, die neuen emergenten Systeme sind mehr als die Summe ihrer Teile, sie sind ontologisch eine völlig neue Entität. So muß man sich heute auch die phylogenetische und ontogenetische Entstehung des menschlichen Geistes vorstellen. Die Evolution des Wirbeltiergehirns springt mit dem Menschen auf eine neue Emergenzebene: dem menschlichen Geist. Alle seine materiellen Voraussetzungen sind empirischer Natur, aber als emergentes System ist es gerade nicht mehr empirisches Gehirn, sondern geistiges Bewußtsein, Selbstbewußtsein. Ab diesem Augenblick sind für das Bewußtsein alle materiellen und energetischen Voraussetzungen Umwelt (und vice versa). Die Selbstorganisation des menschlichen Geistes ist jetzt nicht mehr fremdorganisiert, sondern autonom; es arbeitet "autopoietisch": es produziert zirkulär die Komponenten, aus denen es besteht, nämlich Gedanken, selbst. Seine Abhängigkeit von der Umwelt beschränkt sich auf materielle und energetische Assimilation äußerer Ordnung, die geistige Eigenordnung aber wird davon nicht berührt, sie wird selbsterzeugt und selbstorganisiert. Das Gehirn ist strukturell und informationell ein **geschlossenes System**. Gedanken können nur wieder an Gedanken anschließen, Kommunikation nur an Kommunikation - nie an elektromagnetische Hirnströme oder Schallwellen, geschweige denn direkt an Umweltereignisse. Das Gehirn kann nur mit sich selbst rechnen, nicht mit der über die Sinnesorgane krude wahrnehmbare Umwelt des Menschen. Folglich hat das eigene Bewußtsein auch keinen direkten Zugang zu einem anderen, fremden Bewußtsein (vgl. Luhmann 1985).

Jede Beobachtung ist Beobachtung eines Beobachters und nicht das Beobachtete selbst. Der Beobachter kann gegebenenfalls - in der Kybernetik 2. Ordnung - auch die Beobachtung beobachten (und die Reentry-Schleife potenzieren), immer aber bleibt seine Beobachtung selbstorgansierte Beobachtung und damit: Konstruktion. Die (solipsistische) Einsamkeit des Beobachters gründet in jener Figur der (absoluten) Geschlossenheit selbstorganisierter Systeme, die uns schon mehrfach begegnet ist. Das menschliche Bewußtsein ist gegenüber seiner Umwelt (fast) vollkommen abgeschottet, es kann sie nicht widerspiegeln oder abbilden, es muß ein Bild der Umwelt selbst konstruieren.

Für die Pädagogik drängt sich jetzt natürlich wieder die uns schon vertraute Frage nach der Möglichkeit von erzieherischen und damit fremdorganisierten Einflußnahme auf den selbstorganisierte mentale Strukturen andere Menschen auf. Erziehung, verstanden als absichtsgeleitete äußere Bewirkung innerer Wirkungen bei anderen Menschen, setzt immer eine "Technologie" voraus, wenn Technologie (i.w.S.) das ist, was nicht von selbst geschieht. Wie aber kann das, was nicht von selbst geschieht, Einfluß nehmen auf das, was von selbst geschieht? Zunächst scheint es im Rahmen einer Theorie der Autopoiesis keine befriedigende Antwort auf diese Frage zu geben: "Eine Theorie der Autopoiesis des Bewußtseins kann ... nicht mit Konzepten wie Nachahmung oder Erziehung (!) arbeiten, sie muß den Strukturbildungs- und Strukturänderungsprozeß **morphogenetisch** erklären. Strukturen des Systems können nur **im** System gebildet werden. Sie entstehen durch Relationierung von Relationen, und die Grundlage dafür liegt in der bereits beschriebenen Selbstbeobachtung des Systems, in der **gedanklichen Beobachtung einer Vorstellung**" (Luhmann 1985, S. 21).

Allerdings vollzieht sich Autopoiesis nicht unabhängig von Umwelt, sondern immer in einer Umwelt, die ihr den strukturellen und energetischen Rahmen bereitstellt. Mentale Selbstorganisation ist selbstverständlich nur unter bestimmten Umweltvoraussetzungen möglich. Über "strukturelle Koppelung" vermag Erziehung dann zum Aufbau einer mentalen Ordnung in einem Educandus beitragen, wenn es gelingt, das lernende System in Eigenschwingungen zu versetzen. Didaktische Entscheidungen formen also zumindest jene äußere Strukturvorgaben, die für die Autopoiesis eines Bewußtseins zumindest die Entscheidung offen läßt: Zustimmung oder Abweichung. Gleichgültig wie der Educandus sich entscheidet: für den Educator ist dies wiederum anschlußfähig für seine nächste didaktische Entscheidung. Dies scheint die Grundparadoxie der Erziehung zu sein, daß sie Einheit will und ständig Differenz erzeugt.

Bei jeder Antwort auf unsere Ausgangsfrage: Wie kommen die Intentionen der Lehrer in die ihm gerade nicht zugängliche selbstreferentielle Geiststruktur des Schüler? Wie ist Erziehung möglich? muß man im Rahmen der Theorie autopoietischer Systeme immer berücksichtigen, daß der Erzieher nur ein Teil der Umweltstruktur für das lernende System (also Umwelt seiner Umwelt!) ist, die für das Gehirn zunächst nur als "Störung" bzw. als "Irritation" seiner bisherigen Autopoiesis wahrnehmbar ist. Alle Erziehung beginnt also mit Enttäuschungen, mit Einschränkungen, mit Ausschließungen. Die Umwelt selektiert nur negativ die Möglichkeit der konkreten Verwirklichung der Autopoiesis durch strukturelle Einschränkung. Im Rahmen dieser negativen strukturellen Vorgabe kann das lernende System seine Eigenstruktur selbstorganisiert verändern, sofern es, trotz weitestgehender Abschirmung gegen seine Umwelt, nach Maßgabe seiner Eigenfrequenzen in Schwingungen versetzt werden kann und "Resonanz" ausbildet. Lernen ist aus dieser Sicht die selbstorganisierte "Änderung einer strukturellen Spezifikation, mit der das System seine Autopoiesis handhabt (Luhmann 1985, S. 20f.), also gerade nicht ein Prozeß der Akkumulation von Informationen aus der Umwelt (vgl.Maturana 1987, S. 29, 145, passim). Erziehung ist hier nur noch paradox definierbar, als die fremdorganisierte Auslösung selbstorganisierter (mentaler) Strukturveränderung.

Einen direkten Zugang zwischen Selbstreferenz und Fremdreferenz, zwischen Selbst- und Fremdorganisation gibt es nur als schädigende Einwirkung (bei katabolischer Strukturveränderung, etwa durch einen Schlag auf den Kopf), nicht aber als fördernde Einwirkung auf eine anabolische Strukturveränderung. Diese Asymmetrie zwischen anaboler und kataboler Entwicklung hat zur Folge, daß Erziehung, der es ja immer auf den Aufbau (und nicht auf den Abbau) von kognitiven Ordnungsstrukturen geht, keinen unmittelbaren planenden Zugriff auf das Bewußtsein des Zöglings hat. Erziehung ist, wie jede Intervention in komplexe Systeme nicht mehr planbar, nicht mehr determinierbar. Was bleibt dem Erzieher? Die Antwort lautet: Anregung zur Selbststeuerung durch Konditionalisierung der Randbedingungen (Willke 1984)?

Diese Antwort kommt dem Pädagogen vertraut vor. Daß der Erzieher nie direkt, sondern nur indirekt sein Ziel erreicht und wie Rumpelstielzchen den (pädagogischen) Zauber in dem Augenblick zerstört, wenn er ihn beim Namen nennt (sprich: als pädagogische Strategie enttarnt), ist in der pädagogischen Tradition eine alte Erkenntnis. Daß pädagogische Fremdorganisation penetrant mit Selbstorganisation rechnen muß, weiß jede Mutter, jeder Vater, jeder Lehrer. Die Frage, die Pädagogen quält, lautet aber: Wie ist Erziehung **trotzdem** möglich?

Das neue Konzept der Selbstorganisation ist sicher noch kein deduktiv ausgearbeitetes kompaktes System, das alle möglichen Einwände zu absorbieren erlaubt und schon beim gegenwärtigen Stand eine hinreichend klar und weiterführende Antwort auf diese zentrale Frage erlaubte. Eine ausgearbeitete Didaktik einer Pädagogik der Selbstorganisation ist Desiderat. Im Unterschied zu allen subjekttheoretischen Entwürfen von Selbstorganisation ermöglicht das neue Sprachspiel allerdings zum ersten Mal nicht nur eine distinktive Klarheit der Grundbegriffe, die die bisherige krude Semantik des "Selbstbezugs" in der Pädagogik abzulösen verspricht (vgl. Roth 1985), sondern auch einen hoch auflösenden Blick auf die empirischen Grundlagen von Lehren und Lernen.

Allerdings kommt auch diese neue Semantik nicht ohne differenztheoretischen Annahmen aus, die Erkenntnis überhaupt erst ermöglichen und steuern, nämlich mit der Unterscheidung von Selbstreferenz und Fremdreferenz und mit der Unterscheidung von selbstorganisierter und fremdorganisierter Selbstorganisation (re-entry). Spätestens am Ende oder am Anfang von Selbstorganisation durch (natürliche) Fremdorganisation kommt auch das neue Sprachspiel in altvertraute paradoxe (oder tautologische) Zirkel. Daß und wie Ordnung aus Chaos und Chaos aus Ordnung entstehen kann, bleibt so lange tautologisch oder paradox bis nicht die determinierenden Randbedingungen genannt werden können, die den entscheidenden Umschlag geben. Genau diese "versklavende" Ordnungsparameter können aber vorher nicht angegeben werden. Die emergente Selbstkonstitution von höherer Ordnung (hier in Form des menschlichen Geistes) aus zufälligen Fluktuationen niederer Ordnung (hier materieller und energetischer Art) kann immer nur post festum festgestellt werden. Ante festum heißt es immer: Wenn der Lehrer lehrt mit List, dann ändert sich der Schüler oder er bleibt wie es ist. Für eine die Pädagogik, die sich immer noch als Handlungstheorie versteht, ist das eine wenig erheiternde Theorielage.

IV.

Auch eine Beobachtung der Beobachtung (durch Autopoiesis) bleibt eine Beobachtung, aber sie kann durch Höhergeneralisieren ihren Vergleichsgesichtspunkt erweitern und vielleicht sogar noch aus den Augenwinkeln ihre Grenzen (also die Grenzen zu dem, was sie nicht mehr beobachten kann) mitbeobachten. Wenn wir also aus dieser Warte die Evolution der semantischen Varianten von "Selbstorganisation" beobachten, dann lassen sich abschließend einige vorsichtige Vermutungen äußern.

1. Die Unterscheidung von "Selbstorganisation" und "Fremdorganisation" ist in der Pädagogik eine alte und vielfach variierte differenztechnische Erkenntniskategorie. Ihre hohe Anschlußfähigkeit für beliebige, nicht voraussehbare pädagogische Kontexte gewinnt dieser binäre Code durch die Möglichkeit, etwas eindeutig durch Unterscheidung zu bezeichnen (z.B. Selbstorganisation) und gleichzeitig bei Bedarf (etwa bei einem Mißlingen von Erziehungsversuchen) das Gegenteil zu aktivieren (hier Fremdorganisation).

2. Gleichgültig wo man mit der Bezeichnung (durch Unterscheidung) beginnt - sei es bei der Selbstorganisation oder sei es bei der Fremdorganisation -, man argumentiert letztlich zirkulär oder paradox, weil jedesmal die Einheit der Differenz **und** die Differenz in der Einheit behauptet wird. Durch die Re-entry-Schleife kann immer nur **eine** Seite vorübergehend entparadoxiert und damit die Paradoxie durch Temporalisierung entschärft, ja fruchtbar gemacht werden.

3. In der sozialen Evolution wird **nichtzufällig** mit dieser Theorietechnik experimentiert. In hierarchischen Gesellschaften mit einem sehr gering ausgeprägten sozialen Wandel wird auf Fremdorganisation gesetzt (z.B. hierarchische Hochkulturen). In modernen Gesellschaften mit einem stark ausgeprägten sozialen Wandel wird zunehmend auf Fremdorganisation gesetzt. Der Grund ist einfach: nur über die Aktivierung von Selbstorganisation kann in der sozialen Evolution der evolutionäre Variationspool, und damit das Negationspotential für Selektion, vergrößert werden. Die postmoderne Akzentuierung der Selbstorganisation spiegelt die zu sich selbst gekommene Moderne wider, die ihren Variationsbedarf nur durch das riskante Freilassen von Selbstorganisation (qua Individualität) befriedigen kann.

4. Die gepflegte Semantik der Pädagogik eilt, was diese Entwicklung betrifft, der realen sozialen Evolution weit voraus. Sie ist selbst eine Art Ko(mmunikations)-Evolution mit herabgesetzten Selektionsrisiko für die Subjekte. Deshalb finden wir die moderne Selbstorganistionsdebatte schon in Spuren in vormoderner Zeit, wenngleich in theologischen oder transzendentalphilosophischen Kleidern (vgl. Plato, Augustinus, Leibniz, Kant). Alle diese für die pädagogische Tradition dominant gewordenen Entwürfe sind subjekttheoretischer Natur, d.h. sie beziehen Selbstorganisation auf ein Agens - und damit auf Einheit.

5. Mit dem modernen Paradigma der Selbstorganisation wird Selbstorganisation nicht mehr subjekttheoretisch auf Einheit, sondern evolutions- und systemtheoretisch auf Differenz gegründet. Damit dynamisiert sich das Selbstorganisation-Denken noch einmal, weil es kein Einheits-Subjekt ("Gott",

"Natur", "transzendentales Subjekt") als Kontingenzsstopp mehr akzeptiert, sondern Evolution auf abstrakte Differenzen (z.B. von Selbstreferenz und Fremdreferenz oder von Variation und Selektion) verlagert und deren inhaltliche Konkretionen durch eine konstruktivistische Erkenntnistheorie noch einmal dynamisiert.

6. Unser Erziehungssystem, insb. unser Schulsystem ist in seiner Struktur weitgehend noch ein Relikt aus hochkulturellen Zeiten. Es organisiert sich fremdorganisiert (!). Die Dynamik unseres sozialen Wandels erzwingt aber notgedrungen eine riskante weitere Inkaufnahme von Selbstorganisation bzw. einer weiteren Spezifizierung des Systems in Richtung auf Individualisierung, ohne die Wiedereinbindung (Inklusion) der dadurch produzierten Kontingenzen zu einer neuen emergenten Einheit (durch Selektion!) planen oder auch nur versprechen zu können. Das würde die große interdisziplinäre Resonanz des neuen Paradigmas der Selbstorganistion erklären und gleichzeitig re-problematisieren. Das beschränkte Zulassen von Chaos ist auch in der Pädagogik von der unbeschränkten Hoffnung begleitet, daß daraus die neue Ordnung selbstorganisiert entstehen möge.

Literatur

Foerster, Heinz von: Sicht und Einsicht. Braunschweig/Wiesbaden 1985.

Kant, Immanuel: Kritik der reinen Vernunft (KrV). Hg. H. Kehrbach. Leipzig o.J.

Kant, Immanuel: Kritik der Urteilskraft (KdU). Hg. G. Lehmann. Stuttgart 1963.

Leibniz, G.F.W.: Die Hauptwerke. Hg. von Gerhard Krüger. Stuttgart 1958.

Luhmann, Niklas: Die Autopoiese des Bewußtsein. Manuskript 1985 (erschienen in: Soziale Welt 36 (1985), 4, S. 402-446.

Maturana, Humberto, R.: Erkennen. Die Organisation und Verkörperung von Wirklichkeit.Braunschweig/Wiesbaden 1985.

Paslack, Rainer: Urgeschichte der Selbstorganisation. Zur Archäologie eines wissencchaftlichen Paradigmas. Braunschweig/Wiesbaden 1991.

Roth, Gerhard: Erkenntnis und Realität. Das reale Gehirn und seine Wirklichkeit. In: Pasternack, G. (Hg.): Erklären, Verstehen, Begründen. Bremen 1985 (Zentrum philosophische Grundlagen der Wissenschaft, Schriftenreihe Band 1), S. 59-86.

Roth, Gerhard: Autopoiese und Kognition: Die Theorie H. R. Maturanas und die Notwendigkeit ihrer Weiterentwicklung. Manusktirpt 1986 (ist erschienen in: G. schiepek (Hg.): Systemische Diagnostik, Pro und Contra. Weinheim und Basel 1986)

Treml, Alfred K.: Ist die Freiheitsantinomie für die Pädagogik schon von Kant gelöst worden? Rezension von: P. Vogel: Kausalität und Freiheit in der Pädagogik. In: Zeitschrift für Pädagogik 37, 1991a, Nr. 3, S. 695 - 704.

Treml, Alfred K.: Von der besten aller möglichen Welten zur Welt voll besserer Möglichkeiten. Leibniz in pädagogischer Sicht. In: Studia Leibnitiana , Band XXIII/1(1991b), S. 40 - 56.
Vogel, Peter: Kausalität und Freiheit in der Pädagogik. Studien im Anschluß an die Freiheitsantinomie bei Kant. Frankfurt a.M./Bern 1990.

Wiater, Werner: Leibniz und seine Bedeutung in der Pädagogik. ein Beitrag zur pädagogischen Rezeptionsgeschichte. Hildesheim 1985.

Willke, Helmut: Zum Problem der Intervention in selbstreferentielle Systeme. In: Zeitschrift für systemische Therapie 2 (7) 1984, S. 191-200.

Bildung und Organisation

Herausgegeben von Harald Dürr

Band 1 Walter Dürr (Hrsg.): Selbstorganisation verstehen lernen. Komplexität im Umfeld von Wirtschaft und Pädagogik. 1995.

Band 2 Rüdiger Reinhardt: Das Modell Organisationaler Lernfähigkeit und die Gestaltung Lernfähiger Organisationen. 2., veränd. Aufl. 1995.

Christian Drepper

Unternehmenskultur
Selbstbeobachtung und Selbstbeschreibung
im Kommunikationssystem "Unternehmen"

Frankfurt/M., Berlin, Bern, New York, Paris, Wien, 1992. 204 S., 2 Abb.
Europäische Hochschulschriften: Reihe 40,
Kommunikationswissenschaft und Publizistik. Bd. 34
ISBN 3-631-45217-9   br. DM 64.--*

Unternehmenskultur als Thema in Betriebswirtschaft, Organisationstheorie und Managementlehre hat Theorie und Praxis der Wirtschaft für kommunikative Prozesse in Unternehmen sensibilisiert. Die Auseinandersetzung mit Unternehmenskultur in diesen Disziplinen weist dabei signifikante Defizite hinsichtlich zentraler Fragestellungen des Gegenstandes auf, die aus einer Fixierung auf Input-Output-Modelle von Unternehmen resultieren. Die vorliegende Studie formuliert ausgehend von der Analyse dieser theoretischen Defizite und unter Rückgriff auf Ansätze der neueren Systemtheorie ein Modell von Unternehmenskultur, das Unternehmen konsequent als selbstorganisierende Kommunikationssysteme und Unternehmenskultur als zentrales semantisches Reservoir unternehmerischer Entscheidungsvorbereitung und -findung bestimmt.

Aus dem Inhalt: Unternehmenskultur · Management · Organisation und Selbstorganisation · Theorien der Autopoiesis · Systemtheorie · Kommunikation · Entscheidungen · Risiko · Intervention in komplexe Systeme · Kontextsteuerung

Peter Lang · Europäischer Verlag der Wissenschaften
Frankfurt a.M. · Berlin · Bern · New York · Paris · Wien
Auslieferung: Verlag Peter Lang AG, Jupiterstr. 15, CH-3000 Bern 15
Telefon (004131) 9411122, Telefax (004131) 9411131
- Preisänderungen vorbehalten - *inklusive Mehrwertsteuer